연어의 시간

SALMON

SALMON

연어의 시간

마크 쿨란스키 | 안기순 옮김

길 잃은 물고기와 지구,
인간에 관하여

A Fish,
the Earth, and
the History of
a Common Fate

MARK KURLANSKY

디플롯

오리 뷔프손을 그리워하며.

이해심 많고 대화하는 법을 알았던 다정한 사람.
그는 단 하나의 물고기 종을 구했을 뿐이지만
바로 그 때문에 우리는 깊이 감사해야 한다.

일러두기

- 전집·총서·단행본·잡지 등은 《 》로, 논문·작품·편명 등은 〈 〉로 표기했다.
- 본문의 각주는 모두 옮긴이의 것이다.

인간이라는 생명체는 지능이 높을 뿐 아니라 소문부터 시험관 아기까지 거의 무엇이든 만들어낼 수 있는 반면에 생물을 매일 두세 종씩 파괴한다.

_가오싱젠, 《영혼의 산》

동물을 포함한 모든 자연 생명의 실체, 그들의 삶, 활동에 관해 깊이 이해하려 할 때면, 동물학과 동물 해부학에서 우리가 배우는 모든 것은 도저히 헤아릴 수 없는 신비의 대상으로 인간 앞에 우뚝 선다. 하지만 자연은 순전히 고집스럽다는 이유로 인간이 던지는 질문에 계속 묵묵부답으로 일관해야만 하는 걸까? 모든 위대한 존재가 그렇듯 자연은 개방적이고, 소통하고, 심지어 순진하지 않을까? 자연이 우리의 질문에 대답하지 않는 것은 질문 자체가 틀렸거나, 질문의 근거인 전제가 잘못되었거나, 심지어 질문에 모순이 숨어 있기 때문이 아닐까? 그것 말고 다른 이유가 있을까?

_아르투르 쇼펜하우어,
《세상이 겪는 고통에 관하여》

CONTENTS

S A L M O N

들어가며

두 어부 이야기

사람들이 그물을 내린다.
자신이 무슨 일을 하고 있는지 깨닫지 못하면서
무덤을 욕보인다.

_ 메리앤 무어, 〈무덤〉

나는 알래스카주 브리스톨만에 있는 거칠고 투박한 항구 도시 딜링엄의 부두에서 커티스 올슨Curtis Olson을 만났다. 이곳에서는 다들 그를 '올Ole'이라고 불렀다. 60대 중반인 올은 햇볕과 비바람에 거칠어지고 붉어진 얼굴에 키가 작고 체구는 딴딴했다. 올은 평생 명령하며 살아온 사람처럼 연신 소리를 질렀다. 굵고 우렁찬 목소리가 떠오르겠지만, 실제로는 고음이어서 낮고 쿵쾅거리는 케틀드럼 소리보다는 속사포처럼 따따따 쏟아지는 스네어드럼 소리에 가깝다.

알래스카에 거주하는 많은 사람이 그렇듯 올도 알래스카 출신이 아니다. 그는 평생 야외에서 열심히 일했다. 처음에는 미네소타주의 가족이 경영하는 낙농장에서 일했고, 그 후에는 몬태나주에서 훨씬 힘들지만 돈은 더 많이 벌 수 있는 양털 깎기 노동에 종사했다. 미국 북부 로키산맥 지역에서 양털을 깎는 노동자는 극소수다. 그들은 여러 목장을 전전하면서 때로 자신보다 무게가 더 나가는 데다가 겁에 질린 양들과 씨름하며 두꺼운 양털 가죽을 벗긴다. 이 지역에서는 양털 깎기 대회도 열리는데, 올은 자신이 전국 챔피언이었다고 뽐냈다. 아마도 최근 몇 년 동안 양 경매인으로 일한 경험 때문에 얼핏 듣기에 목소리가 우렁차게 된 것 같았다.

1981년 올은 돈을 벌 수 있는 다른 방법을 우연히 찾았다. 상업형 어업으로 돈을 빨리 번다는 것은 구시대적 발상이지만, 알래스카에서는 여전히 유효하기도 하다. 올은 홍연어sockeye salmon가 상류로 거슬러 회유하는 6주 동안 브리스톨만에서 정치망set net* 으로 조업하는 팀에 합류했다. 양털 깎는 일보다 수입은 적었지만, 연어가 회유하는 기간과 양털 깎는 계절이 겹치지 않아서 자신이 배를 소유하고 선원들을 고용하면 비수기를 활용해 큰돈을 벌 수 있겠다고 판단했기 때문이다.

올은 나를 처음 만난 자리에서 "이곳은 세계에서 가장 거대한 어장입니다!"라고 외쳤다. 아마도 그럴 수 있다. 연어의 회유 규모로 따질 때 세계 최대인 것은 확실하다. 매년 7월이면 3000만 마리 이상의 홍연어가 브리스톨만으로 들어와 자신이 태어난 곳까지 강을 거슬러 올라가 새끼를 남기고 죽음을 맞이한다. 경이

* 어도에 일정 기간 쳐놓고 물고기가 들어가기는 쉬우나 나오기는 어렵게 만든 어구로, 대량 어획에 사용한다.

로운 자연의 신비가 아닐 수 없다. 2017년 올과 함께 조업하러 나갔던 시즌에는 홍연어 5650만 마리가, 2018년에는 규모가 훨씬 늘어나 6230만 마리가 회유하는 기록을 세웠다.[1] 돌아오는 홍연어의 수가 해마다 달라지는 이유를 정확히 아는 사람은 없다. 2019년에도 5570만 마리나 돌아왔지만, 유례없는 더위가 알래스카를 덮치면서 죽은 연어가 많았다. 산란기인 여름에 지나치게 상승한 기온이 요인일지도 모른다.

금과 구리가 매장된 페블광산은 이 지역에서 연어의 회유에 큰 위협이 된다. 다른 광산에서 그랬듯, 화학 물질과 중금속을 함유한 유독한 폐석이 댐 뒤에 매장되었다가 지진 등으로 노출되기라도 하는 날이면 파괴적인 결과를 낳을 수 있기 때문이다. 일부 지도자들과 대부분의 지역 주민이 반대해온 페블광산은 국제적인 논란거리로 부상했다. 명품 보석 브랜드인 티파니는 적극적으로 반대 의사를 표명했다. 티파니의 전 최고 경영자인 마이클 코왈스키Michael Kowalski는 "2003년 우리는 페블광산이 모든 채굴 논쟁에서 가장 뜨거운 화젯거리라고 생각하기 시작했습니다"라고 언급했다.[2]

올은 어떻게 생각할까? "그들은 개발을 결코 멈추지 않을 겁니다. 그러니 싸움은 절대 끝날 수가 없어요. 우리 처지에서는 언젠가 더 나은 기술이 개발되기만을 바랄 뿐입니다." 물론 광산에서 높은 수익을 거둔다면, 지진이 발생할 가능성이 있어서 불안정한 지역에 토사 댐을 세우고 그곳에 채광 폐기물을 매장하는 것보다 더 나은 방법을 개발할 수 있을 것이다.

6주 동안 순조롭게 조업하면 올은 한 번도 배를 다본 적이 없는 몬태나주 고등학생 열 명에게 임금을 지불하고 나서 약 15만 달러를 번다. 이 신참 선원들은 올의 고함에 끌려가며 어느 때보다 열심히 일하고, 6주 후에는 4000~6000달러짜리 수표를 받는다. 당시 몬태나주에 사는 사람이라면 처음 손에 쥐어볼 정도로 거액일 것이다. 이렇게 번 돈을 집 매매 계약금으로 사용하기도 하지만, 고함 치는 소리에 따라 열두 시간 교대로 6주 동안 일하고 난 후에 다음 시즌에 다시 오는 사람은 거의 없다. 그러다 보니 올은 언제나 신참내기들과 일하게 된다.

우리는 지난 시즌에 만났다. 붙임성 있어 보이는 올은 내게 함께 조업하러 나가자고 제안했다. 그는 자신이 소유한 길이 27피트(약 8미터)짜리 소형 갑판선 세 척 중 하나를 딜링엄으로 몰고 와서 나를 태웠다. 배는 더러웠고 물고기에서 분비된 점액이 갈색 진흙과 뒤섞여 장화를 뗄 때마다 질척였다. 올이 입은 주황색 낚시용 비옷도 더럽기는 마찬가지여서 군데군데 찢어지고 오물이 묻고 물고기 비늘이 달라붙어 있었다.

가벼운 알루미늄 배를 움직이는 선외 엔진의 손잡이에 한 손을 얹고 타륜을 잡은 올의 옆에 서자 그가 달리 보였다. 올은 우렁찬 목소리와 매서운 눈초리로 예수 그리스도를 운운하며 일장 설교를 했다(오랜 친구들은 올이 종교적인 이야기를 하는 것이 낯설다고 말했다). 그래서인지 나는 아합 선장[*]과 배를 타고 나온 것만 같았다.

[*] 허먼 멜빌Herman Melville의 《모비딕》에 등장하는 의족을 한 선장. 〈구약성서〉에 나오는

올은 의족을 하지 않았지만 관절을 교체하는 수술을 받은 탓인지 움직임이 썩 부드럽지는 않았다. 그는 관절을 다섯 군데 교체했다고 말했지만 대개 사람들이 교체하는 관절은 네 군데뿐이므로 대체 어디를 교체한 것인지 궁금했다.

한 선원이 해안에 너무 가깝게 그물을 쳤는데 엎친 데 덮친 격으로 조수tide까지 빠져나가자 기분이 몹시 나빠진 올은 욕설을 내뱉었다. 물고기가 가득 든 그물과 배는 모래 위에 갇힌 채 조수가 다시 들어오기를 기다려야 했다. 이것은 확실히 신참내기나 저지르는 실수였지만, 늘 신참내기를 고용할 수밖에 없다 보니 감내해야 했다. 올은 실수를 저지른 초짜에게 다가가 대뜸 욕설을 퍼부었다. 연어가 가득 붙은 채 해변에 널린 그물에서 허리를 굽혀 연어를 떼내는 노동은 아주 힘들었다.

알래스카 법에 따르면 길이가 300피트(약 90미터)를 넘지 않는 정치망 세 개를 칠 수 있다. 그물마다 양쪽 끝을 바닥에 고정한 후 아래에는 추를, 위에는 부표를 매달았다. 부표는 비치볼보다 크고 밝은색이었다. 당시처럼 연어가 회유하는 시기에는 연어들이 몇 초에 한 번씩 강력한 힘으로 부딪치며 그물을 흔들고 튀어 올랐다.

배 가운데에 장착된 롤러로 그물을 갑판으로 끌어올릴 수 있다. 격렬하게 몸부림치는 홍연어를 담은 수천 파운드짜리 그물을 끌어올리려면 선원 몇 명이 상당히 힘을 써야 한다. 그물이

고집 센 이스라엘 왕 아합과 이름이 같다.

양쪽으로 드리워 있으므로 선원 몇 명이 양쪽으로 나누어 서서 그물에서 물고기를 떼어낸다. 숙련된 선원은 몇 초면 물고기 한 마리를 떼어내지만, 올이 지휘하는 신참들은 몇 분씩 걸린다. 이렇게 그물에서 떨어진 물고기는 갑판으로 던져졌다가 종종 발에 차여 옆으로 튕겨 나가기도 하고 밟히기도 한다. 어떤 종류의 자망gillnet*을 쓰든 물고기를 떼어내려면 기술이 필요한데 숙련된 선원이라도 위험이 따른다. 손가락에 비늘이 박히기라도 하면 치명적인 감염에 노출되면서 심각한 경우에는 손가락을 절단해야 할 수도 있다. 올도 다친 손가락을 치료받으러 병원을 자주 찾는다.

올의 밑에서 일하는 젊은 선원들은 전에도 바다에 나가본 적이 없고 아마 대부분은 앞으로도 다시는 나가지 않을 것이다. 그중에서 두 명은 샤이엔 인디언 보호구역에서 왔고, 두 명은 아미시** 공동체를 떠나서 왔다고 했다. 한 고등학교 졸업생은 가을에 해군에 입대할 생각이므로 바다에 다시 나갈 수도 있다고 말했다.

올이 한 선원에게 줄을 잡아당기라고 말하자 그 선원은 어리둥절한 표정을 지었다.

"그 밧줄 말이야, 빌어먹을, 밧줄을 잡아당기라니까!"

또 올에게 뱃머리에 가라는 지시를 받은 선원은 배 주위를

* 물속에 수직으로 쳐서 물고기가 그물코에 걸리게 하는 그물로, 가로가 길고 세로가 짧다.

** 문명사회를 거부하고 고유의 전통을 유지하며 생활하는 기독교 일파.

두리번거렸다. 그러다가 내가 집게손가락으로 앞쪽을 가리키는 것을 보고 나서야 겸연쩍어하며 앞으로 발길을 옮겼다. 내가 손가락으로 방향을 가리키는 광경을 본 올은 껄껄 웃으며 "얘들은 아는 게 없어요"라고 말했다. 그러더니 선원들이 알아듣게 말하려고 배의 뒷부분을 가리키는 고물stern을 **궁둥이 끝**the ass end이라고 바꿔 불렀다.

규제 당국이 **조업 개시**를 선언하면 그 시간 동안 누구나 물고기를 잡을 수 있다. 보통은 열두 시간이 허용되고 이보다 길 때도 있다. 어부들은 조업 개시가 떨어질 때마다 조업을 나가는데 시즌은 1년 중 6주뿐이고, **조업 개시**의 횟수와 기간은 시즌마다 다르다.

브리스톨만은 해풍으로부터 안전한 편이지만 파도가 출렁일 때도 있다. 배 크기에 비해 지나치게 많은 선원을 실은 8미터짜리 알루미늄 갑판선은 파도가 몇 번 쳤을 뿐인데도 출렁였다. 숙련된 선원들이라면 탑승 인원을 반으로 줄일 수 있었을 테고, 항해하기가 훨씬 수월했을 것이다. 이따금씩 비바람이 매우 거센 터라 시야가 흐려지고, 빗줄기가 얼굴을 세차게 때렸다. 때로는 배를 타고 있는 동안 몸이 꽁꽁 얼어붙었다가 물고기를 팔려고 보급선에 갔을 때 따뜻한 커피나 코코아 잔을 건네받고서야 살 것 같았다.

파도가 치지 않을 때는 물이 연못처럼 잔잔했다. 알래스카에서는 연어들이 어둠이 없는 여름에 상류로 올라오므로 밤새 조업할 수 있다. 다른 지역에서는 몇 분만 감상할 수 있을 뿐인 황금빛 석양이 알래스카에서는 몇 시간이고 펼쳐진다. 태양이 하늘의 한 귀퉁이에서 누군가 후후 숨을 불어넣는 뜨거운 석탄 조각처럼 불꽃이 점멸하는 동안, 하늘의 반대편 끝에서는 창백한 달이 번쩍이는 원반처럼 차가운 백금빛 광채를 발산한다. 마치 극장 조명이 비추는 것 같다. 한쪽에서는 시원한 색을 비추고, 반대쪽에서는 따뜻한 빛을 비춰서 배우들에게 삼차원의 입체감을 주는 것 같다. 흡사 3D 영화처럼 배와 선원, 파도를 아우르는 광경이 야릇하게 과장된 모습으로 펼쳐진다. 마침내 자정이 지나 태양이 들쭉날쭉한 푸른 산들 너머로 사라졌는데도 하늘은 완전히 어둡지 않고 거의 무지개 빛깔을 머금은 푸른빛을 띠었다가 이내 몇 시간 동안 장밋빛 새벽을 맞이한다. 이러한 밤이면 피곤에 지쳐 선 채로 반쯤 졸고 있던 여섯 명의 젊은 선원은 땅거미가 질 무렵 버터처럼 부드러운 빛을 온몸으로 받으며 배 한가운데 몇 시간째 서서 마치 꿀을 바른 듯 반질반질한 바다에서 그물을 건져 올려 연어를 떼어낸다. 연어들이 알루미늄 선체에 쿵 하고 물기 머금은 소리를 내며 떨어진다. 나는 이 아름다운 광경에 감탄하다가 어느덧 졸음에서 깼고, 올에게서 황금빛 후광을 보았다.

충분한 수의 산란어가 강에 들어왔으므로 어부들에게 일정 기간 조업할 수 있는 허가를 내주어도 좋다고 생물학자들이 판단하면 조업 개시가 선언된다. 1930년대 뉴저지에서 **최대 지속 생산량** 개념이 처음 등장했다. 이 용어는 어장에 개체수를 유지하면서 어획할 수 있는 총 물고기 수를 가리킨다. 건강한 물고기 집단은 개체수를 유지하는 데 필요한 양보다 많은 물고기, 즉 '어획 가능한 잉여분'을 생산한다. 만약 이러한 잉여분만 어획하면 개체수를 유지할 수 있다. 알래스카가 국영 어업을 실시했던 1950년대 후반과 1960년대 초반까지 어업을 관리하는 표준 방식은 최대 지속 생산량이었고, 전 세계적으로 지금까지도 그렇다.

연어가 회유하는 동안 생물학자들은 물고기 개체수를 유지하는 데 필요한 산란어 수를 결정하고, 산란하려고 강에 들어오는 물고기 수를 센다. 집계 방식은 해를 거듭하며 점점 더 정교해졌다. 처음에는 물고기 탐지자들이 높은 탑에 올라가 육안으로 어군을 관찰했다. 그 후에는 탐지 비행기가 강 위를 비행하면서 상류로 빠르게 이동하는 어군의 거무스름한 움직임을 관찰했다. 지금은 수중 음파 탐지기를 장착한 전자식 계수기를 사용한다. 며칠 단위로 충분한 수의 산란어가 상류에 들어왔다고 판단되면 어부들은 특정 시간 동안 투망, 정치망, 자망을 칠 수 있도록 허가받는다.

수 세기 동안 연어는 산란하려고 자신이 태어난 장소로 돌아왔고 그 길목에 있는 강 하구 근처에서 그물에 잡혔다. 연어는 낚시 애호가들이 던지는 플라이와 미끼를 피할 수 있을 만큼 영특한 생물이지만 어부에게는 손쉬운 먹이다. 자신이 태어난 강에 일단 접근한 연어들은 번식하라는 자연의 가장 강력한 명령을 좇아 일제히 같은 방향으로 이동하기 때문이다. 연어는 어떤 종류의 덫과 그물에도 대개 속수무책으로 걸려든다. 환경보호론자들이 어부보다 낚시 애호가들에게 더욱 우호적인 태도를 취하는 것도 이 때문이다.

번식하기 전에 연어를 잡는 것은 연어를 멸종하는 행위로 보일 수 있다. 하지만 최대 지속 생산량으로 어획을 제한하는 어장은 영원히 존속할 수 있다. 물론 생물학자들 사이에서 최대 지속 생산량의 규모를 둘러싼 논쟁은 끝없이 벌어진다.

뉴잉글랜드·캘리포니아·오리건·아이다호·워싱턴에도 연어 강이 있지만, 미국의 지속 가능한 연어 어장은 대부분 알래스카에 위치한다. 하와이를 제외하고 가장 늦게 아메리카합중국에 편입된 알래스카주는 북미에서 가장 지속 가능한 연어 어장을 보유하고 있으면서 연어 어장의 보호를 헌법에 명시하고 있다. 주민이 알래스카를 독립된 주로 인정받고 싶었던 데는 외부인이 잘못 사용하고 있는 어장을 보호하려는 뜻도 있었다.[3]

브리스톨만에 실시되는 연어 어획량 제한은 최대 지속 생산량에만 국한하지 않는다. 대부분의 연어는 피터팬시푸드(이하 피터팬)에 판매된다. 이 기업이 가동하는 딜링엄 소재 통조림 공장은 알래스카에서 운영 중인 통조림 공장 가운데 가장 오래됐지만, 통조림 제조는 더 이상 피터팬의 주요 사업이 아니다. 냉동 필레* 시장과 여기서 얻는 수익이 훨씬 커지고 있기 때문이다.

피터팬이 제공하는 보급선은 어획한 물고기를 만에서 구입해 얼음에 저장하는 역할을 담당한다. 올이 이끄는 배 세 척이 보급선에 바싹 붙어 정지하면 선원들은 커다란 캔버스 가방에 물

* 물고기에서 뼈를 추려내고 저민 순 살코기 형태.

고기를 신속하게 던져 넣고, 보급선은 가방을 들어 올려 무게를 잰다. 하지만 2017년처럼 어획량이 기록적인 해에는 피터팬조차도 잡은 연어를 처리할 시설과 숙련된 직원이 부족하다. 그래서 조업 개시를 허가할 때는 한 명당 약 2500파운드(약 1134킬로그램)로 매입량을 제한한다. 올은 열세 살 딸을 포함해 가족 앞으로 허가증 다섯 개를 구입하는 방식으로 이러한 제한을 피해서 결과적으로 조업 개시 때마다 1만 2500파운드(약 5670킬로그램)를 어획할 수 있다. 그럼에도 2017년 7월에는 회유하는 연어 수가 워낙 많아서 조업을 일찍 중단해야 할 때가 잦았다. 이때 올은 달리 할 수 있는 일이 없으므로 조업을 멈추고 잉여분은 아직 할당량을 채우지 못한 사람들에게 나눠준다.

홍연어가 회유하는 기간에 부수 어획**은 거의 없다. 왕연어, 백연어 같은 다른 연어 종들이 일정량 잡히고, 연어과 담수어인 곤들매기도 조금 잡힌다. 피터팬은 홍연어를 1파운드(약 0.45킬로그램)당 1달러에 매입하고, 왕연어는 1파운드당 50센트에 매입했다. 시애틀과 샌프란시스코, 뉴욕, 보스턴 등에서 판매되는 알래스카산 홍연어의 가격과 비교하면 놀랄 만큼 싸다. 2017년에 이 지역에서 거래되는 홍연어 가격은 1파운드당 35~45달러였고, 왕연어 가격은 이보다 훨씬 비싸다.

브리스톨만에서 정치망에 걸려들어 그물에서 갑판으로 던져지고 선원들의 발에 밟힌 연어들은 알래스카 연어들 중에서

** 어획 대상 외에 부수적으로 잡힌 어획물.

최하급으로 여겨진다. 양어장* 태생이 전혀 섞여 있지 않은 상태로 회유한 야생 연어인데도 그렇다. 정치망을 사용해 조업하는 배의 가격은 더 싸고, 허가증은 가장 싸다. 정치망과 유자망driftnet은 비슷한 자망이어서 물고기가 그물을 헤엄쳐 통과하려 할 때 아가미가 그물코에 걸려 잡히는 방식을 쓰지만, 유자망 조업 방식이 훨씬 더 정교하다. 유자망 조업에 투자하고 잡은 물고기를 잘 다룰 자금이 있는 경우라면 브리스톨만에서 훨씬 높은 가격에 연어를 팔 수 있다.

조업이 끝나자 선외 엔진을 장착한 배 세 척은 툿툿툿 소리를 내며 브리스톨만 북쪽에서 두 강이 만나는 누샤각포인트Nushagak Point로 돌아간다. 그곳에 솟아 있는 산들은 밤낮으로 갈색에서 노란색으로, 다시 회색으로 바뀌었다가 파란색으로, 다시 보라색으로 옷을 갈아입는다. 선원들은 만조가 되었을 때 떠내려가지 않도록 배를 해변 안쪽 깊숙이 끌어올리고, 진흙에 빨려 들어가는 장화 발소리를 내며 조업 시즌 동안 생활하는 오두막으로 향한다. 그곳에는 수돗물이 없고 전기도 발전기를 켜야만 쓸 수 있다. 나머지 세상과 연락할 수 있는 수단이라고는 자동차 배터리에 연결해 작동하는 라디오뿐이다(선원들이 조업 개시에 대해 듣는 것도 이 라디오를 통해서다).

* 맥락에 따라 '양어장'과 '부화장'으로 구분해서 번역했다. 전자는 궁극적으로 소비를 목적으로 할 경우에 사용했고, 부화와 양식의 의미를 포괄한다. 후자는 개체수 증가 혹은 확보 자체가 목적일 때 사용했고, 생태계 복구 시도와 같은 자연 친화적 성격을 띨 때도 후자로 표기했다.

열두 시간 동안 쉬지 않고 조업하고 나면 피곤하다는 말의 뜻을 다시 정의해야 한다. 배에 타고 있던 내내 물고기, 바닷물, 엔진 배기가스의 냄새만 맡다가 오두막에 다가가자 커다란 품에 안기듯 따뜻한 향내가 온몸을 감쌌다. 갓 구운 빵에서 나는 냄새였다.

선원들이 조업을 하는 동안 올의 아내인 하넬로레 올슨Hannelore Olson이 오두막에서 빵을 구운 것이다. 올은 이런 아내를 가리켜 말끝마다 천사라고 부른다. 선원들을 가장 먼저 맞이하는 것은 하넬로레가 방금 오븐에서 꺼낸 **맥주빵**이다.

그녀가 소개한 요리법은 이렇다.

맥주빵

밀가루 3컵, 설탕 1/4컵, 베이킹파우더 1큰술, 맥주 1캔을 섞는다. 빵 팬에 반죽을 넣고, 버터 1/2컵을 녹여 위에 붓는다. 버터가 잘 스며들도록 팬의 가장자리를 칼로 빙 두르며 홈을 낸다. 화씨 350도(약 섭씨 177도)로 가열한 오븐에서 반죽이 노릇해질 때까지 굽는다.

잡은 연어는 오두막으로 가져오지 않았다. 몬태나주에서 고기와 감자를 먹으며 자란 선원들을 위해 하넬로레는 파이도 구웠다. 한 샤이엔 인디언 선원이 기다란 식탁에 앉을 때마다 "나는 파이를 먹지 않아요"라고 말하는데도 하넬로레는 조업이 끝날 때마다 으레 파이 서너 개를 구워 식탁에 올렸다.

코도바는 누샤각포인트가 아니고, 알래스카만은 브리스톨만이 아니다. 유자망 조업은 정치망 조업과 다르고, 코퍼강 홍연어는 브리스톨만 홍연어와 다르다. 같은 이치로 테아 토머스Thea Thomas는 분명 올 올슨Ole Olson과 같지 않다. 올과 바다에 나가기 전날 밤, 테아가 내게 자신이 이끄는 독서 모임에서 강연을 해줄 수 있느냐고 물은 것만 보아도 두 사람의 차이는 분명하다.

올을 보면 강인한 사람이라는 인상을 받을 수밖에 없지만, 키가 크고 몸이 마른 테아는 겉보기보다 훨씬 강인하다. 그녀는 고약한 회색곰의 공격으로부터 살아남았고, 30년도 넘게 작은 1인용 보트를 타고 혼자 망망대해에 나가 조업하고 있다.

테아도 알래스카 출신이 아니다. 오리건주 포틀랜드에서 왔고, 1957년에 태어나서 올보다 몇 살 어리다. 가족 중에 어부는 없었고 아버지는 변호사였다. 생물학으로 석사학위를 받고 초창기 부화장에서 일을 하려고 알래스카에 왔다고 말했다. 하지만 테아는 가만히 있지 못하는 성격이었고, 많은 어부들을 만나면서 어부가 되기를 원했다.

코도바는 주민이 약 2000명뿐인 평온한 도시다. 이곳은 햇빛을 받아 반짝이는 빙하와 북아메리카의 아름다운 수역인 프린스윌리엄해협으로 무너져 내리는 알래스카산맥에서도 병풍처럼 겹쳐 있는 산마루 안쪽에 아늑하게 들어서 있다. 산으로 둘러싸이고 곰과 흰머리수리, 해달, 범고래, 바다표범을 비롯해서 많은 동물의 고향이기도 하다. 이곳에 서식하는 거의 모든 종은 매년 여름에 강 상류로 거슬러 올라가기 위해 찾아오는 연어에게 어떤 식으로든 의존한다.

이 북쪽의 낙원은 이곳으로 통하는 도로가 전혀 없기 때문에 원래 모습 그대로다. 앵커리지에서 시작하는 고속도로를 건설하려는 움직임이 여러 해 동안 있었지만, 지역 주민들은 **도로 건설 반대**No Road라는 스티커를 자동차 범퍼에 붙이고 다니며 반대했다.

프린스윌리엄해협은 1989년 3월 부끄러운 뉴스의 중심에 섰다. 엑손코퍼레이션 소유의 유조선 엑손밸디즈가 해협을 통과하다가 암초에 걸려 좌초하면서 원유를 유출한 것이다. 처음에 엑손은 유출량이 1100만 갤런(약 4160만 리터)이라고 추정했지만, 나중에는 3000만 갤런(약 1억 1400만 리터)으로 밝혀졌다. 이 사고로 바닷새 25만 마리, 수달 3000마리, 바다표범 300마리, 흰머리수리 250마리, 범고래 22마리가 죽었다.[4] 또 연어와 청어가 급감했다. 청어를 제외한 야생 생물이 기적적으로 돌아왔지만 생물학자들은 변화에 주목했고, 지역 주민은 바위 아래 여전히 원유가 남아 있다고 말한다.

테아는 조업 시즌에도 오두막에서 지내지 않는다. 코도바에 머물면서 지역 화가들의 작품으로 벽을 장식한 멋진 주택에서 산다. 사실 테아도 자신이 좋아하는 새를 모델로 멋진 목판화 작업을 하는 예술가다.

테아는 가장 남성적인 세계에서 성공을 거두고 있지만 남성적인 분위기를 조금도 풍기지 않는다. 코도바항구에 정박해 있는 다른 자망선들은 가장 저렴한 페인트로 칠해서 하나같이 전함 색깔인 회색이지만 테아의 배는 청록색이다. 32피트(약 10미터)짜리 자망선을 자신의 집처럼 잘 관리하면서 티끌 하나 없이 깨끗하게 유지한다. 자망선은 컬럼비아강에서 연어를 낚을 용도로 처음 개발되었고, 나중에 숱하게 개선되면서 꽤 속도가 빠르고 조작하기 쉬운 1인용 어선으로 자리를 잡았다.

어부로 일하기 시작한 테아는 디젤 정비 학교에서 엔진 관리법을 배웠고, 이때 익힌 지식은 혼자 바다에 나갔을 때 유용했다. 하지만 그녀의 성장 배경은 기계와 전혀 무관하다. 테아의 말을 그대로 인용하면 **전구를 갈아끼우는 사람을 고용하는 가정**에서 자랐다고 했다.

테아는 조업 방식을 계속 개선해서 최신 상태로 유지한다. 예를 들어 잡은 물고기를 넣어두는 어창을 뱃머리의 갑판과 수평으로 만들었다. 그러면 그물을 끌어 올린 후에 능숙한 솜씨로 물고기를 그물에서 떼어내고, 작은 칼을 아가미에 찔러 넣어 피를 뽑은 후에 물고기를 뒤로 밀어 얼음이 가득 찬 어창으로 떨어뜨리기 편리하다. 요즈음 테아는 바닷물을 더하고 대형 얼음 탱크를 사용하는 신기술인 슬러싱slushing에 관심을 갖고 있다. 슬러시가 물고기를 골고루 감싸기 때문에 얼음보다 보관하기에 좋다.

테아가 잡는 코퍼강 홍연어는 시장에서 매우 인기 있는 데다가 그녀가 주의를 기울여 다루는 덕택에 최고의 상품으로 평가를 받는다. 코퍼강 홍연어는 다른 연어 종보다 우수하다는 평을 처음부터 들었으며 지금껏 그렇다. 연어에는 두 개의 속과 여덟 개의 종이 있을 뿐 아니라 왕연어나 홍연어처럼 단일 종 안에서도 종류가 엄청나게 다양하다. 또 강마다 생산되는 연어도 약간씩 다르다. 홍연어는 일반적으로 다른 종들보다 먼 거리를 이동하는데, 새끼들이 은신하며 성장할 수 있도록 호수 근처에 알을 낳기 때문이다.

알래스카의 브리스톨만과 코퍼강, 러시아 극동의 캄차카반도, 브리티시컬럼비아의 프레이저강 같은 거대한 홍연어 조업 지대에는 호수가 많다. 하지만 호수에 도달할 때까지 강을 거슬러 올라가는 여정의 거리와 어려움 정도에 따라 연어의 질이 달라진다. 길고 고된 여행을 앞둔 연어는 살아가기 위해 더 많은 지방을 축적하며 몸을 만들기 때문이다.

브리스톨만 소재의 강들은 누샤각강처럼 특별히 길거나 지형이 험하지 않아서 연어가 엄청나게 풍부한 데다가 양어장을 거치지 않아 순수한 유전자를 갖고 있는데도 그다지 높은 평가를 받지 못한다.

반면에 코퍼강은 급류, 험준한 만곡 지형, 폭포를 끼고 300마일(약 480킬로미터)을 굽이굽이 뻗어 있다는 점 때문에 이곳으로 산란하러 오는 연어는 훌륭한 상품으로 평가받는다. 프린스윌리엄해협에서 코퍼강보다 작은 강들에서 산란하는 다른 연어 개체군은 가격이 떨어진다. 컬럼비아강, 스네이크강, 새크라멘토강, 그리고 대서양연어 산란지로는 미국에서 최고인 코네티컷강 등 많은 연어 강이 모두 코퍼강보다 길다. 그러나 그 강들은 파괴되었다. 다른 강 중에서도 코퍼강보다 긴 강은 많다. 미국에서 세 번째로 긴 유콘강은 코퍼강보다 거의 세 배 길고, 브리티시컬럼비아주 프레이저강만큼 훌륭한 홍연어를 생산한다.

코퍼강 연어가 시장에서 높은 평가를 받는 요인은 두 가지다. 첫째, 코퍼강 연어는 알래스카에 가장 먼저 회유하는 연어다. 왕연어는 5월 중순에 도착하고, 홍연어가 곧 뒤를 이어 도착하므로 7개월 동안 신선한 연어를 구할 수 없는 시기에 몇 주간 유일하게 잡힌다.

둘째, 코도바 소재 코퍼리버시푸드가 아마도 세계에서 가장 탁월한 마케팅 실력을 갖춘 어업 회사라는 점이다. 이 회사의 접근 방식은 간단하다. 브랜드를 개발하고, 높은 품질 기준을 유지하고, 치열하게 판매한다. 이 회사는 코퍼강 연어를 바다에서 끌어올린 직후 피를 빼고 얼음 또는 더 나은 방법인 슬러시에 저장했다가 하루 하고 반나절이면 시장에 내보낸다.

실제로 시애틀 해변에 위치한 레스토랑인 '레이의 보트하우스'는 코퍼강 연어라는 브랜드를 처음 만든 곳으로 인정받고 있다. 특히 몸집이 큰 왕연어는 시즌 '첫째' 연어로 뽑혀 다음 날 새벽 5시 알래스카항공 비행기에 실린다. 그래서 시애틀에서는 사람들이 모여 있는 가운데 조종사가 이 연어를 들고 붉은 카펫 위를 걷는 의식을 매년 치른다. 레이의 보트하우스는 그 연어로 만든 요리를 그날 저녁 손님들에게 제공한다.

브리스톨만에서 조업하는 올과 다른 정치망 어부들은 홍연어 1파운드당 1달러, 왕연어는 1파운드당 겨우 50센트를 받는 반면에, 코퍼강에서 조업하는 유자망 어부들은 홍연어 1파운드당

2.5달러, 왕연어는 7달러까지 받는다. 왕연어 한 마리에 200달러를 받을 수도 있다는 뜻이다.

정치망은 제자리에 고정하지만, 유자망은 파괴적인 결과를 초래하므로 더 이상 조류가 흐르는 방향으로 설치할 수 없다. 그물들이 떠내려가 유실될 수 있고, 그 후에도 무거워서 가라앉을 때까지 계속 물고기를 잡을 수 있기 때문이다. 유자망이 특히나 문제로 떠오른 것은 듀퐁사가 나일론을 발명한 직후인 1939년 모노필라멘트로 알려진 단일 가닥 플라스틱 낚싯줄을 발명한 이후부터였다. 모노필라멘트는 썩지 않는다. 오늘날 알래스카에서는 유자망의 한쪽 끝자락을 항상 배에 고정하고 다른 쪽 끝자락만 바다에 띄우면서 멀리 보내지 않도록 법으로 정하고 있다. 유자망은 섬유 여섯 올을 꼬아 만든 폴리머로 제작되며 때로 끊어지거나 마모된다. 이 때문에 코도바에는 노동자들이 그물을 수선하고 시간당 40달러를 버는 소규모 사업이 생겨났다.

정치망을 세 개만 허용하는 것처럼, 법제화된 900피트(약 270미터)짜리 유자망은 뱃머리에 있는 커다란 도르래에 연결되어 레버를 작동해 갑판으로 감아올려진다. 난간 너머에서 손으로 그물을 끌어올리는 정치망보다 유자망이 조업하기는 상당히 쉽지만, 허가증 가격도 배 가격도 훨씬 비싸다. 유자망 조업은 자본금이 꽤 필요한 고급 방식이다.

코도바에서 자망 조업을 하는 어부는 540명이고 대부분 1인용 자망선을 이용한다. 테아는 열세 명뿐인 여성 자망선 어부 중 한 명이다. 대부분의 어부는 코도바는커녕 알래스카에서 태어나

지도 않았다. 거의 절반은 러시아 이민자다. 이들이 모는 배는 높은 산들을 병풍처럼 등지고 앞으로 뻗은 프린스윌리엄해협의 해안을 따라 목재 교각이 서 있는 항구에 정박해 있다. 하지만 코퍼강 홍연어가 잡히는 곳은 이곳이 아니라, 육지와 인접하지 않은 외해인 알래스카만의 개펄이다.

외해에는 늘 위험이 도사린다. 작은 배들은 외해에서 정확하게 직각으로 파도를 타지 못하면 뒤집힌다. 가장 위험한 것은 어디선가 돌발적으로 솟구쳐 올라 배를 침몰시키는 이상 파랑rogue wave이다. 차가운 물에 빠진 사람들은 생존 시간이 짧다. 코도바의 중앙 부두에는 바다에 나갔다가 목숨을 잃은 어부들을 추모하는 현판이 걸려 있다. 현판은 매년 한두 개씩 늘어나며 대개 "파도에 휩쓸려 목숨을 잃었다"라고 적혀 있다.

테아는 목숨을 잃은 어부들 중 몇몇과 구면이었지만 자신의 청록색 자망선인 미르미돈호까지 가는 길에 만나는 추모 현판들을 꿋꿋이 지나간다. 제우스가 개미를 가지고 만들었고, 트로이 전투에서 대단히 용맹하게 열심히 싸웠다고 전해지는 아킬레우스 휘하 전사들에게서 미르미돈이라는 이름을 따왔다고 했다.

우리는 오전 7시부터 36시간 동안 조업할 수 있도록 허가를 받았다. 이내 좋은 장소를 차지하기 위한 경쟁이 벌어졌다. 젊은 초보 어부 다수가 조업 허가가 나기 전에 명당을 차지하려고 며칠씩 밖에 나가 기다리는 등 자리를 놓고 치열하게 경쟁했다. 이때 다른 배에 지나치게 근접해 조업하는 것은 매우 나쁜 태도로 본다. 우리도 대부분의 어부와 마찬가지로 좋은 자리를 차지하기 위해 전날 밤에 길을 나섰다.

용감하고 부지런한 미르미돈호는 빙산들로 둘러싸인 코도바항구에서 오후 5시 30분에 출항했다. 알래스카 기후는 심지어 여름에도 빙하기가 먼 옛날이 아니라 최근이었다고 느껴질 만큼 차갑다. 곰, 말코손바닥사슴, 수리로 가득한 여름철 녹색 비탈에도 푸른빛 도는 빙하가 영구히 박혀 있다. 가장자리가 삐죽삐죽한 산마루와 굽이굽이 넓게 흐르는 강 옆으로 솟은 단단한 바위투성이 둑은 빙하가 지나가며 만들어진 것 같고, 코도바 정도의 작은 마을이 들어설 공간만 남긴 것처럼 보였다.

헤엄치는 범고래와 등을 물에 대고 둥둥 떠서 조개를 우적우적 깨무는 해달을 볼 수 있는 잔잔하고 평온한 프린스윌리엄해협으로 배를 타고 들어갔다. 해협을 관통한 후에 가파르고 푸른 산들을 지나가자 커다란 물결이 일었고, 알래스카만의 외해로 들어서자 파도 몇 개가 흰 물결을 일으키며 굽이쳤다. 폭 좁은 32피트(약 10미터)짜리 배는 파도가 일렁일 때마다 좌우로 출렁였다. 우리는 파도가 사나운 구간을 가로질러 홍연어가 헤엄치는 10~12피트(약 3~4미터) 깊이의 얕고 평평한 곳으로 이동했다. 출항한 지 한 시간 만에 그곳에 도착해서 닻을 올리고 기다렸다. 조업 개시 허가는 열두 시간 후인 다음 날 오전 7시가 돼야 떨어질 것이다. 배가 밤새 출렁이고 흔들리겠지만 바다에는 나름대로 리듬이 있으니 익숙해질 것이다. 순찰기가 머리 위를 비행하면서 정해진 시각 이전에 그물을 치는 배가 있는지 감시했다.

테아의 배는 천을 댄 의자뿐 아니라 야전 침대, 변기, 스토브

까시 갖추어 편안했다. 그녀는 자신의 별식으로 소문난 연어 차우더를 만들었다. 요리하는 데 30분 정도 걸리지만 테아는 미리 만들어두었다가 그날 밤 덥혀서 내놓았다. 선선한 밤에 바다 위에서 이리저리 흔들리며 먹는 음식 중에서 그보다 맛있는 것은 있을 수 없었다. 테아의 6인분 요리법은 이렇다.

테아 토머스의 연어 차우더

붉은 감자 1파운드(약 450그램)를 사방 0.5인치(약 1.5센티미터) 정육면체로 자른다. 냄비에 소금물 1.5쿼트(약 1.5리터)를 끓인 후에 붉은 감자를 넣어 부드러워질 때까지 8~10분 삶는다. 감자를 체에 받쳐 물기를 빼고 옆에 놔둔다.

5리터 용량의 두꺼운 냄비에 얇게 썬 베이컨 1파운드(450그램)를 넣고 중간 불에서 이따금씩 저어주며 바삭해질 때까지 요리한다. 종이 타월 위에 베이컨을 놓고 기름을 닦아낸다. 냄비에 기름 2큰술 분량만 남기고 나머지는 쏟아낸다. 파 2컵, 옥수수 2컵, 잘게 다진 마늘 4큰술, 잘게 다진 타라곤 2큰술, 다진 펜넬 1/2작은술, 마른 고춧가루 1/4작은술을 냄비에 넣고 약한 불에서 파의 숨이 죽을 때까지 볶는다. 전지 우유 6컵, 헤비크림 1/3컵을 넣고 끓인다. 불을 줄인 후에 감자, 저민 연어 3파운드(약 1.4킬로그램), 베이컨을 넣고 소금과 후추로 간을 한 후에 연어 살이 부서지기 시작할 때까지 부드럽게 젓는다. 레몬즙을 약간 넣으면서 젓고, 잘게 다진 차이브를 한 움큼 추가한다.

웨일스 시인 딜런 토머스Dylan Thomas가 서쪽으로 저물기를 거부하는 **연어빛 태양**이라고 불렀던 연분홍빛 태양이 자욱한 안개에 묻힌 밤이었다. 나는 연어빛 햇빛을 받으며 잠이 들었다가 몇 시간 후 잿빛 여명에 눈을 뜨는 바람에 밤에 일어난 일을 하나도 보지 못했다. 뱃머리는 앞에 탁 트여 펼쳐진 광활한 바다를 가리키고 배꼬리는 삐죽삐죽 험준한 빙하 산을 마주했다. 우리는 제자리를 지키고 섰지만 오전 7시가 되어 허가가 떨어질 때까지는 조업을 시작할 수 없었다. 새로 도착한 배들이 이미 바다에 나와 기다리고 있는 배들에 지나치게 가깝게 다가가자 성난 욕설이 무선을 타고 들리기 시작했다.

7시 정각에 우리는 산에서 더 멀어지며, 뱃머리에 서서 거의 풀 한 포기 없는 조류 보호구역인 그래스섬의 해변으로 커다란 빨간색과 주황색 부표를 던졌다. 배는 물 분사 추진 장치를 사용해 수심이 얕은 곳까지 올라갈 수 있었다. 배 바닥에 프로펠러도 용골도 없기 때문에 가능했는데, 이곳 유자망 조업 어부들에게는 혁신적인 설계였다. 테아는 윗부분에 흰색과 노란색의 작은 부표가 줄줄이 달린 녹색 그물을 뱃머리 너머로 던져 내리기 시작했다.

테아는 배를 거꾸로 돌려 그물을 펼쳤다. 6분 후 900피트(약 270미터) 길이의 그물을 모두 내렸다. 우리는 썰물에 맞추어 그물을 치고 물고기를 잡았다. 작은 배가 거대한 파도에 부딪힐 수도 있는 매우 위험한 방식이지만 효과적일 때가 많다.

하지만 이번 첫 그물 치기는 실패였다. 눈이 커다랗고 검은 바다표범 네 마리가 그물 근처에 출현했기 때문이다. 바다표범은 그물에 매달려 있는 물고기들을 하나씩 차례로 공격해 상품성을 잃을 정도까지만 한 입씩 물었다. 우리가 바다표범 네 마리를 상대해 이길 승산은 없었다. 한두 마리라면 모를까 네 마리라면 그저 갑판에 서서 검은 머리 네 개가 그물 쪽으로 움직이는 광경을 속수무책으로 지켜볼 수밖에 없었다. 첫 그물을 끌어올렸을 때, 홍연어 40여 마리 모두 배가 찢겨 있었다. 바다표범은 물고기 뱃살을 좋아한다. 어부들이 총으로 바다표범을 사냥하고 싶어 하는 것도 이 때문이다. 하지만 1972년 해양포유류보호법에 따라 바다 포유류가 해양 생태계의 중요한 일원으로 포함되면서 바다표범 사냥은 불법이 되었다. 그 후 알래스카는 상업적 어선에 총기를 싣는 것조차 허용하지 않는다.

나는 어부들이 "빌어먹을 해양포유류보호법"이라며 욕하는 소리를 많이 들었다. 테아는 그러지 않았지만 그 순간 마음속으로는 그렇게 생각했을지 모른다. 어부들은 바다표범들이 타락한 종이라고 주장한다. 물고기를 한 입씩만 뜯어먹어 낭비하기 때문이다. 차라리 물고기를 통째로 먹어치우는(항상 그런 것은 아니지만) 곰이나 수리가 더 낫다고 말한다. 지능이 매우 높은 바다표범과 바다사자는 연어가 지나갈 수 있도록 사다리를 만들어 놓은 댐까지 가서 지나가는 연어들을 물어뜯는다. 나는 오리건주 포틀랜드 외곽에 있는 윌래밋강에서 바다사자들이 연어를 사냥하는 광경을 목격한 적이 있다. 바다사자는 어부들이 물고기를 배까지 끌어올리기 위해 그물을 잡는 순간 달려들어 연어들을 물어뜯어버렸다.

자연은 균형을 한번 잃으면 회복이 극도로 어렵다는 금언이 있다. 바다표범을 잡아먹는 상어와 이빨고래 같은 포식자의 개체수가 크게 줄고 있으며, 바다표범의 먹이인 물고기도 급감했다. 통제되지 않아 늘어난 큰 개체군이 작은 개체군을 게걸스럽게 먹어치우고 있기 때문이다.

다행히도 두 번째 그물에는 바다표범 두 마리만 출몰했고, 이미 충분히 배를 채웠는지 세 번째 그물에는 한 마리도 달라붙지 않았다.

연어는 통통하고 은색으로 반짝이며 아름다웠다. 산란기에 보이는 민물에서의 색깔 변화도 아직 나타나지 않았다. 이 시기에 잡히는 신선한 홍연어는 먹기에 가장 알맞은 상태다. 테아는 잡은 연어마다 아가미를 재빨리 잡아 뜯거나 칼로 찌른다. 몇몇 자망 어부들은 연어에서 피를 충분히 빼기 위해 배에 비치한 탱크에 얼마 동안 던져놓는다. 하지만 테아의 배 갑판에는 탱크를 놓을 공간이 없다. 연어에서 피를 뽑는 가장 좋은 방법은 항문으로 압축 분사한 물이 몸을 돌며 씻어낸 피를 아가미로 모두 쏟아내게 하는 것이다.

어부들이 그물을 건져 올렸을 때 물고기를 45마리 잡기도 하고 5마리 잡기도 했지만 대개 15~20마리를 잡았다. 테아는 여덟 시간 동안 조업하고 오후 3시가 되자 모두 100마리를 잡았다. 한 시간에 10마리 이상 잡으면 성적이 좋은 편이라고 했다. 36시간이 지났을 때 테아의 어획량은 같은 시간 동안 올이 잡은 것보다 적었다. 따라서 수입도 올의 약 절반 수준이었지만, 고용한 선원이 없어서 지불할 임금은 없었다. 이처럼 어획량을 줄이고 수입을 늘리는 것은 현대 어업이 지향하는 목표이기도 하다. 굳세고 강한 연어들이 마주했던 모든 장애물과 난관을 고려할 때, 이러한 방식의 어업이 존재하는 것은 기적 그 자체다.

이 책은 남획을 다루지 않는다. 상업용 어종이 감소하고 있다는 말을 들었을 때 사람들이 처음 뱉는 대답은 **남획**이다.

물고기가 위기에 처하면 사람들은 어부들에게 비난의 화살을 돌리려 한다. 자신을 비난하는 것보다 마음이 편하기 때문이다. 하지만 남획이 어업의 유일한 문제는 아니고, 단순히 규제 개선이나 전면적인 상업적 어업 금지를 통해 어업을 구제하기도 어렵다. 그 정도로 쉽게 바로잡을 수 있는 문제가 아니다.

상업적 어업이 흔한 관행으로 남은 것은 역사적으로 이례다. 일부 고고학자들의 주장에 따르면, 상업적 어업은 호모사피엔스 시대 이전까지 거의 200만 년 전부터 널리 행해졌던 가장 오래된 식량 생산 방식이다. 인간이 먹을거리를 구한 방식은 사냥과 채집에서 벗어나 작물 경작, 가축 사육과 같은 농업 형태로 바뀌었다. 상업적 어업도 같은 운명에 처할지 모른다. 오늘날 인간이 소비하는 물고기의 절반가량은 양식된다. 특히 연어 어업은 야생 연어를 잡는 것에서 벗어나 양식으로 전환하고 있다. 지금은 물고기와 어업이 함께 생존할 수 있는 길을 찾기 위한 힘겨운 노력이 필요한 시기다.

이 책이 전달하려는 핵심은 연어가 세렝게티에 서식하는 어떤 생물에도 뒤지지 않는 고유한 특징을 지닌 훌륭한 종이므로 지구상에서 사라진다면 슬프리라는 것이 아니다. 연어는 많은 생애 단계에서 아름다운 자태를 드러내고, 스릴 넘치는 움직임을 보이고, 힘 있고 단호하면서 용감하게 이동하며, 영웅적이면서 비극적이기도 한 시적인 삶을 거친다. 모두 사실이다. 그러나 무엇보다 중요한 사실은 연어가 살아남지 못하면 지구 또한 생존할 희망이 거의 없다는 것이다.

연어는 북반구에만 서식하지만 늘 지구의 건강을 가늠하는 일종의 지표였다. 연어는 생애 일부를 담수호와 강에서 보내고, 일부는 바다에서 보내는 소하성 어종anadromous fish이어서 해양생태학과 지구생태학 사이에 명확한 연관성을 제공하기 때문이다. 우리가 육지에서 벌이는 활동의 대부분은 결국 바다에 영향을 미치는데, 연어를 관찰하면 둘의 연관성을 더욱 명확하게 파악할 수 있다.

연어를 통해 인간이 환경에 가한 폭력의 영향을 파악할 수 있다. 산업혁명이 유발한 오염이 연어를 질식시켰다. 200여 년 전 산업혁명이 시작된 이후로 화석 연료를 태우고, 이산화탄소를 흡수하는 숲이 농업 발달이라는 명목으로 파괴되면서 대기 중 이산화탄소가 꾸준히 증가했다. 오늘날 연어는 21세기의 대참사인 기후 변화에 위협을 받고 있다. 과거에 부화장은 남획과 서식지 파괴를 극복할 구제책으로 보였지만, 지금은 종종 기후 변화에 따른 현상으로 여겨진다. 연어는 차가운 물이 필요한데, 기후 변화 때문에 프레이저강 같은 수로가 따뜻해지고 있다. 수온 상승에 따른 물고기 개체수 감소는 입증되었다. 일부 과학자들은 달가워하지 않았지만, 해결책으로 부화장이 제시된 것이다.

기후 변화는 인간이 의도하지 않은 결과가 작동하는 극적인 예다. 인간이 초래한 모든 변화가 예측하지 못했던 다양한 영향을 미칠 것이라는 개념은 자연환경 개조를 숙고하는 생물학자들에게 특히나 고통스럽다. 석유나 석탄 같은 화석연료를 연소하면 탄소가 산소를 끌어당기고, 탄소 원자 하나에 산소 원자 두 개가 붙어 대기 속으로 들어간다. 이 이산화탄소가 기후 변화를 일으키는 주요 원인이다.

이산화탄소는 물에 흡수된다. 대기 중에 있는 이산화탄소의 약 3분의 1은 바다에 흡수되면서 화학 반응을 일으켜 물을 산성화한다. 구체적으로 이산화탄소는 수소이온을 증가시키고 탄산염을 감소한다.[5] 탄산염이 부족해지면 조개류, 산호, 특정 플랑크톤의 성장 능력을 감소한다. 이 동물들은 물고기의 중요한 먹이다. 또 탄산염이 부족해지면 포식자를 탐지하는 물고기의 능력이 저하한다. 이러한 산성화는 지구상 모든 바다에서 일어나고 있을 뿐 아니라, 바다를 드나드는 연어에게 꼭 필요한 장소인 강과 하구에서도 마찬가지다.

이산화탄소는 대기와 물의 온도도 높인다. 이것은 수온이 낮은 곳에 서식하는 연어 같은 어류에게 문제다. 또 온난화 현상은 빙하를 녹여 바닷물의 염도를 낮춘다. 연어는 산란기를 포함해 여러 생애 주기 단계를 감지하는 단서를 온도와 염분에서 얻으므로 온난화 현상을 겪으면 혼란스러워한다. 이 문제는 오랜 시간에 걸쳐 계속 커지고 있다.

기후 변화는 북대서양을 빠르게 변화시키고 있으며, 모든 것이 서로 연결되어 있는 바다의 속성을 감안할 때 동물성 플랑크톤이나 열빙어, 대구, 연어를 위협하는 요인은 먹이그물 전체를 위험에 빠뜨린다. 과거에는 얼어 있던 알래스카주 노스슬로프 지역의 강들로 연어가 이주한 사실이나 태평양에 새로 자리잡은 물고기의 일부가 대서양연어라는 사실에는 어떤 의미가 있을까? 많은 유럽인을 비롯해 메리웨더 루이스Meriwether Lewis와 윌리엄 클라크William Clark는 북아메리카에서 대서양과 태평양 사이에 있는 북서항로를 발견하지 못했다. 결국 북서항로를 발견한 것은 연어였고 다름 아닌 지구온난화 때문이었다. 연어 서식지가 북쪽으로 확장된다면 캘리포니아에 있는 클래머스강, 캐나다 연해주의 미러미시강, 코네티컷강, 프랑스·스페인·일본의 강을 비롯해 연어 서식지 남단에는 어떤 현상이 일어날까? 이 지역의 자연 질서는 어떤 영향을 받을까?[6]

기후 변화는 연어가 강에서 보내는 시간, 바다에서 보내는 시간, 성장률 등 연어의 생애 주기를 크게 바꾸리라 예상된다.[7] 하지만 기후 변화가 정확히 어떤 결과를 초래할지 확실히 아는 사람은 없다. 아마도 스몰트smolt*는 더 따뜻해진 물을 좋아하는 기생충과 다른 물고기를 포함한 포식자의 증가에 노출될 것이다.

이미 이러한 현상이 나타나고 있는 북대서양 캐나다에서는 연어와 같은 소하성 어종인 줄무늬농어가 전에 한 번도 가지 않았던 강으로 들어가 많은 수의 스몰트를 집어삼키고 있다.

캘리포니아 같은 곳에서는 가뭄의 영향으로 강 수위가 지나치게 낮아지는 바람에 연어들이 강으로 돌아오지 못한다.[8]

160여 년 전 찰스 다윈Charles Darwin은 《종의 기원》에서 인류가 직면한 주요 문제를 설명했다. 자연 질서인 필사적인 생존 투쟁에 관해 연구한 다윈은 종의 개체수가 적을수록 생존경쟁에 실패해 멸종할 가능성이 크다고 지적했다. 달리 말하자면 우리가 아는 많은 동물 종을 포함한 종의 감소는 멸종을 향하고 있다. 그의 이론에 따르면, 더 적은 종들이 살아남을수록 개별 종들이 생존하기는 더욱 어렵다. 따라서 멸종은 훨씬 빈번해진다.

1980년대 진화생물학자인 에드워드 윌슨Edward Wilson은 이 개념을 **생물 다양성**biodiversity이라 칭했고, 자연 질서가 작동하려면 풍부한 다양성이 반드시 필요하다는 뜻을 이 개념에 담았다. 종, 속, 과, 심지어 계는 서로 얽혀서 상호 의존하므로 하나가 사라지면 나머지도 소멸할 것이다. 그래서 더 이상 **먹이사슬**이라고 부르지 않고, **먹이그물**이라고 부르는 것이다.

강이나 하천에서 어린 시기를 보내고 바다로 내려가기 위해 피부색이 바뀌는 시기의 연어로, 대체로 2년생 연어를 가리킨다.

대부분의 물고기가 복잡한 생존 문제에 직면하지만 연어만큼 많은 어려움을 겪는 종은 별로 없다. 부분적으로는 연어가 먹이그물의 중심에 있기 때문이고, 서식지를 해양과 내륙에 모두 의존하는 복잡한 생애 주기를 거치기 때문이다.

2005년 태평양연어Pacific salmon의 생존 예측에 관해 연구한 과학자들은 지구상 연어의 23퍼센트가 완전히 멸종할 위험성이 보통 이상이라는 결론을 내렸다. 대서양연어가 직면한 상황은 훨씬 더 심각하다.[9]

어업을 규제하는 것이 더 간단한 해결책으로 보였고, 아마도 효과가 있었을 것이다. 1824년 어부들이 큰 문제점으로 지적되었을 때, J. 코니시J. Cornish는 영국의 연어가 처한 상황을 런던에서 출간한 책에 썼다.

> 딱히 독창성을 발휘할 필요도 없이 평범한 성의와 상식을 동원해 보면 다음과 같은 주요 대책을 제안할 수 있다. 장애물과 물고기 갑문 을 제거해야 한다. 물고기가 하천을 헤엄칠 수 있게 해야 한다. 부적절한 규모와 시기의 어획을 모두 금지해야 한다. 금어기에 물고기를 보호하고, 적정하고 합법적인 그물로만 어획해야 한다. (…) 이러한 조치를 취한다면 연어가 부족하다고 불평할 이유

어도를 인위적으로 조작할 수 있도록 만든 장치.

가 곧 사라질 것이다.[10]

오늘날 어업 규제는 과거보다 훨씬 엄격하다. 하지만 장애 요소들이 훨씬 심해졌고, 문제 전체가 훨씬 복잡해졌다.

연어를 구하기 위한 대책들도 과거보다 많아졌다. 삼림 벌채 중단, 교외 지역 확장의 종식, 곰·늑대·비버·독수리 등 야생동물의 사냥 금지, 육지·해양 오염 방지, 기후 변화의 중단과 더 나아가 역전, 기존 댐의 철거와 짓고 있거나 지을 예정인 댐 건설 중지 등이 있다. 에너지 소비를 줄이거나 재생 가능한 에너지도 사용해야 한다. 탄소를 배출하는 화석 연료의 연소를 멈추고, 강을 가로막는 수력발전 댐을 철거하고, 수온을 상승시키는 원자력 사용도 멈춰야 한다. 농부들은 살충제를 더 이상 뿌리지 말아야 한다. 관개는 좀 더 세심한 관리가 필요하다. 강 주변에서의 가축 방목도 금지해야 한다. 강둑 근처에는 집과 도로, 심지어 산책길도 지어서는 안 된다. 양어장은 물고기의 유전적 다양성을 더 이상 감소하지 말고, 물고기 양식이 야기하는 질병의 확산도 멈춰야 한다. 해양 포유류를 보존해야 하지만 개체수가 지나치게 많아지는 경우는 피해야 한다. 이러한 모든 조치를 달성하면 연어를 구할 수 있다.

달리 표현해서 우리가 지구를 구할 수 있으면 연어도 괜찮을 것이다.

1부

영웅

1장

연어 가문

하루하루 지날수록 우리는 이러한 법칙들을
더욱 잘 이해하게 될 것이다. 자연이 걸어온
진로를 방해했을 때 지금 당장은 물론 먼 미래에
어떤 결과가 나타날지도 더 잘 알게 될 것이다. (…)
이 과정이 거듭될수록 인간은 자연과 하나임을
더 잘 인지할 것이며 정신과 물질, 인간과 자연,
영혼과 육체를 대비시키는 분별 없고 자연스럽지
않은 개념은 더욱 설 자리를 잃을 것이다.

_프리드리히 엥겔스, 《유인원이 인류로 전환하는
과정에서 노동이 담당한 역할》

18세기 스웨덴 과학자 칼 린네Carl Linnaeus는 공통적이면서 관찰 가능한 외형적 특징을 근거로 동물을 무리 지어 분류하는 체계를 사용하기 시작했다. 20세기 말에 들어서면서 과학자들은 공통 DNA를 조사하기 시작했다. 이 덕분에 여전히 매우 혼란스러운 어군인 연어과에 대한 의문이 어느 정도 풀렸다.

연어과는 약 1억 년 전에 지느러미과 어류가 되었고, 초기 형태의 조상은 공룡과 함께 살았다.[1] 현재까지 발견된 가장 오래된 연어과인 **에오살모 드리프트우덴시스***Eosalmo driftwoodensis*는 브리티시컬럼비아 소재의 호수 바닥에서 발굴된 화석으로만 확인할 수 있다.[2] 연어과 화석이 유콘강에서 멕시코까지 분포하지만 그 물고기들은 주로 캐나다 소재의 호수에 서식했던 것으로 보이며, 서식 시기는 약 5000만 년 전으로 추정된다. 6000만 년이 넘은 선사시대 연어 화석은 턱뼈 길이가 약 8인치(약 20센티미터)이고 이빨이 날카로우며 모로코 해안에서 발견된다.

약 2000만 년 전까지 연어와 대구 같은 물고기는 대륙 위 북쪽 바다에서 대서양이나 태평양으로 헤엄쳐갈 수 있었다. 그래서 이 물고기들은 양쪽 바다에 모두 존재한다. 그 후 바다가 얼어붙으면서 둘로 분리되었고, 각각 바다의 특징에 맞게 다른 모습으로 진화해서 대서양에는 **살모***Salmo*가 서식하고, 태평양에는 **온코린쿠스***Oncorhynchus*가 서식하기 시작했다.

온코린쿠스보다 먼저 출현한 대단한 초기 어종은 아마도 검치연어sabertooth salmon일 것이다. 길이가 6피트(약 1.8미터) 이상이고 이빨은 크고 휘었으며, 몸통이 거대하고 육식성으로 보이는 검치연어는 오늘날 홍연어와 아주 흡사하게 플랑크톤만 먹으며 산란할 때가 되면 이빨이 커진다. 비멸종 속에 속하는 가장 초기 종은 마수연어masu salmon 혹은 송어cherry salmon로 여겨지고, 그다음으로는 은연어coho salmon부터 왕연어, 백연어, 홍연어 순이고 마지막으로는 진화의 역사에서 새로 출현한 곱사연어pink salmon다. 진화의 역사에서 가장 늦게 등장한 곱사연어가 민물에서 보내는 시간이 이전 종들보다 훨씬 적은 것은 흥미롭다.

연어는 모두 연어과*Salmonidae*에 속하지만 연어과라고 해서 모두 연어는 아니다. 연어과 밑에는 화이트피시whitefish와 회색숭어grayling를 포함하는 세 개의 아과가 있고, 오직 한 가지 연어아과*salmoninae*에만 연어가 있다. 그렇다고 연어아과 어종이 모두 연어인 것도 아니다. 연어아과를 이루는 세 가지 주요 속은 **살벨리누스***Salvelinus*와 **살모**, **온코린쿠스**다. 이 세 가지 속에는 모두 송어가 포함된다. 송어에는 단일 속이 없으며, **송어**trout는 생물학적 용어라기보다는 민속학적 용어에 가깝다. 심지어 내륙 연어와 소하성 송어가 있기 때문에, 송어는 민물고기이고 연어는 소하성 어종이라고 말할 수도 없다.

많은 연어과 어종이 소하성이지만 모두 그렇지는 않으므로 소하성이 연어를 정의하는 속성은 아니다.

회유는 힘든 노동이고 에너지를 소모하는 과정이다. 물고기가 강에 서식하다가 바닷물고기로 위장하기 위해 피부색을 바꾸고, 염수에서 살기 위해 생화학적 구성을 조절하려면 상당한 노력이 필요하다. 소하성은 해수온이 내려가고 먹이가 더욱 풍부해지면서 진화한 것처럼 보이기 때문에 연어가 바다로 나간 것은 더 나은 먹이를 얻기 위한 것으로 추정된다.

곤들매기와 민물송어brook trout, 호수송어lake trout를 비롯한 소수의 물고기는 송어로 불리지만 **살벨리누스**는 차르char로 불린다. **살모**속에는 약 47종이 있는데, 생물학자들에 따라서는 이보다 약간 더 많거나 혹은 더 적다고 주장한다. 이 중에서 한 종만 제외하고 모두 송어로 간주한다. 갈색송어brown trout는 **살모**종이고 원래 북부 유럽에서만 잡힌다. 하지만 영국인들은 식용은 물론이고 플라이 낚시[*]로 갈색송어 잡는 것을 대단히 좋아해서 세계 여러 지역에 이식했다. 어떤 갈색송어는 일생을 강에서 보내지만 일부는 바다에 나갔다가 몸집이 커진 후에 강으로 회유하고, 이들은 바다송어sea trout로 알려져 있다. 하지만 그렇다고 해서 연어라고 할 수는 없다.

살모속에서 유일하면서도 가장 많이 알려진 연어 종은 **살모 살라**_Salmo salar_이고 대서양연어Atlantic salmon로 더욱 잘 알려져 있다. **연어**salmon라는 이름도 이 물고기에서 유래했다. 대서양연어는 태어난 강에서 1~3년을 보낸 뒤 2~3년 동안 바다에 나가 서식한다. 일부 연어는 산란하기에 너무 어리지만 일찍 강으로 회유하기도 하는데, 이러한 단계에 있는 물고기는 그릴스grilse라고 부른다(태평양연어에도 그릴스가 있지만 잭스jacks라고 지칭한다). 대서양연어에는 단 하나의 종이 있지만 엄청나게 다양한 변형들이 존재한다. 특히 유럽과 북아메리카, 발트해에서 그럴 뿐 아니라 강마다 다르기도 하다. 물고기가 강에서 보내는 시간, 바다에서 보내는 시간, 이동거리는 개체군마다 다르다. 각 강에 서식하는 연어는 나름의 특징을 보인다. 대서양연어는 무게가 일반적으로 20~30파운드(약 9~14킬로그램)이지만 10~20파운드(약 4.5~9킬로그램)에 불과한 것도 있다. 대부분의 태평양연어보다 훨씬 커서

[*] 인조 미끼를 수면 위나 물속에 놓아서 물고기를 잡는 낚시법.

50파운드(약 23.7킬로그램)를 넘기도 한다. 물론 낚시인들은 큰 연어가 몰려들기로 유명한 강을 좋아한다. 태평양연어와 달리 대서양연어 중에서 소수는 산란하고도 살아남아 두 차례에서 심지어 세 차례까지 강으로 다시 돌아오며 그런 연어는 대부분 암컷이다.

또 하나의 살모속인 **온코린쿠스**에도 컷스로트송어cutthroat trout와 금빛송어golden trout, 질라송어Gila trout, 아파치송어Apache trout, 멕시칸송어Mexican trout, 무지개송어rainbow trout 등 다양한 송어가 있다. 모두는 아니지만 대부분은 환경이 적합하면 바다로 나갈 것이다. 하지만 무지개송어를 제외하고 어떤 송어도 연어로 간주하지 않는다. 무지개송어는 스틸헤드steelhead로 부르며, 강으로 돌아올 때 살은 붉고, 피부는 은빛이고, 몸집이 매우 크다. 스틸헤드는 멕시칸송어처럼 생물학자들이 DNA를 조사하고 나서 **살모**속에서 **온코린쿠스**로 옮긴 소수의 물고기 개체군 중 하나다. 1953년 DNA 분자 구조를 발견한 공을 인정받은 두 과학자 중 하나인 프랜시스 크릭Francis Crick은 DNA를 사용해 진화 패턴을 추적해야 한다고 제안했다. 그 후 DNA는 속과 종에 대한 이해를 넓히는 데 크게 기여했다.[3]

물고기를 연구하는 학문인 어류학은 상대적으로 역사가 짧은 과학의 한 분야다. 북아메리카에서는 미국 독립전쟁 이후에야 비로소 시작됐고, 당시 연구 대상도 태평양 종이 아니라 동부 종에 초점이 맞춰져 있었다.[4] 심지어 험프리 데이비Humphry Davy 경은 연어를 잘못 이해했다.[5] 데이비 경은 주기율표에서 염소와 나트륨 등 수많은 주요 원소를 최초로 구분했고, 아산화질소의 중독성을 발견하고 대중 앞에서 이를 시연해 보이며 환각 물질의 대부로 떠올랐다. 초기 형태의 전기 배터리와 램프를 개발해 많은 광부의 생명을 구하기도 했다. 1820년 왕립학회의 회장에 취임했다가 1826년 사임하고 런던동물학회를 설립했다. 플라이 낚시광이기도 했던 데이비 경은 연어를 연구했는데, 19세기 가장 위대한 과학자라 불리지만 연어의 특징을 완전히 잘못 이해했다. 그는 연어를 두 가지 종, 즉 대서양연어인 **살모 살라**, 바다송어와 황소송어bull trout처럼 바다로 나가는 송어를 포함하는 **살모 에리옥스***Salmo eriox*로만 구분할 수 있다는 결론을 내렸다(오늘날 과학자들은 바다송어는 연어가 아니라는 데 동의한다). 유럽인은 태평양에 연어가 있다는 사실을 18세기까지도 몰랐다. 19세기 사람인 데이비 경도 알지 못했다.

가난한 환경에서 성장했고 과학계에서 거의 인정을 받지 못했던 독일 동식물학자 게오르크 슈텔러Georg Steller가 1737년 러시아 캄차카반도에서 태평양연어를 발견했다.[6] 슈텔러가 이 지역에서 성취한 여러 주요한 업적들 중 하나였다. 1741년 슈텔러는 덴마크 지도 제작자 비투스 베링Vitus Bering이 러시아로부터 탐험 의뢰를 받은 무리에 합류했다. 당시 역사상 최대 규모의 자금이 투입된 탐험이었고, 목적은 북아메리카로 가는 해상 통로를 발견하는 것이었다. 슈텔러는 항해에 합류한 누구도 자연과학자인 자신의 행보에 전혀 관심이 없다는 것을 재빨리 알아챘다. 그는 가혹한 상황에 처했지만 관찰을 멈추지 않으며 자연에서 발견한 것들을 기록했다. 결국 이 여정은 베링을 포함한 선원 30명이 난파선에서 죽음을 맞으며 재앙으로 끝났다. 서른일곱 살의 슈텔러는 잔해를 사용해 배를 만들어 타고, 일기장을 손에 들고, 자신의 발견이 마침내 세상의 인정을 받으리라 기대하며 유럽으로 향했다.[7] 하지만 돌아오는 길에 시베리아 관리들에게 붙잡혔고, 코랴크 원주민을 선동해 폭동을 일으켰다는 죄목으로 고발당했다. 실제로 탐험대는 폭동을 진압하는 데에 폭력을 동원했고, 슈텔러는 선원들의 잔인한 행동에 항의했다. 그는 곧 무죄를 선고받았지만 겨울을 맞이한 시베리아에서 열병을 앓다가 사망했다. 가난한 지역 주민들이 그가 입고 있던 빨간 망토를 훔치려고 무덤을 파헤치자 개 떼가 달려들어 시체를 먹어치웠다. 그 후 무덤은 강물에 씻겨 내려갔다. 연어와 여러 태평양 생물에 관한 관찰 기록이 담긴 슈텔라의 일기는 살아남았지만, 그가 사망한 지 50년이 지난 후에야 출간되었다.

태평양에 물고기가 풍부하다는 사실을 다른 탐험가들도 목격했다. 1790년대 초 영국의 해군이자 탐험가인 조지 밴쿠버George Vancouver는 지금의 브리티시컬럼비아 유역 하구에 물고기가 떼로 있었다는 사실에 주목했다. 밴쿠버가 갖고 있던 낚시 도구의 종류를 적은 기록으로 판단해보면 선원들도 연어를 낚았을 가능성이 있다.

1792년 독일 동식물학자인 요한 율리우스 발바움Johann Julius Walbaum은 《아티디 피시엄Artedi Piscium》에서 **온코린쿠스**속에 대해 서술했다. 발바움이 다섯 개 종에 붙인 러시아어 이름은 그 후에도 계속 사용되고 있다. 안타깝게도 발바움은 자신이 새로운 속을 발견했다는 사실을 알지 못하고, 대신에 유럽인이 모든 연어에 적합하다고 가정한 대서양연어속인 **살모**속으로 분류했다. 대영박물관 소속 독일인 동물학자 앨버트 귄터Albert Günther는 1866년이 되어서야 그리스어로 갈고리를 뜻하는 **'onkos'**와 코를 뜻하는 **'rynchos'**를 결합해 ***'Oncorhynchus'***로 속 명칭을 정했다. 귄터는 종을 나타내기 위해 완전히 다른 명칭들을 사용했다. 그러나 그가 정한 속명이 널리 보급되는 동안에 과학자들은 발바움의 발음하기 힘든 러시아어 명칭으로 재빨리 돌아섰다.

지구상에서 몸집이 가장 크고 명칭을 발음하기 힘든 연어는 흔히 왕연어로 알려진 **온코린쿠스 차와이차***Oncorhynchus tshawytscha*다. 태평양 북서부의 여러 지역에서는 치누크Chinook로 불리는데, 컬럼비아강에서 왕연어를 매우 능숙하게 잡았고 익히 거래했던 원주민 부족의 이름에서 유래했다. 19세기에 왕연어는 퀴놀트Quinault라고 불렸다. 워싱턴주 올림픽반도의 강 이름이기도 한데, 왕연어를 무척 잘 잡았던 부족의 이름에서 따왔다.[8] 유럽과 뉴질랜드에서는 지금도 퀴놀트라는 용어를 때로 사용한다. 태평양에 널리 분포한 왕연어는 캘리포니아주 남부 벤투라강부터 알래스카 노스슬로프의 서쪽 끝인 포인트호프까지 분포 범위가 북아메리카에서 가장 넓었지만, 서식지가 파괴되면서 지금은 가장 희귀한 종이 되었다. 사람들은 칠레와 뉴질랜드에 왕연어를 들여오면서 남쪽으로 서식지를 확대하고 있다. 왕연어는 일반적으로 무게가 20~30파운드(약 9~14킬로그램)이지만 120파운드(약 54

킬로그램) 이상 나가기도 한다. 또 스포츠 낚시인에게 도전거리인 동시에 고급스러운 식감을 제공하므로 상당히 값지다. 물론 어부들은 언제나 대어라면 사족을 못 쓰기 마련이지만.

연어는 북태평양에서 상업용 어류로는 가장 비싸고, 그중 왕연어가 가장 비싸다. 왕연어는 강에서 알을 낳고, 새끼들은 1~2년 강에 남아서 성장한 후에 3~5년이나 그 이상 바다에 살면서 게걸스럽게 배를 채우고 몸집을 거대하게 불린 후에 강으로 회유해 알을 낳고 죽는다. 대부분의 **온코린쿠스**는 산란 후 죽음을 맞이한다. 왕연어는 컬럼비아강처럼 큰 강에서 주로 발견되지만, 새크라멘토강에는 20세기 초까지도 100만 마리가 회유했다.[9]

왕연어에 가장 가까운 친척뻘인 **온코린쿠스 키수치***Oncorhynchus kisutch*는 보통 약 2~20파운드(약 1~9킬로그램)까지 자라는데 15파운드(약 7킬로그램) 이상 자라는 경우는 드물다. 흔히 은연어, 코호연어라고 불리며 개체수가 풍부하고, 움직임이 빠르고 민첩하기 때문에 낚시인에게 인기가 있을 뿐 아니라 고급 식재료로 평가받는다. 은연어는 바다로 떠나기 전에 자신이 태어난 강에서 1년 동안 자라면서 은빛 피부를 띤다. 왕연어만큼 커지지는 않지만 바다에서 보내는 시간은 거의 비슷한데, 북쪽 먼 곳에서 약 1~2년 혹은 훨씬 더 오래 바다에서 서식한다.[10]

상업적으로든 맛으로든 가치가 큰 **온코린쿠스 네르카**Oncorhynchus nerka는 산란기에 수컷의 피부가 붉은색으로 변하기 때문에 홍연어sockeye salmon로 불린다. 'sockeye'라는 명칭의 기원을 둘러싸고 약간의 논쟁이 벌어지지만 아메리카 원주민에게서 유래한 것은 분명하고 아마도 브리티시컬럼비아 쪽이 유력하다.[11] 콴틀린족은 물고기를 **사 퀴**Sa kwi로 불렀는데, 여기서 물고기는 보통 연어를 지칭한다. 하지만 다른 부족들은 **추장 물고기**를 뜻하는 **사우카이**Sau-kai를 사용했다. 또 프레이저강 저지대에 사는 살리시족이 붉은 물고기를 가리킬 때 사용하는 **석케**suk-kegh에서 유래했다는 주장도 있다.[12] 홍연어는 산란지를 떠나서 호수에 머물며 1년 동안 강에 들어가지 않는다(일부 과학자들은 홍연어가 호수를 좋아하는 사실로 미루어 연어가 원래 호수 물고기였다고 주장한다. 하지만 DNA를 조사한 결과 홍연어는 시기적으로 가장 최근에 진화한 종이다). 홍연어는 바다로 나가서 3~4년 동안 서식하지만 때로 6년까지 머문다. 홍연어가 가장 많이 회유하는 두 곳은 브리티시컬럼비아의 프레이저강과 브리스톨만이다.

온코린쿠스 케타*Oncorhynchus keta*와 **온코린쿠스 고르부차**Oncorhynchus gorbuscha는 홍연어에게 가장 가까운 두 친척이다. **온코린쿠스 케타**를 부르는 대중적인 명칭이 많은데 모두 낮은 지위를 뜻한다. 백연어chum salmon 혹은 도그피시dogfish라고도 부른다. 한때 첨프chump라고도 불렀지만 1890년대 무렵에 'p'가 탈락했다. 살코기의 맛은 다른 연어보다 떨어진다는 평가를 받지만 사실 그렇지 않다. 아마도 피부가 자주색과 회색 반점으로 얼룩덜룩하기 때문에 다른 연어만큼 아름답지 않아 과소평가를 받는 것 같다. 다른 연어보다 살이 더 옅은 색이고 통조림으로 만들면 거의 하얘진다. 하지만 다른 연어보다 기름 함량이 적어서 훈제에 더 적합하다. 20세기 중반 이후에 북미 소재 통조림 공장들이 연어알 판매라는 수익성 좋은 시장을 개발하면서 백연어알을 선택한 덕택에 백연어의 가치는 점차 커지고 있다.

백연어는 산란지를 떠난 직후에 강을 빠져나가므로 거의 대부분 바다에서 성장한다. 백연어는 몸집이 큰 편인 태평양연어에 속하고 무게는 약 8~12파운드(약 3.6~5.4킬로그램)라서 왕연어가 걸리기를 바라는 대부분의 낚시인에게 백연어가 걸리면 건져 올릴 때는 꽤나 힘을 써야 한다.

홍연어의 또 다른 친척인 **온코린쿠스 고르부차***Oncorhynchus gorbuscha*는 흔히 산란기에 수컷에게 매우 큰 혹이 생기므로 곱사연어humpback salmon로 불리거나, 핑크 연어pink salmon로도 불린다. 곱사연어는 개체수가 가장 많고 알래스카와 브리티시컬럼비아, 러시아의 일부 지역에서 약 3~6파운드(약 1.4~2.7킬로그램)까지만 자라며 수백만 마리가 회유한다.[13] 맛은 왕연어와 홍연어만큼 가치를 인정받지 못해 주로 통조림으로 만들어지지만 인기가 상승세다.

마수*Oncorhynchus masou*와 **로두루스***Oncorhynchus rhodurus*는 특이하게 아시아에만 서식하는 두 가지 종류의 **온코린쿠스**이고, 속성이 비슷해서 생물학자들은 둘이 분리된 종인지를 놓고 논쟁 중이다. 게다가 두 종은 서로 교배가 이뤄져서 논쟁을 더욱 뜨겁게 달군다. **로두루스**는 아마고amago라고 부르고, **마수**는 벚꽃연어, 즉 **사쿠라마수**sakura masu라고 부르는데 글자 그대로 읽으면 **벚꽃송어**라는 뜻이다. 겉모습 때문이 아니라 일본에서 벚꽃이 피는 시기인 3~5월에 강으로 회유해서 붙여진 이름이다. 또 '마수

masu'라고도 부르는데, 일본어로는 마수가 송어를 뜻하지만 엄밀히 따지면 정확한 표현이 아니므로 사람들에게 혼동을 줄 수 있는 명칭이다.

마수는 가장 남쪽에 분포하는 연어이고, 대개 동해나 오호츠크해로 흘러드는 강에서 발견된다. 또 태평양 방면에서는 홋카이도의 북부 섬에서 볼 수 있다. 마수는 강에서 3년 동안 서식하고, 바다에서는 1년만 머문다. 최대 회유 지역은 홋카이도지만 일본의 다른 지역과 러시아의 캄차카반도에서도 산란하고, 한국으로도 소규모 회유한다.

온코린쿠스 미키스*Oncorhynchus mykiss*는 스틸헤드 송어라고도, 스틸헤드 연어라고도 부른다. 이는 생물학자들이 스틸헤드를 이해하는 데 어려움을 겪고 있다는 반증이다. 유난히 단단한 머리뼈에서 유래한 것으로 추정하지만 스틸헤드로 부르기 시작한 이유는 불분명하다.[14] 스틸헤드라는 용어는 다양한 송어 이름으로 불리기 전인 19세기에 널리 쓰이기 시작했다.

스틸헤드가 무지개송어처럼 상대적으로 몸집도 작고, 살이 하얗고, 민물에 서식하기 때문에 의심할 여지없이 송어로 여겨진다는 점에서 혼란은 시작된다. 하지만 스틸헤드는 바다로 가서 몸집이 커진 후에 강으로 돌아오며, 은빛 피부와 붉은색 살은 꼭 연어와 같다. 스틸헤드의 모습이 변하는 것은 전적으로 바다에 서식했기 때문이다. 바다에서 섭취한 먹이 때문에 살은 붉게 물들었고, 은빛 피부는 바다에서 생존하는 데에 필수적인 위장색을 갖춘 것이고, 강보다 바다에 먹이가 훨씬 풍부하기 때문에 몸집이 커진 것이다.

온코린쿠스속에 속하는 송어의 대부분은 바다로 나가지만, 스틸헤드와 달리 겉모습이 완전히 바뀔 만큼 오랫동안 바다에 머물지 않는다. 탐험가인 윌리엄 클라크William Clark의 관심을 끌어서 **클라키**Clarkii라는 이름으로 분류되고, 미국 서부의 강에만 서식하는 컷스로트송어는 종종 바다로 나가는데, 오직 여름에만 그렇다.[15]

20세기 후반 공통 DNA를 조사하기 시작하면서 과학자들은 스틸헤드의 DNA가 **살모**보다는 **온코린쿠스**에 가깝다는 사실을 발견했다. **온코린쿠스**는 모든 태평양연어를 포함한 속이고, 스틸헤드는 뉴욕주에서처럼 인공적으로 이식되지 않는 한 태평양에서만 발견되기 때문에 이러한 조사 결과는 의외가 아니다. 하지만 캄차카에서 활동하는 러시아 생물학자들은 여전히 스틸헤드가 **살모**라고 주장한다. 이 분류를 따른다면 스틸헤드가 대서양연어와 마찬가지로 산란 후에도 살아남아 바다로 돌아갔다가 다시 산란할 수 있는 이유를 설명할 수 있다(실제로 **온코린쿠스** 계통이라는 사실을 한 번도 의심받은 적이 없는 일본의 마수연어도 그렇다).

우리는 스틸헤드가 연어에서 변형된 형태라고 생각하는 편이지만, 일부 생물학자들은 그것이 최초의 태평양연어였을 수 있으며 북극의 어로가 얼면서 태평양 쪽에 갇힌 연어가 스틸헤드의 생애 주기를 따르게 되었다고 믿는다. 또는 동해에 새로운 지형이 형성되면서 일부 스틸헤드가 고립되었다가 변형된 형태가 마수연어라고 믿기도 한다.[16]

바다로 나가는 송어가 있듯이 민물에서 평생 서식하는 연어가 있다는 사실은 연어 대 송어의 개념 전체를 뒤흔든다. 담수에서만 사는 연어는 대개 바다로 나가려다가 육지 쪽에 갇히면서 변형된 종이다. 뉴잉글랜드와 캐나다 연해주에는 민물에서 일생을 보내는 대서양연어가 있다. 메인주에서는 이러한 연어가 서식하는 어느 한 호수의 이름을 따서 세바고Sebago라 부른다. 노르웨이와 스웨덴, 러시아의 일부 호수에는 육지에 갇혀버린 대서양연어가 있다.[17] 러시아에는 육지에 갇혀 서식하는 태평양연어도 있다. 일본 전역에는 육지에 갇혀 서식하며 야마메yamame로 알려진 마수연어가 있다. 밝은 보라색 반점이 없는 점을 제외하면 야마메는 바다로 나가는 친척 연어들과 거의 똑같은 모습이다.

태평양 북서부 브리티시컬럼비아의 호수에는 절대 바다로 나가지 않는 홍연어가 있다. 이 홍연어는 대개 아메리카 원주민 언어로 코카니kokanee로 불리지만, 과학자들에게는 **네르카**nerka, 즉 홍연어의 아종을 가리키는 명칭인 **온코린쿠스 네르카 케네릴리** *Oncorhynchus nerka kennerlyi*로 알려져 있다.[18] 무게는 2파운드(약 1킬로그램)를 넘지 않고 생김새는 작은 홍연어 같으면서 바다 먹이를 섭취하지 않고 성장한다. 광범위한 연구가 이뤄졌지만 코카니가 홍연어에서 진화했는지 독자적으로 진화했는지는 확실하지 않다.[19] 코카니는 홍연어와 교배를 하려 할 때도 있지만 본성대로 자신이 속한 종을 선호한다.

연어가 민물에 익숙해지는 방향으로 진화한 바닷물고기인지, 아니면 더 좋은 먹이를 찾으러 바다로 나간 민물고기인지를 둘러싸고 논란이 있다. 민물송어와 차르가 이따금씩 바다로 나가려 시도한다는 것과 육지에 갇혀 서식하는 작은 변종이 있는 것을 보면 연어는 원래 민물고기였던 것 같다.

워싱턴주 원주민들은 브리티시컬럼비아에 있는 프레이저강, 오리건에 있는 컬럼비아강, 캘리포니아에 있는 클래머스강 하류에 전해 내려오는 것과 놀랍도록 비슷한 전설을 이야기한다.[20] 이 이야기에 따르면 원래 텅 빈 거대한 호수가 있었는데, 물고기가 올라올 강이 없었으므로 사람들은 굶주렸다. 그들의 친구인 코요테가 바다에서 물이 솟구쳐 흘러들 수 있도록 바위에 구멍을 내자 물고기가 물살을 타고 들어왔다. 물과 물고기가 밀려든 길은 컬럼비아강이 되었다. 이 전설은 매우 신기하다. 위성 지도 제작 기술을 동원한 결과, 워싱턴 동부에는 큰 호수가 있었고 컬럼비아강이 나중에 생겨서 호수와 바다를 연결했다는 사실이 밝혀졌기 때문이다.

어째서 연어는 이토록 많은 종으로 진화했을까? 끊임없이 적응하는 능력을 지녔기 때문이다. 연어는 환경 변화에 맞춰 유전적 특성을 조정한다. 이러한 성향은 다양한 종뿐 아니라 한 가지 종 안에서 유전적 변이가 많이 발생하는 것으로도 나타난다.

같은 종이면서 다른 강에서 태어난 두 연어의 DNA 차이는 두 사람의 DNA 차이보다 훨씬 크다.

하천마다 고유한 물리적 특징, 화학물질의 혼합, 맛과 냄새가 있다(과학자들은 연어의 후각이 예민하다고 믿는다). 여러 세대가 지난 후에 연어는 어린 시절을 보내는 강이나 호수에 유전적으로 적응한다. 생물학자들은 브리티시컬럼비아의 프레이저강에서 각기 다른 산란지로 회유하는 홍연어 개체군 30개를 식별해냈다. 각 개체군은 고유한 행동 패턴을 보이고, 출발 시기와 회유 시기를 독자적으로 설정한다.[21] 태평양 북서부에 거주하는 일부 아메리카 원주민은 물고기 맛을 보면 어떤 개체군인지 구별할 수 있다고 주장한다.[22]

어느 지점에서 두 개체군의 차이가 다른 종으로 규정될 만큼 커지느냐는 생물학자들 사이에서 격렬한 논쟁거리다. 연어 유전학에서 다양성을 형성하는 요인은 귀소, 즉 특정 산란지로 예외 없이 회유하는 특성이다. 연어는 자신이 태어나고 완벽하게 적응했던 강으로 돌아온다. 하지만 일부 연어는 길을 잃고 다른 강으로 흘러든다. 예측과 달리 길 잃은 종은 더 강해진다. 경로를 이탈한 연어는 아직 사용되지 않았지만 아마도 최근부터 서식에 적합해진 강을 발견한다. 예컨대 한때 연어가 서식했던 메마른 강에서 댐을 철거하면 표류하던 연어가 다시 찾아와 서식할 수 있다. 러시아 북부와 알래스카 노스슬로프의 몇몇 강은 과거에 완전히 얼어붙어 있었지만 기후가 바뀌면서 연어가 돌아올 수 있었다. 갈 곳을 잃고 표류하던 연어가 새로운 강에 들어가면 그곳에 적합한 특성을 지닌 새로운 종이 생겨난다.

1980년 5월 세인트헬렌스화산이 폭발하면서 삶아진 물고기가 묻힌 투틀강에서 그랬듯 강이 파괴되더라도 특정 어종은 표류하는 덕택에 살아남을 수 있다.[23] 개체군을 다시 살린 것은 애당초 강에는 없었던 길 잃은 물고기였다.

새로운 장소를 서식지로 삼는 능력은 연어가 보여주는 놀라운 생존 비법이다. 연어는 이러한 능력의 대가이며 분류 체계에서 어떤 과보다도 풍부한 다양성을 보인다.

2장

영웅의 생애

이 모든 운명이

찢긴 풍요로움에 한 땀 한 땀 엮여 있다.

장엄한 모습으로

상처를 입더라도 꿋꿋하게 버티며,

주어진 운명에 충성하고,

하늘이 정한 섭리를 참을성 있게 감당한다.

_테드 휴즈, 〈10월의 연어〉

의인화는 가장 위대한 생물학자인 다윈조차도 이따금씩 충동에 굴복해 사용했지만 생물학에서 환영받지 못한다. 인간의 속성을 물고기에 투영하는 것은 물고기의 속성으로 인간을 설명하는 것만큼 불합리하다. 하지만 연어의 생애를 들여다보면 감탄과 경외심을 품게 되고, 매우 인간적인 표현인 '영웅적'이라는 단어를 쓸 수 밖에 없다. 연어는 열심히 살아가면서 무수한 위험에 용감하게 맞서고, 온갖 장애물에도 고개를 빳빳하게 들고 굴하지 않으며, 주어진 사명을 다하려는 꺾이지 않는 마음을 보여준다. 북서부에 거주하는 아메리카 원주민들은 연어의 형상을

그린 돌을 문지르면 연어가 가진 두 가지 훌륭한 특성인 에너지와 결단력을 얻으리라 믿는다.[1]

6~7년 이상 사는 연어는 거의 없으며 일부 종은 수명이 훨씬 짧다. 이렇게 짧은 수명은 바다에 서식하는 대형 어류에게는 드문 현상이다. 대구와 넙치는 30~40년을 산다. 일반적으로 곤충같이 작은 동물의 수명은 상대적으로 짧고, 인간이나 코끼리, 고래 등 비교적 큰 동물의 수명은 훨씬 길다. 혹등고래의 수명은 최장 100년이다. 심지어 연어보다 몸집이 작은 친척 종인 송어도 10년 이상 살 수 있다.[2]

인간과 달리 연어는 특정 시점에 이르러 쇠약해지다가 죽음을 맞지 않는다. 운명이 연어의 생을 이끈다. 길을 잃거나 일찍 회유하는 소수를 제외한 대부분의 연어는 태어나는 순간 삶의 끝을 짐작할 수 있다. 물론 생애 주기를 완주하기 전에 포식자에게 잡아먹힐 가능성이 훨씬 크지만 운이 좋아 요절을 피한 소수의 연어들의 수명은 예측 가능하다.

수 세기 동안 알의 수는 종의 생식 능력을 나타낸다고 믿어왔다. 다윈은 이 믿음이 틀렸다고 지적했고, 그 후로 많은 과학자가 다윈의 주장을 입증했다. 자연은 확률에 의존해 생존을 결정하지 않는다. 대부분의 종이 겨냥하는 목표는 짝짓기를 통해 스스로 짝을 지을 수 있을 정도까지 생존하는 자손 둘을 낳는 것이다. 알의 수가 많다는 것은 다산성 개체군이라는 뜻이 아니라 자손의 생존 가능성이 낮다는 뜻이다. 그래서 생존 가능성이 포유류 새끼는 상당히 높고, 곤충 새끼는 매우 낮다고 볼 수 있다. 어류는 그 순간 정도인데, 바닷물고기와 비교할 때 민물고기가 낳는 알의 수는 더 적으니 생존 가능성은 더 높다(바닷물고기의 알은 바다로 방출되어 표류하다가 잡아먹히기도 하고 파도에 휩쓸려 죽기도 한다). 대구 같은 전형적인 해양 어종의 산란 수는 100만 개인데 비해, 연어가 낳는 알의 수는 상당히 적지만 크기는 훨씬 크다. 몸집이 작은 곱사연어는 알 800~1000개를 낳지만 몸집이 큰 왕연어는 1만 5000~1만 7000개를 낳는 등 번식력은 종과 체격에 따라 다양하다.

대부분의 민물고기는 봄철에 알을 낳고, 새끼는 따뜻한 햇볕을 받으며 신선하고 풍부한 먹이를 먹고 급성장한다. 연어, 특히 **온코린쿠스**는 대개 여름이나 가을에 알을 낳는다.[3] 연어알은 대부분 매우 더디게 성장한다. 암컷은 레드redd로 불리는 강바닥의 자갈 산란지에 산란한다. 수컷은 정액인 밀트milt를 배출해 알을 수정시킨다. 그다음은 시작 단계인 앨러빈alevin이 되고, 앨러빈은 알에 붙은 노른자yolk를 먹으며 성장하는 치어다.[4] 무방비 상태인 앨러빈은 다수의 포식자를 피하기 위해 자갈 깊숙한 곳에 숨었다가 이후에 매우 빠르게 하류로 움직인다. 앨러빈은 물고기처럼 아가미로 숨을 쉬고 헤엄칠 수 있다. 종마다 조금 다르지만 약 한 달 동안 지속되는 이 기간에 앨러빈은 노른자를 완전히 흡수하고 프라이fry로 불리는 작은 물고기로 성장한다.

이 시점에서 연어 프라이는 자갈을 떠나 이동하며, 이때부터는 더 이상 안전하지 않다. 빛에 민감해서 대부분 밤에 이동하는데, 포식자를 피해 은신하려는 목적도 있는지는 확실하지 않다.

백연어와 곱사연어의 프라이들은 바다로 나가기 위해 밤에 하류를 향해 재빠르게 움직이지만, 홍연어 프라이는 호수에서 좀 더 안전하게 지내려고 낮에 상류로 이동한다.

멸치 크기의 프라이에서 조금 더 커지고 성숙해지면 몸집이 크고 얼룩무늬를 띤 파parr로 성장하고, 몇 년 후에는 작은 청어만큼 자라서 스몰트smolt로 불린다. 스몰트는 생존율이 더 높지만, 바다에 나갈 준비를 할 때 혹은 처음으로 바다에 닿았을 때 잡아먹히기도 한다. 스몰트는 피부색과 아가미를 바꾸는 등 바닷물고기로서 필요한 모든 준비를 갖추고, 굶주린 새들이 득실거리는 위험천만한 강 하구에 당도하기 좋은 때를 정한다. 연어의 진출 시기는 바다에서 얼마나 먹이를 많이 구할 수 있는지에 따라 해마다 조금씩 달라지지만 대개 봄이다.

바다에 나간 물고기의 생존율은 코카니처럼 민물에 머무는 물고기보다 훨씬 낮다. 하지만 성장률은 훨씬 높아서 연어 입장에서 보면 위험을 무릅쓸 만하다. 연어는 바다에 서식하는 동안 자기 몸무게의 95퍼센트를 찌우고 성적으로 성숙해졌을 때 강으로 돌아온다.

이 모든 현상은 원래 자연의 섭리이고 대부분 생존과 관계가 있다.[5] 바다에서는 몸집이 큰 물고기가 작은 물고기보다 생존 가능성이 월등히 크다. 작은 물고기들이 대부분 떼를 지어 이동하는 것도 이 때문이다. 스몰트는 게걸스럽게 먹이를 왕창 먹고 금세 몸집을 불린다. 거의 대부분 열심히 헤엄치며 바다에서 지내고 될 수 있는 대로 넉넉하게 배를 채운다. 과학자들은 지금도 연어의 이동 패턴을 연구하는 중이다. 우점종dominant species*이 되어 가는 연어는 작은 물고기들이 서식하는 표해수층epipelagic level**에서 함께 헤엄친다. 그러면서 갑각류, 오징어, 소형 어류들을 먹으며 체력을 비축한다. 바다에서 살아남기 위해서, 그리고 강으로 돌아가는 고단한 여정을 버텨낼 건장한 체격을 얻기 위해서.

1994년 본 앤서니Vaughn Anthony 미국수산청 수석 과학 고문은 대서양 양쪽에서 대서양연어를 먹어치우는 포식자 50종을 가려냈다.[6] 태평양에서 포식자 목록은 이보다 훨씬 길 수도 있다.

치명적인 여러 질병에 걸리지만 초기에 연어가 죽는 압도적인 원인은 포식이다. 호수에 도착했다가 그곳을 떠나는 연어 프라이의 수가 4분의 1에 불과한 것도 포식 때문이다.

프라이에게 가장 위험한 포식자로는 동료 연어과 물고기들이 있다. 호수에 홍연어 프라이가 많으면 민물송어에게 먹힌다. 또 민물송어는 눈에 띄는 대로 연어알을 먹어치운다. 어린 연어를 잡아먹는 포식자로 잘 알려진 동물로는 갈매기, 아비새, 물총새, 비오리 등이 있다(비오리는 나무 구멍에 산란지를 틀고, 물 위를 몇 킬로미터씩 낮게 날아다니며 부리 옆에 날카로운 톱니로 먹이를 찾아 잡아

* 군집 안에서 가장 수가 많거나 넓은 면적을 차지하고 있는 종.

** 광합성을 하기에 충분한 빛이 침투하는 물속 약 100미터까지의 층.

먹는다).

연어를 먹는 새들 중에서도 가마우지가 가장 치명적이다.[7] 연어보다 서식 범위가 훨씬 넓은 가마우지는 바다로 향하는 어린 연어를 잡아먹는다. 한국과 중국, 일본, 인도에서는 늦어도 960년부터 가마우지를 물고기 잡는 데에 이용했다. 가마우지는 매우 믿음직한 물고기 사냥꾼이었다. 어부들은 가마우지에게 목줄을 두르고 명령에 따르도록 훈련시키는데, 목줄로 목을 죄어서 물고기를 삼키지 못하게 한다. 하지만 훈련을 잘 받은 가마우지는 목줄이 없어도 물고기를 먹지 않는다. 가마우지는 오랫동안 탐욕과 악의 상징이었다. 시인 존 밀턴John Milton은 가마우지를 악마에 비유했고, 윌리엄 셰익스피어William Shakespeare 희곡에 등장하는 샤일록Shylock이라는 이름도 가마우지를 뜻하는 히브리어 **살라흐**shalach에서 따왔다.

연어가 몸집이 커져서 작은 포식자들에게 더 이상 잡아먹히지 않을 정도가 되면 이번에는 범고래나 상어, 바다사자, 바다표범 등의 포식자들에게 먹이가 된다. 주로 등을 대고 누워서 배에 조개 따위를 올려놓고 먹는 해달도 다 자란 연어를 먹는다.

최대 지속 생산량을 결정하기 위해 회유하는 산란기 연어 수를 집계할 때 생물학자들이 고려해야 할 사항이 있다. 고향으로 돌아오는 데 성공한 연어라도 산란할 때까지 모두 살아남지 못할 수 있다는 점이다. 대머리독수리는 공중에서 급강하하여 발톱으로 연어를 낚아채고, 곰은 몸을 일으켜 입으로 연어를 잡는 것을 좋아해서 관광객들에게 스릴 넘치는 볼거리를 제공한다.

연어를 입에 물고 있는 커다란 회색곰은 태평양 북서부를 상징하는 이미지다.

두드러지게 인상적인 모습을 보이며 사람들의 사랑을 받는 커다란 푸른 왜가리는 다 자란 연어와 송어를 잡아먹는다. 유럽에서 주요 연어 포식자는 회색 왜가리다. 기다란 부리로 공격할 자세를 취하면서 긴 다리로 웅덩이에 버티고 서서 먹잇감을 기다리다가 낚아채는 실력이 무척 뛰어나서, 낚시인들에게는 늘 경계 대상이다. 매일 체중의 약 3분의 1 만큼 먹이를 먹어치우므로 왜가리가 많으면 물고기 씨를 말릴 수도 있다. 매년 새끼 다섯 마리를 낳으며 개체수가 늘어나는 것 같지는 않다. 다 큰 왜가리는 몸집이 상당히 커서 코요테·여우·너구리 등 소수의 포식자에게만 약하나, 어린 왜가리는 독수리를 포함해 좀 더 많은 포식자에게 먹히고, 알은 여러 동물의 먹이가 된다. 자연은 나름의 규칙에 따라 생존 공식을 작동시킨다. 따라서 가마우지와 바다표범을 비롯한 포식자들의 먹성 때문에 연어가 멸종되는 일은 없을 것이다. 다만, 인간이라면 얘기가 달라진다.

상업으로 하든지 스포츠로 하든지 간에 어부와 낚시인들은 포식자들이 보호를 받는 상황에 불만을 품는다. 한때 바다표범은 무차별적으로 죽임을 당했다. 뉴잉글랜드 어부들은 물개를 죽인 사람에게 보상금까지 지급했다. 물개 코를 잘라가서 보여

주기만 하면 됐다. 매사추세츠주 글로스터에서는 대구 어업을 보호하기 위해 물개 코 하나당 5달러를 지급했다. 범고래나 상어, 바다사자, 바다표범 등 연어 포식자였던 동물들은 하나같이 그 후에 멸종 위기에 처했다.

이와 같은 포유류 개체군 붕괴는 자연 질서의 파괴로 이어지므로 해양 포유류를 보호하기 위해 1970년 스코틀랜드의 바다표범보존법, 1972년 미국의 해양포유류보호법, 캐나다의 해양포유류규제 등 수많은 법이 제정되었다. 스몰트의 개체수를 감소할 수도 있지만 심각한 멸종 위기에 처한 일부 상어도 보호를 받는다.

19세기에 들어서면서 가마우지는 메인주에서 거의 사라졌다. 1924년 관리들은 연어를 보호하기 위해 캐나다 뉴브런즈윅에 있는 카스카페디아강에서 비오리와 가마우지를 죽여 머리를 가져오는 사람에게 개당 25센트를 지불했다. 이 정책이 단초가 되어 결국 새들은 도륙을 당했다[8] (가마우지는 DDT 사용이 금지되기 전에 중독으로 거의 멸종될 뻔했다). 오늘날 가마우지가 보호를 받는 상황에 많은 어부가 분개한다.

포식자 동물을 보호하는 정책에 관해서는 논란이 끊이지 않는다. 유럽의 어부들은 북부 고등어의 어획량 한도가 너무 작아서 이 악질적인 포식자가 연어 스몰트를 지나치게 많이 잡아먹을 수 있다며 불평한다. 특히 바다표범은 여러 상업용 어류를 먹을 뿐 아니라 그물을 찢는 등 커다란 경제적 손해를 끼치기 때문에 어부들에게 미움을 산다. 게다가 상업용 물고기의 먹이까지 먹어치운다. 예를 들어 열빙어는 연어, 바다표범 모두에게 중요한 먹이다. 정확한 수를 파악할 수 없지만, 어부들은 포식자인 조류와 포유류 보호종들을 불법으로 사냥한다. 스코틀랜드에는 "그들은 보호를 받을지는 몰라도 총알까지 피하지는 못한다"라는 속담이 널리 알려질 정도다. 각자 나름대로 일리가 있지만, 균형을 제대로 맞추기가 매우 어려워서 초기에 규제를 시작해야 했다는 것 자체가 불행한 일이라는 점에는 대부분이 동의한다.

강으로 돌아왔을 때 연어는 최적의 상태다. 회유할 때를 대비해 바다에서 지내는 동안 지방을 축적하고 여전히 밝은 은빛을 띠면서 힘도 세고, 먹이를 먹지 않고서도 놀라운 투지를 발휘해야 하는 힘들고 대담한 여행의 끝을 준비했기 때문이다. 통계에 따르면 연어의 90퍼센트 이상은 마지막 시련을 이겨내고 기어이 살아남아 목표에 도달할 것이다.

연어가 태어난 얕은 물의 자갈 바닥은 강마다 달라서 하구에서 60마일(약 97킬로미터) 혹은 수백 마일까지 떨어져 있다. 연어는 그곳에 도착할 때까지 며칠, 몇 주, 몇 달 동안 아무것도 먹지 않는다. 연어는 마지막 여정을 거치는 내내 금식하는 방향으로 진화했다. 만약 이 몸집이 크고 식탐이 많은 물고기가 바다에서 한동안 길들었던 방식을 유지한 채 강으로 돌아간다면, 산란할 무렵에는 강에 있는 생물을 거의 전부 먹어치울 것이다. 그러면 새로 태어난 새끼들의 먹이가 부족할 것이다. 연어는 정반대로 행동한다. 바다에서 영양분을 섭취해 몸에 저장해두었다가 몸뚱이를 포기함으로써 강에 필요한 미네랄, 질소, 먹을거리를 제공한다.

미식 관점에서 강 하구에 다다른 연어는 어느 때보다 좋은 상태이기 때문에 어부들이 가장 잡고 싶어 한다. 하지만 연어는 이때부터 자신을 고갈시키는 단식을 시작해서 1년까지 지속할 수도 있다.

연어는 이동한다. 왕연어는 바다에서 4년 동안 서식하다가 약 1만 마일(약 1만 6000킬로미터)을 이동한다. 바다에서 많은 포식자에 맞서는 것은 물론이고 폭풍우, 간헐적 먹이 부족, 예측 불가능한 기후 변화, 때로는 오염과도 싸운다. 하지만 죽음이 종착역일지라도 강으로 돌아가야만 하기 때문에 이 단념할 수 없는 비범한 여행을 감내한다. 모든 종에 내재한 가장 강한 본능은 번식이다. 몇몇 인간에게서 보이는 성적 욕망도 번식 본능의 잔재다. 연어에게 번식하려는 본능은 살아남고 싶은 욕구보다 훨씬 강하다. 따라서 번식할 수 있는 한 결코 죽음을 두려워하지 않는다. 번식을 자신의 운명이라 여기므로 그저 그곳을 향해 헤엄친다.

같은 강에서 태어난 물고기들은 일종의 컬트와 같다. 고향인 강으로 돌아오고, 타 집단 연어들에게는 일말의 관심도 없다. 연어에게 좋은 환경을 갖춘 강은 대개 숲을 끼고 있다. 지구상에서 거의 사라졌지만 이상적으로는 오랜 세월 성장해온 숲에 있다. 연어와 강 그리고 숲은 서로에게 필요한 존재다. 이런 사실을 가장 먼저 깨달은 이들은 아마 일본인이었을 것이다.[9] 10세기 주요 섬 네 군데 중 가장 작은 섬인 시코쿠섬에서 세 가지의 연관성이 밝혀졌다. 시코쿠섬을 지배하는 쇼군은 물고기가 알을 낳는 숲을 뜻하는 **우오츠키린**魚付林을 보호했다. 17세기까지 일본에는 우오츠키린을 보존하려는 곳이 많아서 마수연어와 야마메를 보호하기 위해 벌목이나 개간을 금지했다. 이러한 보호조치는 1897년에 제1차 산림법 제정을 계기로 성문화되었다.

연어에게 적합한 강에는 강둑에 나무가 있어야 한다. 나무와 나무뿌리가 강의 형태를 유지해주기 때문이다. 숲이 우거진 강은 어느 정도 깊이가 있고 물살이 빠르다. 강둑을 버텨주는 나무가 없으면, 강폭은 넓어지고 물살은 느려지고 깊이는 얕아지는 경향을 보인다. 강에는 빠른 조류, 난기류, 조용하면서 움직임이 없는 웅덩이가 필요하다. 종종 나무들이 쓰러져서 이러한 웅덩이를 만든다. 태평양 북서부를 방문했던 탐험가들이 보고한 내용을 살펴보면, 연어에게 적합한 강은 나무 사이에 덤불은 물론이고 거대한 나무들이 있어서 지나다니기가 어렵고, 여러 갈래로 갈라진다. 오리건주에 있는 윌래밋강은 다섯 갈래였지만 강 50마일(약 80킬로미터)을 따라 나무 5000그루를 베어내면서 한 줄기 넓은 강으로 바뀌었다. 10년에 걸친 공사가 끝나면서 결과적으로 운항하기에는 무척 수월해졌지만 연어의 서식 환경은 급격히 악화했다. 자연의 뜻대로라면 연어가 살기 좋은 강에는 일반적으로 낙엽이 가득 쌓여야 한다.

나무가 불러들이는 곤충이 그렇듯 나무와 나뭇잎 부스러기는 연어 강을 이루는 유기물 구성에 필수다. 나무가 드리우는 그늘도 연어를 끌어들이는 데 중요하다. 그늘이 없어 햇빛을 받아 지나치게 따뜻해진 물에서 어린 프라이가 살아남기 힘든 여름에는 특히 그렇다.[10] 태평양 북서부, 스코틀랜드, 아일랜드처럼 강수량이 풍부한 지역에서는 숲이 수분을 흡수하고 홍수를 예방해 자갈 산란지인 레드의 파괴를 막는다.

또 숲은 곰에게 필요한 서식지를 제공하고, 연어는 곰에게 필요한 먹이를 제공한다. 곰이 동면하기 전에 살을 찌우려고 노력하듯, 가을에 연어가 강에 있는 것은 완벽하게 시기를 맞춘 자연 현상이다. 연어 가까이 서식하는 곰은 좀 더 내륙에 서식하는 곰보다 대개 몸집이 더 크다. 바다표범처럼 곰도 연어의 배를 물어뜯고 나머지 부위는 남긴다. 수컷 연어만 먹으면 별 문제가 되지 않지만 지방이 풍부한 알을 찾아 먹는다.[11] 또 늑대와 마찬가지로 머리를 깨물어 영양소가 풍부한 뇌를 핥아먹는다. 곰은 바다에서 막 올라온 살찐 연어라면 모를까 나머지 부위에는 딱히 관심이 없고, 금식 중인 연어는 매우 빨리 살이 빠지므로 곰의 구미를 당기지 못한다. 곰은 대식가라기보다는 미식가다.

어부들은 바다표범에게 품는 종류의 반감을 곰에게는 품지 않는 것 같다. 그것은 아마도 곰들이 어부가 보는 곳에서 물고기를 잡지 않기 때문일 것이다. 하지만 생물학자들은 곰이 먹이를 **골라** 먹는다고 표현하지만, 곰도 바다표범만큼 먹이를 낭비한다. 사실 곰이 먹이를 선택적으로 먹는 것은 맞는 말이지만, 결과적으로 낭비라고 볼 수는 없다. 곰이 강에 버린 부위는 물의 영양가를 높이고, 숲에 남긴 부위는 연어를 잡아먹을 수 없는 새와 삼림

지대 동물에게 먹이가 되어주기 때문이다. 독수리를 포함해 약 100종에 이르는 새가 연어 사냥을 하지만 사체도 즐겨 먹는다.[12] 구더기 같은 벌레는 인간에게 그다지 좋은 인상을 주지 않지만 생태계에서는 중요하며 역시 연어 사체를 먹는다.

곰은 마치 스포츠 낚시인처럼 언제나 더 큰 물고기를 선호한다. 아마도 큰 물고기라야 더 쉽게 잡을 수 있거나, 노력에 비해 얻는 것이 많기 때문일 것이다. 사실 알래스카와 캄차카 일부 지역에 서식하는 곰은 자신과 낚시인들이 같은 물고기를 쫓고 있다는 사실을 습득해왔고, 낚시인들이 잡아 올리는 물고기를 낚아챌 준비를 한 채로 낚시하는 광경을 지켜본다. 낚시인들은 이것이 짜릿한 재미를 더해준다고, 약간 지나치다 싶을 정도로 스릴이 넘친다고 생각한다. 좁은 하천을 헤엄치는 커다란 물고기가 곰에게는 너무나도 잡기 쉬운 먹이라서 이를 바로잡기 위해 자연의 섭리가 개입한다. 작은 하천으로 재빨리 헤엄쳐 들어온 연어는 넓은 강에 머무는 연어보다 대개 몸집이 작아서 곰들이 썩 좋아하지 않는다. 이처럼 자연의 섭리는 곰에게 작용해 최상의 물고기를 잡게 한다.

흑곰 그리고 그보다 덩치가 훨씬 크면서 그리즐리베어로 불리기도 하는 불곰은 곤충을 포함한 동물뿐 아니라 식물을 먹으며 삼림 생태계에 반드시 필요한 존재다. 베리류 같은 식물은 곰이 먹고 배설하는 과정을 거쳐 씨를 퍼뜨린다. 곰이 숲에서 이처럼 중요한 역할을 수행할 수 있는 것은 먹이인 연어가 숲에 있기 때문이다.

연어의 가장 신비스러운 속성은 태어난 곳으로 다시 돌아가는 것이다. 수천 마일 떨어진 곳을 돌아다니다가 자신이 몇 년 전에 태어났던 시내, 만곡, 자갈 산란지로 돌아온다.

이 설명하기 어려운 현상을 처음 언급한 인물은 1527년 스코틀랜드 사제인 헥터 보스Hector Boece였다.[13] 그 후 칠면조와 튤립을 포함해 수많은 종에 대해 최초로 기술한 스위스 의사 콘라드 게스너Konrad Gessner가 1558년 《동물의 역사Historiae Animalium》에서 다시 언급했다.[14] 노르웨이 성직자이자 동식물학자인 피더 프리스Peder Friis는 "연어는 노르웨이에서 잡히는 물고기 중에서 가장 고귀하고 훌륭하고 아름다운 물고기로 여겨진다"라고 썼다. 프리스가 연어 생애에서 귀소와 다른 단계에 대해 서술한 내용은 나중에 현대 과학자들의 연구를 통해 대부분 사실로 밝혀졌다.

19세기와 20세기 초 연어의 귀소 능력은 여전히 입증되지 않은 이론으로 다뤄졌다. 1876년 미국 수산위원회가 제출한 보고서에 따르면, 연어는 컬럼비아강 입구에서 1800마일(약 2900킬로미터) 떨어진 지역과 컬럼비아강 지류인 네바다주 작은 개울에 산란했다. 이 보고서는 연어가 자신의 출생지가 아니었다면 이토록 외진 내륙까지 그렇게 먼 거리를 헤엄쳐 오지 않았으리라 추측했다. 1930년에는 프레이저강에서 꼬리표를 달았던 어린 연어가 나중에 성어가 되어 산란하기 위해 강으로 돌아온 것을 확인했다. 1930년대에는 치어 시절에 하구 근처에 머물렀던 연어만 고향을 찾아올 수 있다고 믿는 사람이 여전히 많았다. 믿기 힘들겠지만 이후에 대서양과 태평양에서 꼬리표를 부착하고 경로를 추적한 프로젝트의 결과를 보더라도 연어는 자신이 태어난 강을 떠나 먼 거리를 여행했다가 회유한다.

연어는 언제, 어디로 가야 하는지, 그 일정이 염색체에 각인되어 있는 것 같다. 하지만 어째서 강 하구에서 남쪽으로 향하는 연어가 있는가 하면 북쪽으로 향하는 연어가 있는지, 어째서 브리스톨만 홍연어 중에는 멀리 알래스카 바다로 헤엄쳐 나가는 연어, 러시아 홍연어와 함께 캄차카반도로 헤엄쳐 나가는 연어가 있는지는 거의 알려지지 않았다. 브리스톨만 연어는 언제 러시아 친구들과 헤어질지 어떻게 알고, 어떻게 브리스톨만을 다시 찾아갈까? 이 질문에는 명쾌한 대답이 없다. 연어가 이에 관해 생각하는 것 같지는 않지만, 자신이 해야 할 일은 확실히 프로그래밍되어 있는 것 같다.

연어는 자신이 태어난 강을 찾느라 해안에서 우왕좌왕하는 것 같지는 않다. 심지어 경로를 이탈한 연어들도 목적지를 알고 헤엄치는 것 같다. 그렇다면 연어는 어디로 가야 할지 어떻게 알까? 연어는 예민한 후각을 사용해 종을 구별하고 개체군 차이까지 구별한다. 하지만 회유할 때 후각의 역할에 대해서는 의견이 분분하다. 하천마다 고유한 향이 있지만, 연어가 수천 마일 떨어진 곳에서 고향으로 돌아가는 길을 후각에 의존해 찾아갈 것 같지는 않다. 아마도 일단 강으로 들어서면 냄새를 맡으며 자신이 태어난 자갈 산란지를 찾아 강을 거슬러 올라갈 것이다. 부화장에서 태어난 연어가 개체군의 출처와 상관없이 자신이 방류되었던 곳으로 돌아온다는 사실로 미루어 판단하면 귀소 본능은 유전적 영향보다는 기억, 아마도 후각 기억에 기인하리라 추정할 수 있다.

연어가 태양 항법을 사용한다고 주장하는 사람들도 있다. 어린 연어가 태양의 위치에 민감하다는 점이 입증되었고, 회유하는 어른 연어가 태양의 위치를 사용해 항해할 가능성이 있다는 주장이 등장하고 있다. 또 연어는 지구 지자기장geomagnetic field을 사용해 자신의 목적지를 결정할 가능성도 있는데, 지자기장은 나침반이 방향을 잡을 때도 작용한다. 일부 벌, 파리, 새 등을 포함해 여러 종이 이러한 능력을 갖춘 것으로 알려져 있다. 자기를 띨 수 있는 산화철인 아주 작은 자철광 입자를 왕연어의 두개골에서 발견했고, 대서양연어의 옆줄에서도 마찬가지다. 옆줄은 물고기의 측면을 따라 거의 눈에 띄지 않게 나 있는 선으로, 움직임을 감지할 때 사용하는 일종의 센서다. 옆줄 센서는 물고기의 청각에 필수적인 부위이며, 자철광과 함께 항해에도 사용할 가능성이 있다.

19~20세기 동물학자인 루이 룰Louis Roule은 **장엄**이라는 용어를 쓰면서 연어를 향한 경외심을 공공연하게 표현했던 독특하게 시적인 과학자였다.

룰은 고향으로 가는 길목에서 강에 놓인 장애물에 맞부딪힌 연어를 묘사했다.

> 밤까지 여행하며 어둠을 뚫고 멀리 여기까지 왔는데 바위를 만나 멈춰야 했다. 이제 연어는 몸으로 쏟아져 내리며 소용돌이치는 물속에서 격렬하게 움직이며, 예상 밖의 장애물에도 굴하지 않고 무던히 애를 쓴다. 떨어지는 물을 거슬러 머리를 대고 깊디깊은 소용돌이 속으로 뛰어들면서 근육이란 근육은 모두 움직여 조금씩이라도 앞으로 나가려고 버둥댄다. 몸을 활처럼 구부렸다가 다시 곧게 펴고, 약간의 중력을 최대한 활용해 바위에 맞부딪친 반동으로 계속 위로 뛰어오르다가 어쩌다 단 한 번의 도약으로 바위를 넘어 마침내 폭포에 오른다.[15]

룰은 연어가 결코 포기하지 않는다는 사실에 큰 인상을 받았다. 연어는 가파른 폭포든 통과할 가능성이 없어 보이는 장대한 수력발전 댐이든 장애물 아래를 빙빙 돌다가 어떻게든 넘으려고 몇 번이고 시도할 것이다. 연어에 대한 연구를 살펴보면 **끈기**와 **고집**이라는 단어가 계속 등장한다. 그만큼 연어는 보기 드물고 솟구치는 결의를 보인다.

퀘벡 가스페반도의 공원에는 유리창을 만들어놓음으로써 회유하는 연어를 볼 수 있는 장소가 있다. 그곳에 가면 중서부 지역에서 대서양으로 강물을 쏟아내는 거대하고 격렬한 세인트로렌스강의 급류에 머리를 부딪치며 상류로 올라가려고 몸부림치는 연어를 볼 수 있다. 단호한 표정과 불굴의 의지를 보이는 연어는 저항할 수 없을 힘에 맞서서 1분에 단 몇 센티미터씩이라도 앞으로 나아간다.

물살을 거슬러 상류로 헤엄쳐 올라가는 것은 연어의 숙명이다. 아가미가 그렇게 만들어지지 않았으므로 연어가 물살을 따라 헤엄치기는 어렵다. 그렇지만 물살을 이용하면 자동차보다 빨리 가속할 수 있다. 소수의 켈트kelt, 즉 알을 낳고서도 살아남은 대서양연어가 다시 바다로 나갈 때는 꼬리부터 먼저 집어넣고 물살을 타며 떠내려간다. 종종 어린 스몰트도 머리를 상류로 향하게 하고 꼬리를 유수 방향으로 하여 바다로 나간다.

몸집이 비슷한데 연어보다 더 높이 뛰어오를 수 있는 동물은 소수다. 왕연어는 7.5피트(약 230센티미터)를 뛰어오를 수 있고, 스틸헤드는 11피트(약 335센티미터)를 뛰어오를 수 있다.[16] 작은 은연어는 대개 6피트(약 183센티미터)까지 뛰어오르지만, 12피트(약 366센티미터)까지 멀리 뛰어오를 수도 있다.

연어가 뛰어오르는 힘은 인간이 댐을 건설하기 전의 주요 장애물이었던 폭포 바닥에서 가장 강하게 진화해왔다. 스코틀랜드 고지대에서 신호수를 기점으로 북해 쪽으로 흐르는 신강을 따라가다 보면 10~12피트(약 3~3.7미터) 높이의 폭포가 나온다. 폭포 옆으로 통로가 건설되어서 연어가 회유하는 여름 동안 때로 한 번에 두세 마리씩 힘차게 뛰어오르는 광경을 목격할 수 있다. 연어는 뛰어오르기 전에 웅덩이에서 상황을 살핀다. 어떤 집단에서든 더 잘 뛰어오르는 개체들이 있지만, 연어라면 모두 뛰어오를 수 있다. 연어는 위쪽 바위에 배치기로 떨어졌다가 헤엄치기도 하고, 첫 번째 시도에서 너끈히 폭포를 거슬러 뛰어오르기도 한다. 어떤 녀석들은 뒤로 물러섰다가 다시 시도한다. 연어들이 뛰어오르려고 기다리고 있는 웅덩이로 물이 곧장 떨어지면 연어는 꼬리로 물결을 일으켜 밀어 올리는 힘을 추가로 얻는다. 연어들은 몇 주 동안 먹이를 먹지 않고서도 이 힘든 일을 해낸다.

연어가 어떻게든 모든 장애물을 통과하고 강을 거슬러서 저 멀리 얕은 샛강까지 올라가고 나면 매우 독특한 마지막 의식이 시작된다. 우선 모습이 변하기 시작한다. 바다에서 몸을 위장하는 데 큰 몫을 했지만 어둑어둑한 강에서는 불리한 밝은 은빛 피부가 사라진다. 대서양연어의 피부는 구릿빛으로 바뀌고 송어처럼 붉은 반점이 생긴다. 왕연어의 피부는 어두운색 반점이 박힌 갈색으로 바뀐다. 수컷 마수연어는 등이 검고 주황빛의 피부색이 배 쪽으로 퍼져나가는 반면에, 암컷의 피부는 대개 어두운 색으로 바뀐다. 산란기 수컷의 피부색은 예외 없이 암컷보다 화려하다. 수컷 백연어에는 보라색 반점이 생긴다. 실버스silvers이라는 별명이 붙은 은연어는 은빛을 모두 잃고, 수컷의 배는 밝은 붉은색으로 바뀐다. 이 시점에서 스틸헤드는 송어보다 몸집이 훨씬 크지만, 자신의 뿌리인 무지개송어의 전형적인 특징을 보이며 붉은색 가로 줄무늬가 생기고 피부는 다시 좀 더 거뭇해진다. 살의 색이 옅어서 핑크연어라는 이름이 붙었지만 핑크연어의 피부는 분홍색이 아니다. 산란기의 수컷 핑크연어는 배에 흰색과 보라색이 섞여 있고 피부는 거뭇하게 바뀐다. 또 등 앞부분에 거대한 혹이 생겨 '곱사'라는 별명으로 불린다.

수컷 홍연어는 모든 연어 중에서도 산란기에 모습이 가장 많이 바뀌어서 이전 모습을 거의 찾아볼 수 없다. 수컷과 암컷 모두 등지느러미까지 밝은 붉은색을 띤다. 이것은 색소를 살에서 표피로 밀어내기 때문이며, 산란한 홍연어의 피부는 붉어지고 살은 옅어진다. 곱사연어와 마찬가지로 수컷 홍연어의 등에도 몸 전체가 일그러져 보일 정도로 커다란 혹이 자란다. 산란기 수컷은 입이 약간 사악해 보이는 갈고리 모양으로 바뀌므로 **온코린쿠스**속이라는 명칭이 생겼다. 수컷 대서양연어도 같은 특징을 보인다. 또 아래턱이 길어지고 수컷 홍연어의 경우에는 훨씬 더 과장되어 위협적인 각도로 이빨을 밀어내 실제로 물고기가 아니라 붉은 바다 악마처럼 보인다.

이러한 변태metamorphosis는 금식한 연어가 산란이라는 지극히 중요한 행동을 하기 위해 그전까지 비축해놓은 에너지를 보존해야 할 때 발생한다. 하지만 연어는 이 극적인 의상 변화에도 엄청난 에너지를 쓴다. 색소를 살에서 피부로 밀어내기 위해서는 많은 에너지를 소비해야 한다. 그렇다면 변태를 하는 이유는 무엇일까? 일부 생물학자들은 이빨과 갈고리 모양의 코가 싸움에 사용된다는 이론을 주장한다. 암컷을 차지하려고 수컷끼리 싸울 때 일그러진 입은 다른 연어의 꼬리를 잡기에 적합하다. 하지만 이것이 사실인지는 확실하지 않을뿐더러 화려한 색깔과 커다란 혹이 생기는 이유를 전혀 설명하지 못한다.

다윈은 이 점을 고민하다가 1871년 《인간의 유래》에서 산란기 연어에 대해 서술했다. 다윈은 진화론에 관한 모든 연구를 통해 어떤 종을 보더라도 쓸모없거나 임의적인 발달은 없다는 개념을 주장하면서 산란기 연어에게 이처럼 기이한 발달이 일어나는 이유가 무엇일지 의문을 품었다. 또 특정한 수컷 딱정벌레가 뿔을 전혀 사용하지 않는데도 뿔이 발달한 이유가 무엇일지도 궁금했다. 특정 수컷 새들에게 화려한 깃털은 어떤 용도일까? 1860년 다윈은 초기 지지자였던 하버드대학교 식물학자 아사 그레이Asa Gray에게 "공작 꼬리에 달린 깃털을 볼 때마다 토할 것 같습니다"라는 유명한 내용의 편지를 썼다.[17]

다윈은 자신이 설명할 수 없는 현상을 좋아하지 않았다. 《인간의 유래》에서는 연어에 대해 "수컷 연어도 일반적인 삶의 목적에 기여하기 위해 공작의 꼬리 깃털보다도 쓸모가 더 있어 보이지 않는 부속물을 제공받는다"라고 썼다.[18]

다윈의 주장 가운데 가장 크게 논란을 일으켰던 개념으로는 종들이 자신의 생존을 보장하기에 가장 적절한 특징을 선택한다는 **자연 선택**과 더불어, 진화 과정은 이성이 성적으로 매력적이라고 느끼는 특징을 선호한다는 **성선택**이 있다. 이러한 성적 매력이 의도하는 목적은 종의 생존을 증진하는 것이다. 다윈이 살고 글을 썼던 빅토리아시대 영국에서는 여성이 남성을 줄 세우고 선택한다는 개념이 인기를 끌지 못했다. 이것은 영장류가 받아들이기 어려운 개념이었다. 다윈이라면 암컷 개코원숭이의 부풀어 오른 붉은 신체 부위나 매력적인 인간 여성의 균형 잡힌 엉덩이를 **쓸모없는 부속물**로 불렀겠지만 수컷은 이러한 부위들에서 매력을 느낀다. 하지만 여성이 심사대에 앉아 있고 남성이 여성을 유혹하려고 노력한다는 개념을 남성들은 달가워하지 않았다. 남성이 여성 눈에 들기 위해 엉덩이나 가슴을 내밀겠는가?

그러나 많은 종에서 이러한 현상이 일어나는 것 같다. 조류를 관찰해보면 이 점을 더욱 쉽게 인정할 수 있다. 수컷 새들이 지닌 심미적 매력 때문이다. 수컷 공작이 꼬리를 펼쳐서 과시하는 눈부신 자태를 보면 암컷 공작이 유혹을 느끼리라 상상할 수 있을 것이다. 하지만 눈에 띄게 일그러진 수컷 홍연어의 새로운 모습을 보고 암컷 홍연어가 흥분하리라고 상상하기는 좀 더 어렵다. 우스꽝스럽게 화려한 옷을 입고 나타나면 여성들이 흥분한다고 주장하는 남성들과 마찬가지 아닐까? 하지만 사실이 그렇다.

모든 동물이 그렇듯 연어도 수컷과 암컷이 공진화co-evolve한다.[19] 달리 표현하자면 산란기에 수컷 홍연어의 의상이 진화하며 발달하는 동안에 암컷도 수컷의 변화에 매력을 느끼도록 진화하는 것이다. 수컷은 매력을 발산하려고 시도하지 않지만 진화를 거치며 매력이 탑재된다. 암컷은 새로 의상을 차려입은 구혼자 중에서 짝짓기 상대를 선택한다. 연어를 포함해 많은 종을 지배하는 자연 질서에서 암컷은 유전적으로 어느 정도 프로그래밍되어 있으면서도 어느 정도 선택의 자유를 갖는다. 이것도 빅토리아시대 영국 남성들이 좋아할 만한 개념은 아니었다.

홍연어는 산란할 준비를 갖추기 며칠 전에 고향인 산란 장소에 도착한다. 얕은 개울의 분위기는 마치 로데오가 열리기 전에 들썩이는 서부 마을과 비슷하다. 기백이 넘치는 수컷들이 주변을 배회한다. 마침내 고향에 도착한 암컷에게는 해야 할 일이 있다. 수컷은 암컷이 산란지를 만들고 산란할 준비를 마칠 때까지 기다려야 한다. 수컷 떼는 시시각각 몸 색깔이 더 밝아지면서 붉은 등지느러미를 물 밖으로 내밀고 이리저리 헤엄친다. 이때 수컷은 잠망경을 물 밖으로 내밀고 돌아다니는 잠수함처럼 보이며, 물을 튀기기도 하고 물 위로 뛰어오르기도 한다. 마지막 에너지를 아껴두어야 하지만 한껏 흥분했으니 어쩔 수가 없다.

암컷은 산란지를 만드는 동안 머리를 항상 상류로 두고, 몸을 한쪽으로 약간 구르면서 등을 둥글게 구부리고는 꼬리를 사용해 빗자루로 쓸 듯 자갈을 움직인다. 이렇게 완성한 자갈 산란지의 길이는 5피트(약 150센티미터)이고, 깊이는 1피트(약 30센티미터)다.[20] 암컷은 최적 크기의 자갈, 적당한 깊이, 좋은 유속을 갖추어 산란하기에 가장 좋은 장소를 차지하려고 다툰다. 유속이 너무 빠르면 위험하고, 너무 느리면 물이 밑에 있는 자갈 산란지를 제대로 통과하지 못한다. 처음에는 어미 암컷이 알을 지킬 수 있겠지만 새끼는 어미가 죽고 난 후 몇 달 동안 그곳에서 살아남아야 한다. 이 시기는 연어의 생애에서 사망률이 가장 높으므로 그만큼 어미가 산란 장소를 잘 선택하는 것이 중요하다.

충분히 짐작할 수 있듯 산란을 시작할 무렵이면 암컷도 수컷도 지쳐 있다. 하지만 경쟁을 벌일 만큼의 에너지는 여전히 상당량 남아 있다. 암컷이 자갈 산란지를 선점하려고 경쟁하는 동안 수컷은 암컷의 선택을 받고 좋은 자갈 산란지를 차지하려고 서로 싸운다. 수컷들은 열심히 싸우는데 일반적으로 몸집이 가장 큰 수컷이 이긴다. 수컷이 더 큰 물고기로 진화하지 않는 이유를 다윈이 의아해한 것도 바로 이 때문이다. 대부분의 물고기가 그렇듯 암컷 연어는 알을 품고 있으므로 수컷보다 몸집이 크다. 몸집이 더 작은 수컷이 가끔씩 암컷의 피부색을 띠고 자갈 산란지로 몰래 들어가 정자를 분비하기도 한다. 수컷 백연어의 피부색이 몇 분 만에 암컷 피부색으로 바뀌는 광경이 목격되고 있다.[21] 또 수컷 백연어는 홍연어처럼 보이는 모습으로 변해 홍연어와 짝짓기를 할 수도 있다. 그렇게 태어난 새끼도 생존해서 번식할 수 있지만 짝짓기 성공률은 떨어진다. 어쨌거나 같은 속에 있기만 하면 많은 종이 이종 교배를 할 수 있다.

수컷은 자갈 산란지에 알과 정자를 넣고 있는 한 쌍의 연어에게 다가가서 자신의 정자를 넣기도 한다. 연어의 세계에서 일부일처제는 작용하지 않는다. 연어들의 목표는 죽기 전에 번식하는 것이다. 자갈 산란지에서 수정이 이루어지면 암컷은 가까운 곳으로 헤엄쳐서 산란지를 더 판다. 그러고 며칠 동안 자갈 산란지를 몇 개 만들고, 기회를 잡으려고 애써온 수컷 몇 마리와 알을 수정시킨다. 그러면서 암컷은 자갈 산란지에서 수정란이 안전해질 때까지 며칠 동안 알을 보호한다.

암컷은 알을 낳느라 애쓰면서 입이 일그러진다. 때때로 알을 낳기 전에 매력적인 수컷을 자갈 산란지로 끌어들이기 위해 입을 일그러지게 움직이기도 한다. 의인화 학자들은 이러한 현상을 가리켜 연어의 **가짜 오르가즘**이라고 즐겨 부른다.

이처럼 연어는 산란지를 만들고, 수정하고, 산란지를 보호하느라 여러 날 몸부림친다. 점점 더 말라가고, 밝은 붉은색 피부는 갈색으로 바뀌고, 비늘은 희끄무레해지며, 꼬리는 너덜너덜해진다. 결국 마지막 남은 에너지까지 쓰고 나면 더 이상 몸부림치지 않고 물 표면에 둥둥 뜬 상태로 죽어서 강에 영양분을 제공하거나 숲에서 나온 야생동물에게 먹힌다. 수명은 짧았지만 연어는 이렇게 목적을 달성하고 그 덕택에 연어의 자손과 강은 계속 살아간다.

연어는 끝까지 영웅답다. 영국과 캐나다 출신의 인기 있는 낚시 작가인 로더릭 헤이그브라운Roderick Haig-Brown은 연어에게 이렇게 찬사를 보냈다.

> 그러나 마지막 힘마저 사라질 때까지 삶에 대한 의지를 여전히 발현해 불태운다. 위협이 지나치게 가까이 닥치면 여전히 연어는 자신의 망가져버린 몸에서 나올 법하지 않은 에너지를 뿜어내며 상류나 하류로 움직일 것이다. 기생 곰팡이가 펴서 몸이 하얘진 커다란 왕연어는 여전히 할 일이 남아 있다는 듯 물살이 빠른 얕은 산란지에 남는다. (…) 인간이라면 불멸의 정신이라며 자신을 미화하고 칭송할 만한 행동이다. 나는 희망과 목적이 사라진 지 오랜 후에 이곳에서 연어의 이러한 행동을 매우 분명히 목격했으

므로 불멸의 정신이라 인정할 수 있다. 연어의 행동은 무엇 못지 않게 존경스럽다.[22]

수정된 홍연어알의 약 절반은 죽거나 잡아먹힐 것이다. 살아남아서 앨러빈이 되는 알의 겨우 4분의 1이 생존해 스몰트가 되고, 이중 약 8퍼센트가 살아남아 바다에 도달한다.

2부

인간의 문제

3장

최초의 연어

어떤 인간도 같은 강에 두 번 발을 들여놓지 못한다.

강도 같지 않고 인간도 같지 않기 때문이다.

_ 헤라클레이토스, 기원전 5세기

글로 기록된 유럽 연어의 역사는 고전 시대에 시작한다. 사람들 입에 자주 오르내리는 이야기에 따르면 율리우스 카이사르 Julius Caesar가 지휘하는 군단이 라인계곡을 통과해 행군하다가 갑자기 커다란 은빛 물고기 떼가 강을 거슬러 이동하는 광경을 목격했다. 군인들은 물고기들이 급류나 폭포를 만나더라도 이동을 중단하지 않고 어떤 장애물도 뛰어넘는다는 사실에 주목했다. 감동을 받은 로마 군인들은 이러한 물고기를 가리켜 뛰어오르는 자leaper라는 뜻으로 **살라**salar라고 불렀다. 또 피정복민인 갈리아인이 가장 귀하게 여기는 물고기가 연어salmon이고, 로마인도 뛰어오르는 자라는 뜻으로 **살모**salmo라고 불렀다는 사실을 발견했다. 갈리아인에 관한 많은 것이 그랬듯 **살모**도 1세기 로마에서 인기를 끌었다.

연어에 대한 더 이른 기록도 있다. 물고기 뼈는 포유류 뼈만큼 오래가지 않고, 포유류에게 먹힐 때가 많다.[1] 그래서 포유류가 연어를 먹기 시작한 시점은 남겨진 뼈를 이용하더라도 정확하게 측정할 수 없다. 하지만 약 4만 3000년 전 첫 유럽인인 크로마뇽인이 남긴 연어 뼈 일부를 프랑스의 도르도뉴 지역에서 발견했다. 고고학자들은 약 4만 8000년 전 네안데르탈인이 조지아 코카서스산맥에서 연어를 먹었다는 증거를 발견했다. 스페인 북부 칸타브리아 지역에는 4만 년 전 연어를 낚았다는 증거가 남아 있다. 프랑스 남서부 근처에는 2만 2000년 전으로 추정되는 순록의 뿔에 연어가 새겨져 있다.

초기 켈트족 전설에는 연어에 대한 언급이 많다. 연어는 뛰어오를 때마다 더 많은 지식을 얻는다고 그들은 믿었다. 또 연어를 먹고 난 후에는 뼈를 다시 강에 돌려주어야 한다고 믿었으며, 일부 아메리카 원주민 집단은 이러한 관습을 계승했다. 켈트족 신화에서 연어는 강과 바다를 모두 정복했으므로 모든 지식을 소유하고 있다.

6세기로 시간을 거슬러 올라가 아서왕의 전설을 살펴보면 거대한 연어의 등에 타고 글로스터로 가는 여정을 묘사한 이야기가 나온다. 전설에 따르면 604년 연어 어부들이 한 남자를 새로운 교회 부지로 데려와 그가 어부의 수호성인인 성 베드로라고 주장했다. 4세기 후에 웨스트민스터사원을 건축할 장소로 그 부지를 선택한 것은 아마도 이 전설 때문일 것이다. 생선상인조합은 오늘날까지도 이러한 전통을 지켜서 매년 웨스트민스터사원에 연어를 선물한다. 하지만 이제 연어는 점점 구하기 힘들어지고 있다.

지금의 스코틀랜드 지역에 거주하다가 사라진 픽트족은 서기 약 600~900년 다양한 모양을 조각한 수직 석조 기념비를 남겼는데 여기에는 연어도 새겨 넣었다.

스칸디나비아 출신인 바이킹의 후손으로 알려져 있는 아이슬란드인에게는 많은 전설에 뿌리를 내린 산문 문학인 사가saga가 전해 내려온다. 13세기 초에 쓰인 《산문 에다Prose Edda》에는 연어의 좁은 '**손목**' 이야기가 나온다. 어부들이 연어의 독특한 특징이라고 인정하는 이 꼬리살 부위는 폭이 좁으며 손으로 잡을 수 있을 만큼 미끄럽지 않고 얇다. 사가에서 로키Loki는 연어로 변신할 수 있었고 기만의 아이콘이었다. 형인 토르Thor가 로키를 물에서 끌어내느라 너무 세게 쥐는 바람에 그의 손목이 눌렸다고 한다.

노르웨이인은 노르웨이에서 연어와 송어를 잡은 역사가 노르웨이 문명의 시초인 8000년 전으로 거슬러 올라간다고 믿는다. 현재 거주민의 가장 초기 집단인 사미족이 피오르드에서 연어를 잡을 때 덫을 사용했듯, 석기시대에 연어를 잡던 창이 발견되었다. 그물로 물고기를 에워싸는 예인망 어업은 바이킹 전설에서 묘사하는 초기 노르웨이의 어업 방식이었다. 중세 바이킹 시대 이전에도 예인망을 사용한 증거가 남아 있다.

스웨덴에서 연어는 전통 요리에서 중심을 차지하며, 일부 연어 요리법의 기원은 중세 시대까지 거슬러 올라간다. 부패를 막기 위해 물고기를 특정 방식으로 저장해야 했는데, 스칸디나비아에서 유일하게 사용한 방법은 염장과 건조였다. 북부 사람들은 햇볕에 수분을 증발시킨 바다 소금을 만들 수 없기 때문에 소금을 적게 사용하려 한다. 전통적으로 알래스카나 시베리아, 아이슬란드, 스칸디나비아는 물고기를 발효시키며 종종 묻는 방식을 사용한다. 아이슬란드 전통 음식인 하칼hákal은 그린란드상어를 돌무더기에 묻어 발효시켜 만든다.

가장 유명한 스칸디나비아 연어 요리인 그라블랙스gravlax는 스웨덴과 노르웨이에서 잘 알려져 있고, 대부분의 음식 역사가들은 스웨덴에서 시작됐다고 생각한다. 양쪽 언어에서 그라블랙스는 **묻은 연어**를 뜻한다. 일부 역사가는 연어나 송어, 곤들매기를 저장하는 초기 기술은 동량의 소금, 설탕에 절이고, 밀물과 썰물이 있는 모래에 몇 달 동안 묻어서 발효시키는 것이라고 주장한다. 느린 발효 과정 동안 소금물이 물고기가 썩는 것을 막아줄 것이다.

오늘날 그라블랙스는 딜이나 다른 향신료를 첨가하고 여전히 같은 비율의 소금과 설탕에 절인다. 더 이상 모래에 묻지 않고 며칠 동안만 절이므로 발효가 제대로 되지 않아서 물고기를 옛날처럼 오래 보존할 수는 없다. 냉장고가 있으면 굳이 그럴 필요도 없다.

그라블랙스에 얽힌 이야기에는 몇 가지 문제가 있다. 1914년 유명한 요리책 저자인 헨리에트 쇤베르크 에르켄Henriette Schønberg Erken이 《커다란 요리책Stor Kokebok》을 펴낼 때까지 노르웨이에서 출간된 어떤 요리책도 그라블랙스를 언급조차 하지 않았다. 그라블랙스를 요리하려면 초기 시절에 구할 수 없거나 엄청나게 비쌌던 설탕을 많이 넣어야 하므로 소금과 설탕에 절이는 요리법은 아마도 나중에 발달했을 것이다. 오래된 노르웨이 요리법은 중세 시대로 거슬러 올라가고 지금도 락피스크rakfisk로 잘 알려져 있다. 락피스크를 언급한 가장 오래된 노르웨이 문헌은 1348년에 쓰였지만 요리법은 이보다 훨씬 오래된 것으로 여겨진다.[2] 락rak은 노르웨이 단어인 '**rakr**'에서 유래했으며, 축축하거나 흠뻑 젖었다는 뜻이다. **레이킹**raking으로 알려진 요리법은 물고기를 소금에 절이고 양동이에 담아 땅이나 지하실 흙바닥에 발효가 진행되는 서너 달 동안 물고기를 차갑게 유지하는 것이 중요하며, 차가운 흙이 그 역할을 한다.

그라블랙스로 불리는 요리는 대개 레이킹을 거쳐 만들며 이것이 락피스크였다. 그레이빙graving이라는 과정도 있다. 그레이빙은 물고기가 가장 통통할 때 잡히는 가을에 사용한다. 물고기에서 내장을 빼내되 살을 저미지 않고 배 부위를 위로 향하게 해서 소금을 뿌려가며 양동이에 빽빽하게 담는다. 지금도 그레이빙은 송어, 북극곤들매기, 양어장 연어를 저장하는 방법으로 사용하지만 야생 연어에는 거의 사용하지 않는다. 노르웨이에서 야생 연어가 점점 귀해지고 있기 때문이다.

수 세기에 걸쳐 규제와 경고가 나왔고, 보호해야 한다는 호소도 있었지만 대서양연어를 구하지 못했다. 또 유럽에는 인간이 해를 끼치기 전만 해도 연어 강이 즐비했지만, 지금은 그랬다는 사실조차 잊히고 있다. 야생 연어는 북유럽 저지대 국가 대부분, 독일, 프랑스 북부와 남부, 스위스, 스페인 북부, 포르투갈로 회유했다. 연어는 유럽에서 매우 유명한 대부분의 강에 나타났다. 라인강과 라인강의 지류인 모젤강도 연어로 유명했다. 독일의 엘베강, 폴란드의 오데르강, 폴란드에서 가장 큰 강인 비스툴라강에도 연어가 출몰했다. 러시아, 핀란드, 스웨덴, 덴마크, 특히 노르웨이는 모두 연어를 생산하는 국가였다. 연어는 센강에도 있었고, 노트르담대성당 양쪽에서 물이 모이는 파리의 전통적인 낚시터인 시테섬에서도 뛰어올랐다.

연어 강에 몰려 있는 자그마한 물고기들이 나중에 커다란 연어로 자라리라는 것을 이해하지 못하는 사람들이 많았다. 그래서 그물을 쳐서 어린 물고기를 잡아 가축에게 먹이로 주었다. 14세기 영국 체스터의 한 수도사는 "연어와 장어의 새끼가 정말 많아서 일부 지역에서는 농부들이 돼지에게 먹인다"라는 글을 남겼다. 고민하는 사람은 소수에 그칠 뿐, 이렇듯 풍부함 그리고 낭비로 이어지는 패턴은 수 세기 동안 계속되었다.

10세기 이전에 영국에서 연어를 낚시로 건져 올렸다는 기록이 남아 있다. 8세기 성 베데Bede 대제는 영국에 "연어와 장어가 정말 많다"라고 썼다. 앵글로색슨 시대에 연어는 금전적 가치가 있어서 그것으로 임대료를 지불했다는 기록이 많이 남아 있다. 글로스터Gloucester 경은 매년 연어 1000마리를 공물로 받았다. 1086년 노르만인이 자신들이 정복한 왕국에 있는 재산을 철저하게 조사해 목록으로 작성한 둠즈데이북Domesday Book에는 수많은 연어 어장이 기재되어 있다. 중세 시대까지 거슬러 올라가 영국과 프랑스의 도시에서 사용한 수많은 물고기 모양 봉인을 보면 당시 연어의 지위를 짐작할 수 있다.

교회는 1년 중 거의 절반 정도 고기를 금지했기에 생선이 주식이었다. 중세 영국에서는 연어도 청어, 대구, 장어와 마찬가지로 판매를 위해 자주 소금에 절였지만 이따금씩 신선한 상태로 먹기도 했다.[5] 1500년경 향신료가 북유럽 요리에 주요 비중을 차지하면서 구운 연어 스테이크에 사용하는 소스를 레드 와인에 계피와 양파를 넣고 뭉근하게 끓여서 만들었다. 소스를 체에 걸러 내리고 불을 끈 후에 후추, 간 생강, 덜 익은 포도를 으깨서 짜낸 매우 시큼한 과즙인 버주스verjuice를 첨가했다. **네제 베키스**Nese Bekys로 알려진 튀김을 만들 때는 계피, 생강, 마른 무화과를 갈아서 섞은 후에 삶은 연어와 장어를 넣었고, 여기에 말린 건포도나 호두를 첨가하기도 했다. 또 연어는 **츄웻**chewet이라는 명칭의 파이에도 쓰였다. 연어를 삶아서 으깨고 여기에 잣, 건포도, 시나몬을 넣고 섞은 다음에 반죽에 싸서 구웠다.

원래 영국의 어업권은 개인이 소유했으며, 민간 어업 소유권은 둠즈데이북에 등재되었다. 하지만 1210년까지 영국 대중은 낚시할 수 있는 권리를 부여받았고, 1215년 대헌장Magna Carta은 연어가 산란장에 도달하는 것을 방해하지 않기 위해 왕의 물고기 보를 강에서 제거해야 한다고 선언했다. 그러면서 왕이 연어 어장을 전용하는 것을 금지했다.[6]

12세기에 이르러 강에 댐을 건설해서 연어가 산란장으로 가는 통로를 막는 것이 이미 영국, 프랑스, 스코틀랜드를 포함한 많은 국가에서 문제로 부각되었다. 부분적으로는 연어가 몸집이 컸으므로 상업적으로 가치가 더 크다고 생각했기 때문이고, 그래서 다른 물고기보다 연어를 법으로 더 많이 보호했다. 리처드 1세Richard I가 통치하던 시기에 영국은 최소한 왕이 옆으로 서서 통과할 수 있을 정도의 틈도 없는 장애물은 설치할 수 없다고 법령으로 선언했다. 그래서 이러한 물고기 통로는 지금도 왕의 구멍(혹은 통치자 성별에 따라 왕비의 구멍)으로 알려져 있다. 14세기와 15세기 영국과 스코틀랜드에는 하천 차단을 금지하는 법령이 여럿 존재했다.

1188년 제랄두스 캄브리엔시스Geraldus Cambriensis는 《웨일스에 대한 서술Description of Wales》에서 카이사르가 지휘하는 군대가 작고 가벼우면서 가죽으로 감싼 코러클coracle 배를 타고 테이피 강에서 연어를 낚았다고 서술했다.[7] 코러클은 근대까지도 웨일스에서 연어를 잡을 때 사용했고, 일부는 지금도 여전히 사용 중이다. 코러클 두 척이 함께 움직이면서 사이에 그물을 치고 하류로 내려갔다가 연어가 헤엄쳐 들어오면 그물을 끌어당긴다. 웨일스 사람들은 연어를 우유에 넣고 월계수 잎과 함께 익힌 다음에 이 우유로 파슬리 소스를 만들어 연어 위에 뿌린다.[8] 또 웨일스 야생에서 자란 회향을 연어 요리에 곁들인다.

노섬브리아* 에서 사용하던 작은 개방형 어선인 코블coble은 웨일스에서 사용한 코러클만큼 역사가 오래되었을 수 있지만 가장 초기에 기록된 사용 장소는 1244년 트위드강이다.[9] 코블은 그물을 쳐서 대량의 트위드강 연어를 안정적으로 공급했다. 선미가 물 밖으로 높이 솟은 작은 코블은 주로 트위드강과 험버강의 입구 사이에 그물을 쳐서 연어를 잡았다. 이곳은 북해의 연장선으로, 물결이 매우 거칠어서 코블처럼 자그마한 개방형 배를 움직이려면 부지런히 노를 저어야 했다. 코블은 파도가 높게 일렁이는 곳에서도 견고하고 내구력이 있지만, 수심이 깊을 필요가 없어서 물이 얕은 곳에서도 해안 가까이 움직일 수 있으며 바람을 타고 빨리 이동할 수 있다. 19세기에 코블은 속도가 빠를뿐더러 가격이 고작 30파운드였으니 저렴하게 만들 수 있었다. 코블은 19세기에는 돛을 달고 20세기에는 모터를 달면서 동력원의 변화에 잘 적응했다.

스코틀랜드 시골은 참나무, 자작나무, 야생 체리, 키가 크고 줄기가 굵은 스코틀랜드 소나무로 뒤덮여 있다. 습기를 머금은 숲은 어두웠고 버섯이 무성하게 피었다. 숲 때문에 강은 좁고

영국 북부의 옛 왕국으로, 앵글로색슨 시대 7왕국의 하나.

깊은 형태를 유지했고, 나무에서 떨어진 잎과 솔잎이 물에 영양을 공급했다. 스코틀랜드 왕들은 연어가 국가 재산의 원천이라는 사실을 깨닫고 연어를 보호하는 법령을 선포했다. 1004년에서 1035년까지 맬컴 2세Malcolm II는 격동의 스코틀랜드를 이례적으로 오랫동안 통치했다. 그는 전쟁과 살해를 주도했다는 뜻으로 파괴자라는 별명으로 불렸지만, 연어를 보존하는 법을 제정한 최초의 유럽 군주 중 한 명이었다. 그는 낚시 허용 기간을 정하고, 프라이 어획을 금지하는 법을 제정했다. 초범은 낚시 장비를 불태우는 처벌을 받았고, 네 번째로 규정을 어기면 징역 2년형을 선고받았으며, 그 후로 유죄 판결을 받을 때마다 형량은 두 배로 늘어났다. 1399년 로버트 3세Robert III는 낚시 허용 기간을 세 번 어기면 누구라도 사형에 처하겠다고 공표했다.[10] 하지만 영국인이 소유권을 주장하는 강에서 스코틀랜드인이 연어를 몰래 잡는 것은 합법으로 간주했다.

1724년 소설가 대니얼 디포Daniel Defoe는 영국을 여행하고 책을 썼다. 디포는 영국 최대 연어 강 중 하나이면서 푸르고 언덕이 많은 데본의 황야를 관통해 흐르는 다트강을 끼고 있는 토트네스에서 연어 어부들을 만났다. 그들은 개를 강에 뛰어들게 해서 그물로 연어를 몰아넣도록 훈련시켰다. 또 슈루즈버리에서 디포는 인근 세번에서 연어가 시장에 엄청나게 넘쳐나는 광경을 보고 감명을 받았다. 뉴워크와 노팅엄에 갔을 때는 영국에서 세 번째로 긴 트렌트강에서 매우 커다란 연어를 보았다. 그러면서 트렌트강에서 잡힌 연어를 런던으로 운반해 비싼 가격에 판매하므로 정말 큰 논벌이라고 언급했다[11](18세기 말 스코틀랜드 상인인 조지 뎀프스터George Dempster는 연어를 얼음으로 포장해 테이강에서 런던으로 운반하기 시작했다.[12] 이렇게 얼음을 사용하기 시작하면서 런던 시장은 영국 연어의 주요 목적지로 부상했다). 스코틀랜드 고지대에 있는 디강에 도착한 디포는 게일어로 **디강의 입**을 뜻하는 애버딘에서 연어 산업을 목격하고 깊은 인상을 받았다. 또 강 어업권이 개인 소유 재산이어서 사고팔 수 있으며, 강둑에 있는 재산의 소유자와 전혀 관계가 없다는 사실에 매료되었다.

> 어업은 매우 특별하다. 연어는 놀라운 존재이고, 디강과 돈강, 특히 돈강에서 잡히는 연어는 경이롭게 많다. 어획고나 재산은 회사로 투입되어 각자 몫으로 나뉘는데 누구를 막론하고 한 번에 한 몫만 차지할 수 있으며 상당히 크다. 어획량은 매우 많고, 세계 일부 지역, 특히 해외에 있는 프랑스, 영국, 발트해, 일부 다른 지역으로 운송된다.

디포가 항해를 시작한 것은 연어 어업 현황을 파악하기 위해서가 아니라 단순히 영국을 탐험하고 싶었기 때문이다. 탐험하면서 디포는 연어가 풍부한 섬, 연어를 먹고 거래하는 사람들, 연어로 벌어들이는 상당한 액수의 돈을 발견했다. 하지만 디포의 생애가 끝난 직후에는 이 모든 상황이 바뀔 것이었다.

17세기와 18세기에 출간된 요리책에는 영국인이 많은 양의 연어를 먹는다고 분명히 기록됐다. 1660년 왕당파의 대표 요리사인 로버트 메이Robert May는 《숙련된 요리사The Accomplisht Cook》를 펴내고 구운 연어, 해시hash*, 파이, 츄웻을 포함한 연어 요리법 열일곱 가지를 소개했다. 연어에 열광하는 사람들은 신선한 연어를 사시사철 먹을 수 없는 것을 아쉬워한다. 이 문제를 해결하기 위해 메이는 다음과 같은 요리법을 제공했다.[13]

<u>연어를 절여서 1년 내내 저장하는 방법</u>

연어를 6등분하고, 백포도주, 식초, 약간의 물(포도주와 식초는 3, 물은 1의 비율)이 끓기 시작하면 연어를 넣고 15분간 더 끓인다. 그런 다음 육수에서 연어를 꺼내 물기를 잘 빼고 로즈메리 잔가지, 월계수 잎, 정향, 육두구 가루, 통후추 적당량을 화이트 와인 약 2쿼트(약 2리터)와 화이트 와인 식초 약 2쿼트(약 2리터)에 넣고 끓인다. 충분히 식힌 연어에 후추와 소금을 뿌리고 그릇에 연어 한 겹을 쌓고 그 위에 술에 끓인 향신료를 뿌리며 겹겹이 쌓는다. 하지만 연어를 넣기 전에 육수가 너무 차가우면 안 된다. 연어를 육수에 잠기도록 빽빽이 넣고, 반년에 한 번 또는 연어가 건조해질 때 화이트 와인이나 셰리주를 넣으면 1년 넘게 저장할 수 있다.

* 고기와 감자를 잘게 다져 섞어서 만든 요리.

가능하다면 레몬 껍질을 절임에 넣어 맛이 배게 한다.

W. M.으로만 알려진 사람은 1655년에 책을 쓰고 연어의 좁은 손목을 재료로 사용한 특이한 요리법을 소개했다.[14]

마른 연어 캘버트를 만드는 방법

물 1갤런(약 4.5리터)에 1쿼트(약 1리터)의 와인이나 식초, 버주스나 사워 비어sour beer, 약간의 달콤한 허브와 소금을 넣고 육수를 매우 빨리 끓인다. 꼬리를 손에 쥐고 연어를 육수에 적시고, 육수를 따뜻하게 유지하면서 적셨다가 꺼내는 과정을 12회 반복하면 연어 캘버트가 되고, 이것을 부드러워질 때까지 끓인다.

영국의 유명한 삽화가인 토머스 뷰윅Thomas Bewick은 1760년대 뉴캐슬에서 성장하던 시절에 하인과 가정부의 계약서를 보면 연어를 일주일에 두 번 이상 먹게 해서는 안 된다는 조건이 명시되어 있다고 썼다. 이러한 이야기는 영국과 스코틀랜드뿐 아니라 미국의 뉴잉글랜드 식민지에서도 찾아볼 수 있다.

프랑스 시골 가정주부를 위한 안내서로 1850년 출간되어 한 세기 동안 프랑스에서 인기를 끌었던 《프랑스 시골 가정주부Maison Rustique Des Dames》의 저자인 코라 밀레로비네Cora Millet-Robinet는 스코틀랜드인의 이러한 태도를 비판했다.[15] "연어는 아마도 가장 풍미가 다양한 생선일 것이고, 프랑스에서 가장 큰 가치를 인정받고 있다. 하지만 스코틀랜드 상황은 반대여서 하인들은 매주 연어를 먹어야 하는 횟수를 제한하려고 계약 조건에 적어 넣었다."

어째서 프랑스 노동자 계급은 연어의 가치를 인정했는데, 영국 노동자 계급은 연어에 반감을 품었을까? 매일 연어를 먹다가 질렸을 수 있다. 하지만 연어가 파운드당 1페니였다고 뷰윅이 언급한 것으로 미루어 생각하면 하인들이 고품질의 연어를 받지 못했을 수도 있다. 아마도 잡고 나서 지나치게 오래되었거나 팔리지 않는 상품이었을 것이다. 일부 역사학자들은 알을 낳고 수척해진 연어였으리라 추측한다. 그물에 걸리면 무엇이든 낚아채는 탐욕스러운 어부들은 시장가치가 전혀 없는 이 물고기들을 마구잡이로 끌어올렸다.

당시 출간된 요리책을 보면 계층을 막론하고 스코틀랜드인이라면 연어를 좋아해서 모든 부위를 즐겼다. 에든버러에서 월터 스콧Walter Scott 경과 결혼할 사람을 포함해서 생활이 풍족한 여성 계층에 요리를 가르쳤던 엘리자베스 클레랜드Elizabeth Cleland는 1755년에 요리책을 펴내고 연어 롤collar을 포함해 아홉 가지 연어 요리법을 소개했다. 많은 고기 요리에도 사용되었던 롤은 속을 채운 후에 말아서 만드는 특색 있는 요리다.

연어 롤 요리

연어의 한쪽 면을 취하고 꼬리살 조각을 자르고, 반대편 꼬리살에는 달걀을 바른다. 꼬리살을 잘게 다지고 살짝 데친 굴 한 움큼, 완숙 달걀노른자 6개, 멸치 2마리를 넣고 잘게 다진 후에 후추, 소금, 육두구 껍질과 열매의 가루, 빵가루를 넣는다. 이 모든 향신료를 연어에 뿌려 간이 배게 하고, 반죽에 날달걀 2개를 깨서 잘 섞은 다음 연어 위에 펴 바른다. 연어를 돌돌 말아서 넓은 끈으로 묶는다. 끓는 물, 소금, 식초에 연어 롤을 넣고 약한 불에 2시간 동안 끓인 후에 꺼내 식힌다. 물을 식히고 기름을 모두 걷어낸다. 끈을 제거하고 롤과 물이 모두 식으면 그 물에 롤을 넣는다.

영국과 웨일스에 있는 강을 대상으로 지속 가능하지 않은 관행이 초래하는 폐해에서 연어를 보호하기 위한 법들이 통과되었지만, 이 법들은 실제로 산업에 적용되지 못했고 지금껏 오랜 싸움을 벌이고 있었다. 1859년 트위드법은 연어를 낚을 때 작살 사용을 금지했다.[16] 트위드강이 영국과 스코틀랜드에 걸쳐 흐르므로 트위드법은 두 나라에서 모두 시행됐다. 트위드강에서 밤에 나무 횃불과 작살을 사용해 연어를 잡는 것은 인기 스포츠여서 많은 사람이 횃불을 들고 모여들어 소리를 지르고 노래를 부르며 연어를 잡았다. 하지만 너나 할 것 없이 정말 많은 물고기를 찔러 죽이는 극도로 파괴적인 방법이었다.

어업 규정이 있는 대부분의 국가에는 밀어꾼이 있다. 밀어꾼은 규칙을 어기고 종종 불법 장비를 사용하며 보통은 어둠을 틈타 물고기를 잡는다. 영국과 웨일스, 스코틀랜드에서는 이러한 밀어꾼 때문에 규제의 효과가 떨어진다. 아일랜드에서 그렇듯 스코틀랜드에서도 영국법에 저항한다고 생각해 밀어꾼을 상당히 호의적으로 보는 시각이 있었다. 스코틀랜드 옛이야기에는 밤에 하천을 감시하고, 강과 호수에 드리운 그물을 제거하고, 밀어꾼을 체포하는 하천 감시관들이 흔히 등장한다.

전해 내려오는 이야기를 보면 밤에 네스호에서 원시 괴물을 처음 목격한 것도 캠벨Campbell이라는 하천 감시관이었다. 사람들은 네스호 괴물이 실제로는 머리가 선사시대 동물처럼 생긴 철갑상어였거나 물개였으리라 생각한다. 괴물을 얼핏 보기라도 하고 싶어서 여전히 몰려드는 관광객들을 포함해 네스호에 정말 괴물이 산다고 주장하는 사람이 많다.

1869년 연어 어업 조사관은 밤에 타인강 하구에서 "물고기를 낚으려고 모여든 그야말로 수백 척의 배에서 수백 개의 불빛이 사방으로 퍼져 나와 반짝였다"라고 보고했다. 그러면서 입구를 가로질러 쳐놓은 그물 때문에 강이 완전히 막혔고, "법이란 법은 모조리 어기고 몇 명이 허가증 하나를 가지고 물고기를 낚았다"라고 주장했다. 이처럼 사람들은 그물을 사용해 물고기를 마구잡이로 끌어올렸다. 바다로 향하려는 스몰트를 잡아 돼지에게 먹였다. 산란하고 살아남은 켈트까지도 잡아들여 견습생과 하인에게 하역시켰다. 정어리 산지로 유명한 데본에서는 그물로 잡은 프라이를 정어리라고 속여 팔았다.[17]

하지만 가장 큰 문제는 밀어도 남획도 아니었다. 19세기 영국에서는 산업이 곧 진보라고 생각했고, 마실 수 없는 물이나 숨 쉴 수 없는 공기에 대해서는 거의 생각하지 않았다. 오염은 경제 발전 신호로 여겼다. 석탄 채굴, 철과 기타 금속 채굴, 코크스 생산, 금속 제련, 철강 생산, 면화 공장의 산업화 등이 진보라는 명목 아래 연어를 죽음으로 내몰았다.

공장들은 화학물질을 강에 쏟아냈고, 강둑은 사람들이 북적거리는 빈민가로 바뀌었다. 타인강에 건설된 뉴캐슬, 돈강에 건설된 셰필드, 머지강에 건설된 리버풀, 템스강에 건설된 런던 등 산업도시는 자신들의 기반이었던 강을 파괴했다. 혼잡한 인근 지역과 성장하는 도시에서는 생활하수를 강에 방류했다. 스코틀랜드도 커다란 강의 둑에 세워져 환경을 오염시키는 거대한 면방적 공장 때문에 폐해를 입었다. 매력적인 도시였던 글래스고는 무질서하게 팽창하는 산업도시로 성장하면서 클라이드강을 파괴했다. 시안화물부터 하수까지 온갖 오염 물질이 스코틀랜드의 강에 버려졌다. 스코틀랜드에서 두 번째로 큰 강이고 가장 유명한 연어 강인 스페이강은 수목이 무성한 강둑에서 낚시를 하기 위해 개발된 손잡이 두 개짜리 스페이 낚싯대와 스페이 캐스팅 Spey cast for fishing* 의 발원지가 되었고, 고지대에는 유명한 위스키 양조장들이 발달하면서 심각한 오염을 겪었다.

스코틀랜드도 수력발전 댐들을 처음에는 1895년 네스호에, 다음에는 1906년 킨로클레벤에 세웠다. 알루미늄 제련소에 전력을 공급하기 위해 89피트(약 27미터) 높이의 콘크리트 댐을 레벤강에 건설하자 폐수가 배출되면서 강을 오염했다. 댐이 워낙

* 낚싯줄을 수면 위로 후방 캐스팅해서 떨어뜨리고 낚싯대를 전방 캐스팅해서 낚싯줄의 장력으로 탄성을 가속시키는 기법.

많은 양의 전기를 공급했으므로 세계 최초로 작은 마을의 집집마다 전기를 갖추게 되었다는 주장이 나왔다. 영국은 전기 사용량이 꾸준히 증가하면서 강을 가로막는 거대한 장벽인 수력발전댐을 더욱 많이 세웠다. 결과적으로 영국은 집은 밝아지고 강은 죽어가는 나라로 바뀌었다.

이 시기에 영국은 수력을 산업 혁명의 동력으로 사용했으므로 이미 많은 댐을 보유했다. 더욱이 산업 발전에 열정을 품었던 시기였으므로 모든 문제를 산업으로 해결할 수 있다고 믿었다. 최초로 성공을 거둔 물고기 사다리인 **웅덩이와 가로보**는 스코틀랜드 딘스턴 출신인 윌리엄 스미스William Smith가 딘스턴댐을 통과하지 못하는 연어를 보고 방법을 연구하다가 1827년에 고안한 것으로 전해진다. 댐의 한 부분에 가로지른 나무판자로 물을 막되 처음 나무판자의 끝에 틈을 남기고, 다음에 가로지르는 나무판자의 반대편 끝에 틈을 남겼다. 이렇게 **웅덩이와 가로보**를 만들어 연어가 댐에 오를 수 있도록 도왔다. 이 장치는 댐이 너무 크지 않은 경우에는 꽤 잘 작용했지만, 엄청 작다고 해서 항상 작동한 것도 아니었다.

전 세계 대부분의 지역과 마찬가지로 영국에는 물이 모든 것을 씻어내고 정화한다는 오랜 믿음이 있었다. 하지만 산업혁명은 이러한 믿음을 반박하는 증거였다. 이제 강이 자체적으로 감당할 수 있는 정도보다 많은 것이 강에 버려진다는 사실을 누구나 목격하거나 냄새로 알 수 있었다. 하지만 제조업은 영국이 세계 경제를 선도하는 국가로 설 수 있게 만들었고, 강의 파괴는 현대적 진보를 달성하고자 어쩔 수 없이 치러야 하는 대가로 여겼다.

하수 같은 유기성 오염물은 물에서 산소를 파괴해 물고기도 살 수 없고, 식물도 강둑에서 살 수 없게 되었다. 곤충들이 죽으니 이것들을 먹는 송어 같은 물고기도 죽었다. 가장 먼저 파괴된 물고기에는 연어도 있었다. 연어는 곤충뿐 아니라 상당히 높은 농도의 산소를 필요로 한다. 이렇게 죽은 지역 중에서 상태가 최악인 곳은 오염물이 모이는 하구였다. 소금물에서 살아남을 수 있는 체질이 되려면 엄청난 양의 산소가 필요한 스몰트가 대량으로 죽고, 결과적으로 그해에 산란하는 연어가 죽을 것이다.

1875년 아치볼드 영Archibald Young은 영국과 웨일스에 있는 강의 목록을 작성하고, 이 강들을 오염시키는 요인을 열거했다.[18] 몇몇 유명한 강을 살펴보자.

다트강: 화학물질, 광산, 제지 공장, 양모 세척
디강: 기름과 고농도 염기물 공장, 석유, 제지 공장, 양모 세척
켄트강: 제조업
세번강: 하수, 광산, 타닌, 염료 공장
테이피강: 점판암 채석장의 잔해, 광산
트렌트강: 하수, 공장
타인강: 화학물질, 광산, 석탄 세척

찰스 디킨스Charles Dickens, 토머스 칼라일Thomas Carlyle, 제라드 홉킨스Gerard Hopkins, 존 러스킨John Ruskin을 포함해 당대를 대변하

는 많은 위인이 강이 오염되는 데 저항했다. 디킨스는 연어가 죽어가는 다양한 원인을 잘 파악하고 있는 것 같았다. 1861년 7월 20일 주간지인 《1년 내내》에서 이렇게 경고했다.[19] "몇 년 후 인구가 좀 더 많아지고, 공장에서 배출하는 독극물이 몇 톤 더 늘어나고, 밀어 장치들이 새로 속속들이 등장하면 연어는 사라지고 종국에는 멸종할 것이다."

하지만 산업은 엄청난 양의 부를 창출했고, 자본가들이 정부를 움직였다. 정부는 이따금씩 환경을 보호하는 시늉만 했을 뿐 현실과 적당히 타협하기 일쑤였다. 1874년 알칼리법을 발효하면서 제조업자들에게 **최선의 실행 가능한 수단**을 사용해 유독성 증기를 제어하라고 요구했다.[20] 하지만 1878년 한 왕립위원회는 알칼리법에 따른 조치들이 **파괴적인 지출**을 피해서 실시되는 경우에만 실용성이 있다는 결론을 내렸다. 또 법원은 산업을 파괴한다는 이유로 자본가들을 처벌하면 안 된다는 입장이었다.

오염만 문제는 아니었다. 공장이 많아지면서 강을 막았다. 1868년 템스강 주류에는 공장 61곳이 들어섰고, 지류까지 포함하면 모두 299곳이었다. 대헌장이 존John왕에게 강의 흐름을 방해하지 말라고 명령했던 여러 지역은 더 이상 항해조차 할 수 없게 되었다. 전해 내려오는 이야기에 따르면, 적어도 1833년에 템스강에서 마지막으로 연어가 잡혔고 왕에게 팔렸다.[21] 1820년대에 마지막으로 연어가 잡혔다고 주장하는 사람들도 있다. 역시 소하성 어종인 섀드Shad는 같은 시기에 템스강에서 사라졌다.

영국이 개발을 억제해서 빈곤한 농경 국가로 남아 있었던 아일랜드는 산업화에 따른 부작용을 겪지 않았다. 연어 낚시의 역사가 길고 풍부했지만, 연어가 수출이나 귀족을 위한 것이라 아일랜드 농민들은 독립할 때까지 연어를 먹지 못했다. 아일랜드의 유명한 연어 항구 중 하나인 골웨이에는 1866년에 잡혀서 빌링스게이트시장에서 팔린 69파운드(약 31킬로그램)짜리 연어를 기념하는 주조물이 남아 있다. 아일랜드에서 잡힌 연어는 자국에서 소비되지 않고 대부분 런던으로 향하는 영국 배에 실렸으며, 종종 스페인과 다른 지중해 지역으로 향했다. 프랑스 언론인 알렉시스 드 토크빌Alexis de Tocqueville은 다음과 같은 유명한 말을 남겼다. "아일랜드 사람들은 아름다운 농작물을 재배해서 가장 가까운 항구로 가져가 영국 배에 실어 보내고 나서 집으로 돌아가 감자를 먹는다." 아일랜드가 영국에 여전히 식량을 수출하면서도 1840년대 말 감자 수확에 실패하자 100만 명 이상이 굶어 죽은 것도 바로 이 때문이었다. 오래된 아일랜드 요리책에서도 연어 요리법은 거의 찾아볼 수 없다. 20세기 초 얼스터 지방에서 활동한 가정학 교사인 플로렌스 어윈Florence Irwin은 전통적인 요리법을 찾기 위해 현재 북아일랜드의 해안 지역인 다운카운티를 뒤졌다. 이때 어윈이 발견한 유일한 연어 요리는 통조림 연어로 만든 연어 수플레였다.

스코틀랜드에서 그랬듯 자유분방한 반영국 반란군으로 보

였던 밀어꾼조차도 자신들이 잡은 귀중한 연어를 거의 먹지 않고 항구에서 영국인에게 팔았다. 엘리자베스 여왕 시대에 밀어꾼들은 작살로 연어를 잡았는데, 작살을 다루려면 기술이 필요했다. 더블린 소재 국립박물관에 선사시대 물고기 창이 있는 것으로 보아 작살 낚시는 오래된 기술이었다. 영국뿐 아니라 19세기 아일랜드에서 작살 낚시를 금지하자 밀어꾼들은 포인세티아와 관계가 있는 관상식물인 대극spurge으로 도구를 바꿨다. 대극을 물에 넣으면 독이 퍼져서 중독된 물고기를 퍼 올릴 수 있었다.

아일랜드 건국 전설의 하나는 연어 낚시와 관계가 있다. 이 이야기는 핀Finn이 위대한 지도자가 되는 경위를 서술한다. 젊은 시절 핀은 더 많은 땅과 부를 원했던 코맥Cormac왕의 하인이었다. 핀은 드루이드druid 들에게 자신이 무엇을 해야 할지 물었고, 마요에 있는 강으로 가서 지혜의 연어를 잡으면 지혜를 얻어 모든 것을 알게 되리라는 대답을 들었다. 그 길로 핀은 사람들을 데리고 그 강으로 갔다. 강에는 연어가 가득했다. 무리는 어떤 연어가 지혜의 연어인지 알 수 없어서 닥치는 대로 연어를 잡아먹기 시작했다. 하지만 아무도 지혜로워지지 않았고 연어를 너무 많이 먹어 싫증이 났다. 그래서 이번에는 정말 모습이 아름다운 연어만 먹기 시작했다. 그 와중에 말라빠지고 작은 연어 한 마리가 강둑 한쪽에 던져졌다. 핀은 지혜를 얻고 싶어서가 아니라 음식을 먹지 않아 배가 고팠기 때문에 그 연어를 먹었다. 알고 보니 그

고대 켈트족이 믿었던 드루이드교의 신부.

물고기가 바로 지혜의 연어였고, 핀은 아일랜드에서 가장 지혜로운 지도자가 되었다.

여러 세기 동안 아일랜드는 대서양에서 훌륭하기로 소문난 연어 강을 보유했다. 1828년 데이비 경은 연어 낚시에 관해 쓴 〈살모니아Salmonia〉에서 고지대 북쪽 끝에 있는 서소강과 헴스데일강을 포함해 스코틀랜드에 있는 강들에 찬사를 보냈다. 그는 네스강, 로치강, 영국의 강들을 목록에서 빼면서도 더욱 잘 관리하고 유지한다면서 아일랜드의 연어 강들을 여럿 거론했다. 밸리섀넌에 있는 언강도 포함했다. 또 모이강, 부시강, 밴강, 리머릭 위에 있는 섀넌강, 코크카운티의 블랙워터강에도 찬사를 보냈다.

데이비 경은 강들을 잘 관리한 공을 가톨릭교회에 돌렸는데 어느 정도 진실이다. 중세 아일랜드에서 교회가 물고기에 관심을 쏟은 것은 1년에 거의 절반 이상을 차지하는 성스러운 날에 이른바 **뜨거운 음식**을 금지한 조치와 관련이 있었다. 뜨거운 음식은 음탕한 생각을 낳는다고 간주하고 붉은 피가 돌면 무엇이든 뜨거운 음식으로 여겼다. 그리고 중세 유럽에서 상당히 계몽된 교회에 속했던 아일랜드 교회는 강과 어업을 잘 관리하는 것을 수도원의 임무로 생각했다. 콩강에 있는 아우구스티누스 대수도원은 강에 덫을 놓고, 물고기가 걸릴 때마다 종이 울리게 해서 수도사들에게 알렸다. 아일랜드에 있는 대부분의 연어 가로보는 수도원 소유였다. 영국의 헨리 8세Henry VIII가 수도원을 폐쇄하라고 명령했던 16세기에 들어서면서 개인이 연어 가로보들을 관리했지만 가톨릭교회는 여전히 어업에 얼마간 영향력을 행사했다.

1466년 더블린사는 연어를 보호하기 위한 오염 방지법을 세계 최초로 통과시켰다. 법은 구체적으로 이렇게 명시했다. "리피강에서는 연어의 파괴를 막기 위해 제혁업자와 장갑 제조인을 포함해 누구도 회반죽을 칠한 도구나 가죽 제품을 사용할 수 없다." 가죽 가공은 건강한 연어 강을 위협하는 요인 중 하나였다. 아일랜드 강에는 산업도, 전기도 거의 없었기에 영국행 배에 실리기 위해 그물에 잡히는 경우를 제외하면 연어들은 별 탈 없이 지냈다.

포르투갈에 있는 대표적인 강으로 길이가 500마일(약 804킬로미터)인 도루강은 한때 유럽에서 연어 강으로 유명했다. 프랑스 서남부에서부터 칸타브리아와 스페인 북서부에 있는 갈리시아까지 연어 강이 50개 있었는데 모두 길이가 짧은 편이었다. 11세기부터 포르투갈과 스페인, 프랑스의 성직자와 귀족이 어업권을 통제했다. 전반적으로 귀족은 자신들이 거주하는 지역의 강에서 연어와 송어를 보호하기 위해 노력했다. 1258년 알폰소 10세Alfonso X는 기간을 정해 낚시를 허용했다. 1435년 후안 2세Juan II는 밀어 방지법을 시행했고, 특히 강에 독을 퍼뜨리는 등의 파괴적인 어획 기술을 금지했다. 16세기 펠리페 2세Felipe II는 낚시법을 확장했다. 그래서 강의 일부를 건조하거나 건조한 상태를 방치해서는 안 되고 얇은 면이나 손바구니를 사용해 물고기를 잡을 수 없었다. 어린 물고기가 헤엄치고 있을 때는 낚시를 금지했다. 15세기와 16세기에 그물과 나무 막대기로 강을 완전히 막아 엄청난 어획을 달성했던 가로보는 치열한 논쟁거리였다.[22]

1795년 카를로스 4세Carlos IV는 내륙 어업에 관한 독점적 지배권을 귀족에게 부여했지만, 강에서 물고기의 통행을 방해할 권리는 누구에게도 없다고 공표했다. 연어 낚시가 성행했고, 사람들은 연어 낚시로 큰돈을 벌었다.

하지만 19세기 들어 스페인은 혼란에 빠졌고 20세기까지 연이어 내전을 치렀다. 결과적으로 법 집행이 매우 느슨해지자 농부들은 작살, 염화물을 채운 낡은 양말이나 자루를 막대기 끝에 묶어서 독을 푸는 방법으로 물고기를 잡았다. 강의 흐름을 막지 말라는 법을 통째로 무시하며 공장을 건설하고 나중에는 수력발전 댐까지 세웠다. 댐 건설자들은 때때로 법을 지키려고 노력하여 물고기 통로를 만들기도 했지만, 설계도 형편없었고 효과도 없었다.

연어를 구하기가 힘들어진 반면에 북부의 바스크 지방과 갈리시아를 대표하는 유명한 전통 요리에서 연어가 차지하는 위상은 높아졌다. 1913년 저명한 갈리시아 출신 소설가인 에밀리아 파르도 바잔Emilia Pardo Bazán이 《오랜 전통의 스페인 요리La Cocina Española Antigua》를 펴냈다.

책에서 바잔은 "오늘날 연어는 사치스러운 요리가 되었지만, 예전에는 그렇지 않았다"라고 언급하고 기름과 식초를 사용하거나 오븐에 굽거나 석쇠에 굽는 간단한 옛날 요리 몇 가지를 소개했다. 그러면서 연어 스테이크로 만든 좀 더 우아한 형태의 현대 요리를 제안했다.

초록 채소를 곁들인 연어 요리

냄비에 시금치, 파슬리, 파, 마늘 1쪽을 다져 넣고, 기름 3큰술을 넣고 조리한다. 절반 정도 소테* 상태가 되면 소금과 후추, 구운 밀가루 1스푼, 물 1잔, 드라이한 셰리주 1잔을 첨가한다. 연어 스테이크를 넣고 약한 불에서 15분 동안 조리한다. 가운데 연어를 놓고 초록 채소를 곁들여 대접한다. 채소의 초록빛이 연하면 시금치를 체에 거른 반죽을 추가한다.

농업용수, 교외 서식지 파괴, 오염, 남획이 모두 재앙의 원인으로 작용하면서 오늘날 스페인에는 연어가 거의 사라졌다. 스페인은 상업적 연어 어업을 폐지하고 스포츠 낚시만 허용한 최초의 국가에 속한다. 최근 환경 단체의 권고를 받아들여 많은 국가가 이러한 조치를 채택하고 있지만, 스페인에서는 1940년 프란시스코 프랑코Francisco Franco 대원수가 실시했다.

갈리시아 출신인 프랑코는 20세기 초 연어가 여전히 풍부했던 지역에서 어린 시절을 보냈다. 그는 열성적인 플라이 낚시인이었고, 내전에서 승리하고 나서 무엇이든 마음먹은 대로 할 수

* 지방을 두른 팬에 고기 또는 생선을 넣고 액체 없이 뚜껑을 덮지 않은 상태로 센 불에서 볶는 것을 뜻한다.

있었으므로 상업적 연어 어업을 금지하고, 플라이 낚시를 할 수 있는 보호구역을 지정했다.

오늘날 스페인 북부에 남은 소량의 연어는 여전히 낚시인들만 잡을 수 있다. 바스크 지방에서 약간이나마 연어를 볼 수 있는 곳은 산세바스티안만으로 흘러드는 오이아르춘강, 프랑스와 스페인의 국경을 부분적으로 형성하고 두 국가가 함께 파멸적인 방식으로 관리했던 비다소아강이다. 1681년 어업 분쟁을 다룬 문서를 살펴보면, 그해에 비다소아강에서 연어가 1500마리 잡혔다.[23] 하지만 요즘에는 시즌마다 소량만 잡힌다. 전통적으로 비다소아강에서 시즌에 처음 잡은 연어는 상업적으로 거래할 수 있지만 그 후부터는 엄격하게 취미용으로만 잡을 수 있다.

라인강은 서유럽에서 가장 긴 강이다. 스위스에서 시작해 스위스와 오스트리아 국경을 따라 흐르면서 바젤을 지나 독일로 흘러든다. 독일에서는 알자스에서 프랑스와 독일의 국경을 형성하고, 스트라스부르를 지나 마인강이 합류하는 비스바덴까지 흐르다가 라인가우로 이어진다. 이 지역에서 북쪽 강둑으로 뻗은 경사진 포도밭에 내리쬐는 햇빛을 반사하며 독일에서 가장 유명한 포도주를 생산하는 지역을 지나간다. 다시 번과 쾰른, 뒤셀도르프까지 흐르다가 네덜란드로 들어가 세 개 강으로 갈라지며 로테르담, 위트레흐트, 삼각주에 위치한 다른 네덜란드 도시들을 거쳐 북해로 들어간다.

수천 마리에 이르는 어린 연어 떼는 이 기나긴 경로를 헤엄쳐 네덜란드 강 하구에 도달한 후에 아가미를 바다 환경에 맞게 조절하고, 피부색을 은색으로 바꾸고, 북해로 헤엄쳐 들어간다. 몇 년 동안 커다란 물고기로 성장하고 강으로 돌아와 상류까지 긴 항해를 시작한다. 1880년대 후반까지 라인강에서 어획한 네덜란드산 연어의 양은 100만 파운드(약 45만 킬로그램) 이상으로 유럽에서 가장 많았다.[24]

주요 강의 하구에서 막대한 양의 연어를 그물로 잡는 행위는 유럽산 대서양연어를 파괴하는 주범이었다. 하지만 다른 원인도 많았다. 스위스와 오스트리아는 수력발전 댐을 건설해 강을 막았고, 독일은 산업용 폐기물과 하수를 강에 버렸다. 프랑스는 알자스에서 포타슘 화합물을 생산하며 배출한 폐기물을 강에 버렸다. 네덜란드는 남획뿐 아니라 수력발전 댐을 건설해 강을 오염했다. 네덜란드가 유럽 최대 어획량을 달성한 지 100년이 지나자 라인강에는 연어가 귀해졌다.

중세 프랑스에서 대서양으로 흘러드는 모든 강에는 연어를 비롯해 바다송어와 철갑상어 같은 소하성 물고기가 있었지만, 19세기에 이르면서 많이 사라졌다. 19세기 초에 일어난 유명한 일화에 따르면 당대 저명한 프랑스 요리사였던 마리앙토냉 카렘

Marie-Antonin Carême은 파리 서쪽 끝단에 있는 뇌이다리 옆에서 길이가 거의 3야드(약 3미터)이고 무게가 220파운드(약 100킬로그램)인 철갑상어를 보았다고 주장했다. 카렘의 말을 듣고 깜짝 놀라는 사람도 있었고, 믿지 않는 사람도 있었다. 하지만 한 세기 전만 하더라도 파리의 강에서 철갑상어나 연어가 헤엄치는 광경을 본 것이 화젯거리가 되리라고는 어느 누구도 상상하지 못했을 것이다.

연어는 프랑스 식단에서 핵심을 차지해왔다. 1393년 부유한 중산층 남편이 젊은 신부에게 살림을 가르치는 내용을 담은 《파리의 살림살이Le Ménagier de Paris》에는 여타 생선 요리를 할 때와는 다르게 연어를 구울 때 가시를 남겨놔야 한다고 적혀 있다. 또 저자는 물과 와인으로 연어를 요리하고 캐멀린 소스를 곁들여 대접하라고 권했다. 캐멀린은 당시 연어 요리를 할 때 많이 쓰였던 비조리 계피 소스였고, 20년 후에 사보이 공작Duke of Savoy(나중에 교황 펠릭스 5세Felix V가 되었다)의 수석 요리사였던 치쿼트Chiquart가 연어 요리에 사용했다. 1393년 파리에서 사용되었던 요리법과 달리 치쿼트가 만든 소스는 당시 좀 더 구하기 수월해진 설탕을 사용했다. 다음은 1420년 치쿼트가 소개한 요리법이다.[25]

치쿼트의 캐멀린 소스

연어와 송어에 사용하는 캐멀린 소스를 만드는 방법은 이렇다. 만들려는 양만큼 하얀 빵을 석쇠에 굽는다. 좋은 클라레 와인을 준비한다. 충분한 양의 좋은 와인과 식초를 준비해 빵을 적신다. 여기에 향신료 즉 계피, 생강, 그래인 오브 파라다이스 또는 멜레구에타 고추, 정향, 후추 약간, 말린 육두구 껍질·열매, 설탕 약간을 빵과 약간의 소금을 첨가해 모두 섞는다.

1490년 스코틀랜드 요리책이 소개한 연어 요리에는 여전히 계피를 넣었다. 하지만 16세기에 들어서자 누구나 이국적인 향신료를 손에 넣을 수 있었고, 적어도 부유층 사이에서는 새로운 유행을 좇아 식용 꽃을 곁들인 다채로운 요리를 즐겼다. 토머스 도슨Thomas Dawson은 《훌륭한 가정주부 주웰The Good Huswifes Jewell》에서 요리법을 소개했다. "연어를 세로로 길게 자르고 양파를 채 썰어서 연어 위에 올리고 제비꽃, 기름, 식초를 뿌린다."

16세기 앙리 4세Henri IV가 통치하던 시대에 프랑스 왕실은 "어부들이 민물고기 개체수를 감소하고 있다"라고 긴급하게 선언하고 어업 규정을 강화하면서 공식적으로 승인받은 장비만 사용할 수 있다고 공표했다.

민주주의 때문에 프랑스산 연어가 파괴된다는 주장이 나올 법했다. 규제는 점점 더 일관성을 잃고 이해할 수 없는 방향으로 진행했고, 법 집행은 열악했으며, 밀어가 성행했다. 그런데도 혁명이 일어날 때까지 프랑스 강에는 연어가 풍부했다. 혁명이 발생하자 어업권은 더 이상 귀족의 전유물이 아니라 프랑스 시민 전체의 소유였으므로 시민은 아무런 제지를 받지 않고 연어를 잡기 시작했다.

특히 연어 개체수가 뚜렷하게 감소한 19세기 중반에 약간의 제재가 가해졌지만 실제로 시행되지는 않았다. 19세기 말이 되자 주요 강들에서 연어가 희귀해졌다는 주장이 자주 대두됐다.

댐이 작았을 때는 그 위험성을 이해하지 못하는 프랑스인이 많았다. 1860년대 위대한 소설가인 알렉상드르 뒤마Alexandre Dumas는 연어에 대해 다음과 같은 글을 남겼다. "댐도 작은 폭포도 연어의 행진을 막지 못한다. 연어는 돌 위에 옆으로 몸을 눕히고 강하게 웅크렸다가, 격렬하게 움직여 몸을 곧게 펴면서 공중으로 튀어 올라 장애물을 뛰어넘는다."[26]

연어가 댐을 뛰어넘는 과정을 뒤마가 정확하게 전달한 것은 아니지만, 그가 댐에 대해 한 말이 완전히 틀린 것은 아니었다. 연어는 댐의 높이가 8피트(약 2.4미터)를 넘지 않으면 아마도 뛰어넘을 수 있을 것이다. 하지만 프랑스는 루아르강 유역에 거대한 댐 몇 개를 건설하는 등 더 큰 댐을 세우기 시작했다. 1900년 가르템프강에 16피트(약 4.9미터), 크루즈강에 33피트(약 10미터) 높이의 댐을 건설했다. 또 물고기 통로를 만들지 않은 채로 댐들을 더 건설했다.

프랑스 과학자인 룰은 1922년 책을 출간하고 모든 사람이 댐을 비난하고 싶어 한다고 불평했다. "어부들도 댐을 비난할 만반의 준비가 되어 있다. 그들은 스스로 불균형적인 파괴를 초래했다는 사실을 망각한다."[27] 룰은 연어가 현지에서 소비되다가 교통수단이 발달하면서 시장이 훨씬 넓어졌고, 시장의 배를 불리면서 강에 연어가 사라졌다고 지적했다.

프랑스에서는 연어가 더 귀해지면서 그 위상이 높아졌다. 대구가 희소성이 커지면서 21세기 들어 지위가 달라진 것과 거의 같은 이치였다. 알레상드레 로랑 그리모 드 라 레니에르Alexandre-Laurent Grimod de La Reynière는 긴 이름으로도 짐작할 수 있듯 프랑스 귀족이었다. 나폴레옹 보나파르트Napoléon Bonaparte가 통치하던 시절에 교육을 받은 변호사였던 그는 프랑스 최초의 국내 레스토랑 비평가이자 음식 평론가로 유명했다. 그는 "위대한 바닷물고기의 하나"라면서 연어에 대단한 찬사를 보냈고, 특히 자신이 태어난 곳을 찾아 강을 거슬러 올라오는 것에 감탄했다. 그러면서 궁중의 맑은 소고기 수프에 모양이 흐트러지지 않게 연어를 삶아내는 것이 "연어를 요리하는 가장 명예로운 방법"이라고 말했다.[28] 하지만 여기에 머물지 않고 다음에 수록한 요리법을 포함해 좀 더 고급스러운 방식으로 요리법을 확장했다.

<u>삶은 연어</u>

생선 주전자나 커다란 팬에 생선을 통째로 넣고, 좋은 샴페인 2병을 붓고 뚜껑을 덮어서 생선에 스며들게 한 후에 같은 즙으로 요리한 어린 칠면조 날개(최근 미국에서 수입한 칠면조는 파리에서 고급 재료로 평가받는다)와 신선한 가재 12마리를 곁들인다. (…) 짐작할 수 있듯 연어는 술꾼 기질이 다분해서 최고의 술만 마실 것이다.

다음에 소개한 요리법은 보통 사람들이 연어를 먹는 방식으로 뒤마가 소개한 염장 요리법과 매우 다르다.

소금에 절인 연어

연어를 흐르는 물에 하룻밤 담가서 염분을 제거한 후에 차가운 물이 담긴 냄비에 넣고 기름기를 걷어내며 익힌다. 연어가 막 익으려 할 때 불을 끄고, 연어를 하얀 천으로 덮어서 5분 후에 물기를 빼고 초록색 채소와 함께 대접한다.[29]

오귀스트 에스코피에Auguste Escoffier는 20세기 초 프랑스 고전 요리를 재정립한 위대한 요리사였다. 그는 1922년판 《요리 안내서Le Guide Cullinaire》에서 따뜻하거나 차가운 연어 요리법을 마흔 가지 이상 소개했다. 그가 소개한 요리법의 일부는 와인으로 살짝 삶은 15세기 연어 요리인 샹보르 연어처럼 수 세기 전부터 내려온 요리들을 수정한 것이었다. 한때 기본 음식이었던 연어는 사치스러운 음식을 좋아하는 나라에서 사치스러운 음식으로 변모해갔다.

이제 연어 대륙에서는 연어가 사라지고 있었다. 이것이 연어 이야기의 끝일까? 강은 흐르며 변한다. 헤라클레이토스의 말은 옳았다. 강은 언제나 새롭다.

4장

새 땅에 옛 방식

아마 수천 년이 지나 물고기가 인내심을 발휘해
다른 곳에서 여름을 보낸다면, 그동안 자연은
벨레리카댐과 로웰공장을 무너뜨리고,
그라스그라운드강에 다시 맑은 물을 흘려보내고,
저 멀리 홉킨턴연못과 웨스트버러늪지까지도
새로운 철새 떼들이 탐험하게 할 것이다.

_ 헨리 데이비드 소로, 《소로의 강》

북아메리카에 발을 디딘 최초의 유럽인들은 이전에 한 번도 경험한 적이 없는 기름지고 풍요로우면서 격렬한 자연을 묘사했다. 심지어 맨해튼 같은 작은 섬에도 거대한 물고기 떼가 드나들었고, 다양한 종류의 야생 포유류가 붐볐으며, 새들의 지저귀는 소리가 가득했다. 북아메리카에는 새 떼가 매우 많아 대낮이 밤 같고, 거대한 포유류 떼가 땅을 뒤흔들고, 물고기 떼가 워낙 많아 항해를 위협했다는 기록을 남겼다.

사실 인류는 이러한 광경을 예전에도 보았을 것이다. 유럽도 그랬을 것이기 때문이다. 하지만 인간이 문자를 사용하기 이전이었으므로 기록은 전혀 남아 있지 않다. 유럽이 역사를 기록하기 시작할 무렵, 자연은 훨씬 더 소박한 규모로 축소되어 있었다.

1667년 영국 철학자 존 로크John Locke는 "처음에 모든 세계는 아메리카와 같았다"라고 썼다. 로크는 야생의 아메리카가 돈이 없는 세계라는 사실에 깊은 인상을 받았지만, 대부분의 유럽인은 아메리카를 돈을 벌 수 있는 곳으로 보았다. 자연의 풍요로움조차도 대개 상업적인 기회로 생각했다. 중앙아메리카와 남아프리카에 상륙한 스페인 사람들은 그곳에 금이 매장되어 있다고 보고했고, 북아메리카에 발을 디딘 영국 탐험대는 자연의 다른 측면들을 목격하고 부를 창출할 기회를 잡을 수 있다고 보고했다.

이러한 세계를 목격한 최초의 유럽인에 속했던 존 캐벗John Cabot은 1497년 항해를 하던 중에 물고기 떼, 주로 대구 떼를 보고 크게 놀랐다. 캐벗 탐험대에 참여했다가 유럽으로 돌아온 한 탐험가는 그저 바닷물에 바구니를 담그기만 하면 물고기를 퍼 올릴 수 있었다고 보고했다. 그러자 영국인은 발 빠르게 움직여서 대구를 퍼 올리고 건조하고 소금에 절여 바스크와 포르투갈이 예전에 그랬듯 유럽으로 운송해왔다. 게다가 연어도 풍부하다는 사실을 깨닫고 퍼 올려 잡은 연어를 저장한 후에 대구와 함께 영국으로 보냈다.

영국에서는 캐벗, 프랑스에서는 자크 카르티에Jacques Cartier, 포르투갈에서는 가스파르 코르테헤알Gaspar Corte-Real이 큰 연어 떼를 발견했다. 세 탐험가 모두 상업적 어업 회사를 설립한다는 취지를 내세웠다. 카르티에는 1535년 세인트로렌스강에서 엄청난 수의 연어를 발견했다. 가스페반도와 샬로만은 지금도 중요한 연어 지역이다(포르투갈의 코르테헤알은 연어 어업을 추진하면서 원주민 57명을 자국에 노예로 보냈다. 영국도 노예를 수송하기 시작하면서 부가 수입을 거뒀다).

미래에 뉴잉글랜드와 캐나다 연해주에 포함될 강에는 연어뿐 아니라 철갑상어, 섀드, 유럽인에게 새로운 물고기인 줄무늬농어 등 소하성 어류가 가득했다. 이들은 소하성 어류이면서 크기와 모양이 비슷했으므로 유럽인들은 이 생소한 어종과 연어를 혼동했을 것이다.

1609년 헨리 허드슨Henry Hudson의 세 번째 항해에 참여한 장교인 로버트 주엣Robert Juet은 탐험대가 캐츠킬스 인근 허드슨강 상류를 항해할 때 일기에 "강은 연어의 거대한 저장고"라고 썼다. 역사가들과 생물학자들은 주엣이 보고한 내용을 해석하는 데 어려움을 겪고 있다. 주엣이 연어를 줄무늬농어와 혼동하거나, 송어를 뜻하는 네덜란드어 'salm'과 혼동했기 때문이다. 그 후로는 허드슨강에 연어가 있다는 기록이 전혀 없으므로 주엣이 혼동하지 않았다면 멸종한 북아메리카 연어 개체군의 하나를 목격했을 것이다. 허드슨강은 맑은 물을 좋아하는 연어가 찾아오기에는 아마도 지나치게 탁했겠지만, 어쨌거나 연어가 회유하는 지역에 있었으므로 경로를 이탈한 연어들이 탐험대의 눈에 띄었을 수 있다.

코네티컷강과 메리맥강, 페놉스코트강, 케네벡강, 세인트로렌스강, 그랜드카스카페디아강, 리스티구슈강, 세인트존강을 포함해 북동부 지역에 있는 큰 강들은 대부분 물이 맑고, 일부는 여전히 그렇지만 모두 위대한 연어 강이었다.

이 강들을 따라 거주하는 아메리카 원주민들은 숙련된 어부들이었다. 원조 뉴잉글랜드인들은 작살이나 그물보를 사용하고 뼈 갈고리에 현지의 풀이나 사슴 힘줄, 나무껍질로 줄을 매달아 연어를 잡았다. 당시에는 인구가 적었던 반면에 연어 회유량은 엄청나게 많았다. 따라서 모든 증거를 토대로 판단할 때 어업은 지속 가능했다. 사람들은 연어를 좋아해서 제철에 신선하게 먹거나, 제철이 아닐 때는 훈제하거나 말려서 먹었다. 뉴펀들랜드 원주민이면서 일찍이 1600년 영국인에게 학살당하거나 노예로 납치당했던 베오툭족은 연어를 숭배했고, 죽은 사람을 염장한 연어와 함께 매장했다. 연어 형상은 지금의 뉴브런즈윅에 있는 리스티구슈강을 따라 카누와 옷에 널리 새겨져 있었다.

소로는 아메리카 원주민이 연어를 잡을 때 사용하던 돌 덫을 메리맥강 상류에서 발견한 적이 있다고 언급했다. 메리맥강과 찰스강의 둑을 고찰한 고고학 연구를 살펴보면 원주민 마을들은 많은 연어가 회유하는 길목에 놓여 있었고, 연어가 많을수록 마을 규모는 컸다.[2]

뉴잉글랜드에서 두 번째로 큰 강 근처에 살았던 페놉스코트족은 폭포 위에 있는 바위에 서서 폭포를 뛰어오르는 연어를 'e'niga'hkthe'라는 삼지창으로 찔러 잡았다.[3] 처음에는 단단한 나무로 만들고 나중에는 철로 만든 날카로운 중앙 날이 물고기의 등을 찌르고, 바깥쪽 부딘 두 날은 물고기를 붙잡는 역할을 했다. 이것은 북동부에서 흔히 사용한 방법이며, 물고기 개체수가 많은 강에서 빠른 반사 작용으로 물고기를 잡는 기술이었다.

페놉스코트족은 전 세계에서 흔적을 찾아볼 수 있는 고대 기술을 사용해 때로 밤에 횃불을 밝히고 물고기를 잡았다. 물고기는 불빛을 쫓아 몰려들기 마련이다. 이 방법을 사용하면 물고기 수백 마리를 잡겠지만 신선한 물고기는 마을 축제에서 몇 마리만 먹을 수 있었다. 나머지는 약한 불에서 훈연해 겨울 식량으로 보존했다. 아메리카 원주민은 초기 영국 정착민과 달리 겨울을 나기 위해 식량을 준비하는 방법을 알고 있었으므로 겨울에 굶주리지 않았다.

13세기에 기록된 〈붉은 에릭의 바이킹 사가The Viking Saga of Eric the Red〉에는 1000년경 북아메리카에서 스스로 바인랜드라고 불렀던 지역에 상륙한 바이킹의 이야기가 나온다. 바인랜드가 정확하게 어디인지는 확실하지 않지만 일부는 뉴펀들랜드 북단에 있는 고대 바이킹 유적지 랑스 오 메도스L'Anse aux Meadows라고 말한다. 사가에 따르면 바이킹은 그린란드에서 바람에 밀려 항로를 이탈했다가 우연히 바인랜드에 상륙했다. 그곳에서 연어가 많을 뿐 아니라 크기도 크다는 사실을 발견했다. 사가에는 이렇게 적혀 있다. "호수에도 강에도 연어가 부족하지 않았고, 전에 보았던 어떤 연어보다 컸다."[4] 바이킹은 왔다가 떠났으므로 바인랜드의 인구는 계속 희박한 반면에 연어는 여전히 많았다. 그러다가 7세기가 지나서 영국인들이 들어와 정착했다.

뉴잉글랜드 정착을 추진했던 위대한 지도자인 존 스미스John Smith 선장은 뉴잉글랜드가 물고기로 제국에 막대한 부를 창출했다고 주장하면서 "바다는 지금까지 알려진 가장 풍부한 광산보다 낫다"라고 썼다.[5] 새 정착민들은 열심히 물고기를 잡아다가 팔았고 인구는 늘어났다. 1685년에 이르자 뉴잉글랜드에 거주하는 유럽인 수는 5만 명에 이르렀다.[6] 17세기 마을 기록을 보면 연어 어획 장소에 관한 권리를 둘러싸고 정기적으로 다툼이 벌어졌다. 하지만 그때까지만 해도 연어가 부족하지는 않았다. 1630년대 초 식민지 개척자들은 연어를 팔기도 하고 먹기도 했지만 밭에 뿌리고 썩혀서 비료로 사용했다.[7] 지독하고 불쾌한 악취를 견딜 만큼 결과는 좋았던 것 같다.

이런 태도는 죽임을 당한 동물 사체를 매우 정중하게 정성껏 다뤄야 한다고 믿었던 원주민들과 상당히 달랐다. 예를 들어 원주민들은 죽은 동물의 뼈를 다른 동물들이 갉아먹도록 방치하지 않았다. 믹맥족은 동물의 영혼 세계를 존중해야 사냥과 낚시에 성공할 수 있다고 믿었기 때문에 연어의 잔해를 항상 강으로 흘려보냈다. 대부분의 아메리카 원주민들에게는 먹으려고 죽인 물고기나 동물은 선물이었다.[8] 동물은 누구에게 얼마나 많이 줄지를 결정하는 영적인 힘에 이끌려 자기를 인간에게 내어주었던 것이다.

영국 정착민은 아메리카 원주민을 거의 이해하지 못했고, 원주민들이 너무 어리석거나 시대에 뒤떨어져서 자기 소유물들을 충분히 활용하지 못한다고 생각했다. 1629년 세일럼에 도착해 이듬해 세상을 떠난 프랜시스 히긴슨Francis Higginson은 "원주민들은 땅의 4분의 1도 활용할 능력이 없다"라고 썼다. 히긴스가 "원주민 사회에서 남자들이 하는 일이라고는 사냥과 낚시뿐이다"라고 불평한 것은 아이러니다.[9] 사실 원주민들은 물고기에 대해 잘 알고 있었다. 원주민들은 언제 연어가 강으로 회유하는지, 언제 장어의 살이 가장 통통한지, 언제 오리를 사냥할지를 포함해 식량의 전체 주기를 파악하고 있었다. 예를 들어 오리가 알을 낳는 달, 연어가 회유하는 달, 곰이 겨울잠을 자는 달처럼 여러 현상을 빗대어 달의 이름을 지었다.[10] 영국인은 정기적으로 기근을 겪는데도 원주민은 굶주리지 않았다는 사실을 이상하게도 히긴슨은 깨닫지 못했다.

처음에 영국인은 연어보다 철갑상어에 더 관심을 기울였다. 원주민들도 선사시대 유물 같은 이 거대한 물고기들을 쫓아다녔다. 지금의 캐나다를 가로질러 18세기에 유럽인 최초로 북아메리카를 횡단한 알렉산더 매켄지Alexander MacKenzie는 동쪽의 원주민들이 작살과 저인망[*]으로 철갑상어를 잡는 장면을 목격하고 나서 그들이 철갑상어를 좋아하는 것 같다고 생각했다.[11]

철갑상어는 때로 뛰어오르기도 하지만 몸집이 크고 느려서 잡기 쉽다. 최소한 50~60년을 살고, 열다섯 살 이상이 되어야 산란하기 시작한다. 아직 산란하지 않은 물고기를 무심코 잡기가 매우 용이하기에 철갑상어는 자칫 멸종 위기종이 되기 쉽다.

[*] 물속이나 바닷속을 가로질러 끌고 가는 방식을 사용하는 무겁고 큰 어망.

17세기 말 식민지 개척자들은 연어를 더 많이 잡기 시작했다. 아마도 포획 가능한 철갑상어의 수는 이때 이미 줄어들었을 것이다. 연어를 딱히 먹고 싶어 했던 것 같지는 않지만, 저장과 운반이 쉬워서 상품 가치가 컸다. 뉴잉글랜드인들은 점점 상업에 대한 비중을 늘렸고, 자신들을 방해하려는 식민지 체제에서 벗어나 독립하려는 정서가 점점 더 강해지면서 돈을 벌고 싶어 했다.

뉴잉글랜드의 강에는 이미 물고기 개체수가 어느 정도 줄어들었고, 주민들은 물고기를 잡기 위해 지금의 캐나다 지역에 있는 강을 찾아 북쪽으로 여행했다. 1775년 래브라도에 사는 어부인 조지 카트라이트George Cartwright는 자신이 그물을 친 웅덩이에 대해 이렇게 언급했다. "그물에 대고 머스킷 총탄을 발사하면 상처를 입는 물고기가 반드시 있었다."[12]

사업 지향적인 뉴잉글랜드 식민지와 인구, 경제적 생산성, 기후 조건 등에서 모두 열세인 북부의 영국 식민지 사이에 정치적 분열이 불거졌다. **불충한** 뉴잉글랜드인을 향해 분노가 쌓이면서 급기야 영국 의회는 1775년 뉴잉글랜드 어부들에게 충성스러운 북부 식민지에서 더 이상 물고기를 잡을 수 없다고 선언했다.[13] 뉴펀들랜드와 래브라도에서 어획을 금지당하면서 뉴잉글랜드인에게는 불만이 하나 더 늘었다.

혁명 시기에 본국의 통제에 불만을 품고 폭동을 일으켰던 영국령 북아메리카 식민지들은 당시 연어를 매년 100만 마리씩 잡았다.[14] 이때 잡은 연어는 다른 식민지들, 영국, 프랑스, 기타 북유럽 국가들로 운송됐다. 하지만 영국은 전쟁 중에 대서양을 통제하면서 미국의 선박뿐 아니라 어업도 중단시켰다. 이러한 조치는 뉴잉글랜드의 주요 무역상품인 대구의 수출에 엄청난 타격을 안겼다. 하지만 연어 어업은 지속되었고 강에서 이루어졌기 때문에 실제로 어획량은 늘었다. 무역과 식품에서 연어가 차지하는 비중이 커졌다. 뉴잉글랜드산 훈제 연어는 대륙군Continental Army의 기본 식량이 되었다.

메인주에서 코네티컷주에 이르는 뉴잉글랜드의 강들, 특히 코네티컷강을 가로막는 유자망의 수가 점점 늘어났다. 뉴잉글랜드와 **충성스러운** 북부 식민지에서도 연어 어업이 성행했다. 인구가 적은 북부는 충성스러운 영국 신민 10만여 명이 도착하면서 더욱 붐비기 시작했다. 미국은 혁명을 지지하지 않는 사람을 원하지 않았다. 위대한 연어 강이었던 북아메리카의 세인트존강 하구에 혁명 이전에는 100명이 살았지만, 혁명이 끝나자 1만 4000명으로 늘어났다. 위대한 연어 강들이 있는 뉴브런즈윅에서는 인구가 급증했다.

연어의 개체수가 두드러지게 감소하기 시작하자 그물을 제한하는 규제가 시행되었다. 1786년 노바스코샤는 산란지로의 회유를 방해하는 행위를 불법으로 규정하는 법안을 통과시켰다. 1810년 미국 뉴브런즈윅시와 뉴잉글랜드도 비슷한 법안을 통과시켰다. 뉴잉글랜드산 연어는 대중적인 식재료가 되었고 새로운 나라 전역에서 소비되었다.

1787년 필라델피아에서 태어난 엘리자 레슬리Eliza Leslie는 19세기 미국에서 가장 영향력 있는 요리책 저자가 되었다. 레슬리는 다양한 연어 요리법을 숙지하고 있었다. 다음은 1851년판 《미스 레슬리의 요리법Miss Leslie's Directions for Cookery》에 수록된 요리법이다.

연어 구이

연어를 길게 반으로 쪼개서 살을 으깨지 않도록 최대한 조심스럽게 가시를 발라낸다. 그런 다음 약 1인치(약 2.5센티미터) 두께로 저미거나 스테이크 형태로 자른다. 연어를 헝겊으로 싸서 물기를 살짝 제거한 후에 밀가루를 입힌다. 이때 연어를 짜거나 누르지 않도록 조심한다. 소고기 스테이크를 굽기에 적합한 숯을 준비한다. 깨끗한 석쇠를 준비하고, 생선살이 달라붙지 않도록 석쇠에 백악chalk을 바른다. 연어 조각을 스테이크용 집게로 뒤집으면서 완전히 굽는다. 연어를 예열된 냅킨에 싸서 뜨거울 때 식탁에 가져간 후에 멸치나 새우, 갯가재 소스를 곁들여 대접한다.

많은 미식가가 이것을 최고의 연어 요리법이라 생각한다.

뉴잉글랜드에서 가장 긴 코네티컷강은 400마일(약 644킬로미터)이 넘는다. 코네티컷강은 퀘벡 국경 바로 남쪽에서 시작해 롱아일랜드해협으로 흘러들며 그곳 담수의 약 70퍼센트를 공급한다. 네덜란드인들은 담수의 중요한 원천인 코네티컷강을 **신선한 강**이라고 불렀다. 특히 코네티컷강은 롱아일랜드해협에서 헤엄쳐 들어오는 소하성 연어와 섀드의 중요한 공급원이었다. 열두 개 이상의 아메리카 원주민 집단이 코네티컷강과 지금의 버몬트, 뉴햄프셔, 매사추세츠, 코네티컷에 있는 강 지류를 따라 거주하며 물고기를 잡아 생활했다.

네덜란드인들은 이 신선한 강을 네덜란드 식민지의 북쪽 경계로 여겼다. 그들에게 코네티컷강은 유일하게 연어를 잡을 수 있는 곳이었을 가능성이 있다. 뉴네덜란드에 전해 내려온 요리책으로는 《실용적인 요리De Verstandige Kock》가 유일했다. 사실 이 책은 네덜란드에서 가져온 17세기 요리책에서 일부를 발췌해 출판됐다. 하지만 미국 식민지에서 널리 읽혔고, 네덜란드 식민지 요리를 대표하는 책으로 평가를 받았다. 여기서는 염장 연어와 신선한 연어를 사용하는 요리법 두 가지를 소개한다. 염장 연어는 초창기에는 유럽에서, 이후에는 뉴잉글랜드에서 운송해왔을 것이다. 염장은 뉴네덜란드와 다른 식민지 여러 곳에서도 가장 흔한 연어 보존 방법이었을 것이다. 현대 음식 역사가인 피터 로즈Peter Rose가 번역한 요리법을 소개하면 이렇다.

소금에 절인 연어

손가락 두께로 연어를 썰어서 빗물에 담그고 이따금씩 물을 갈아주며 18시간 동안 놔둔다. 냄비에 깨끗한 빗물을 붓고 끓이다가 연어를 넣고 더껑이 를 깨끗이 걷어낸다. 오래 요리하면 기름기가

걸쭉한 액체의 거죽에 엉겨 굳거나 말라서 생긴 꺼풀.

없어지므로 적당히 끓인다. 그런 다음 식초에 찍어 먹거나, 식초와 버터를 섞은 후에 곁들여 먹는다.

원조인 17세기 책은 식민지 개척자들에게 신선한 연어 요리법을 소개한다.

연어 스튜

연어의 비늘을 제거하고 깨끗하게 씻는다. 연어 1조각에 작은 그릇을 기준으로 물 1그릇, 와인 식초 1그릇을 준비하고, 통밀빵 1조각, 약간의 통후추, 육두구 1/2개를 갈고, 으깬 육두구 껍질을 조금 넣는다. 이때 소금은 넣지 않는다. 이 재료들을 바닥이 납작한 냄비에 넣고 뭉근하게 끓인다. 한동안 끓인 후에 버터를 약간 추가한다.

1790년대 산업가들은 코네티컷강의 물이 50피트(약 15미터) 이상 높이에서 낙하할 때 발생하는 에너지가 매사추세츠주 홀리오크를 산업 중심지로 만들어줄 것이라 생각하고 댐을 건설했다. 1798년에는 매사추세츠주 몬태규에 있는 공장에 전력을 공급하기 위해 댐을 건설했다. 스프링필드로 발전할 산업 중심지를 건설한다는 계획의 일환이었다. 1800년에 이르자 코네티컷강 연어의 개체수가 감소하면서 연어 가격이 네 배로 치솟았고,

이는 연어 말살을 더욱 부채질했다. 1815년이 되자 코네티컷강에서 연어를 찾기가 매우 힘들어졌다. 누구나 예측했듯이 그 후에 연어는 완전히 사라졌다. 미국 어류 및 야생동물관리국에 따르면, 코네티컷강 유역에 댐은 1000개가 넘게 있지만 대서양연어는 한 마리도 없다.

뉴잉글랜드의 산업화를 연구한 《네이쳐 인코포레이티드Nature Incorporated》는 연어가 1813년부터 멸종하기 시작했다고 추정했다. 1813년은 한 보스턴 상인이 보스턴제조회사를 가동하기 위해 매사추세츠주 월섬에 가서 공장 특권을 매입한 해였다. 뉴잉글랜드에는 이보다 일찍 댐과 면직공장이 있었지만 1813년에 세워진 공장은 규모가 달랐다. 찰스강에 건설된 면직 공장은 길이가 90피트(약 27미터)에 4층짜리였으며, 최초로 한 지붕 아래서 모든 제조 공정을 처리했다. 공장은 전적으로 수력발전에 의존했다. 이것은 당시 산업국가의 모델이었던 영국에서 흔한 방식이었고, 명백하게 환경을 파괴했다. 뉴잉글랜드강의 산업화에 중추를 담당할 프랜시스 캐봇 로웰Francis Cabot Lowell과 네이선 애플턴Nathan Appleton은 월섬에 면직 공장이 건설되기 전에 이미 스코틀랜드를 방문해 제조 공정을 배웠다.[15]

보스턴제조회사가 세워지기 전에는 댐 크기가 더 작았고, 대부분의 공장들은 특정 시즌에만 가동됐다. 산란지로 향하는 연어의 여정을 막아선 것은 더 커지고 상시로 돌아가기 시작한 공장들이었다. 이는 산업혁명이 진행되면서 뉴잉글랜드가 섬유 산업의 중심지로 부상하고, 수력을 활용할 것이라는 뜻이었다.

연어 개체수 감소의 원인으로 어부를 지목했을 때는 지역 사회가 발 벗고 나섰다. 어부들이 메리맥강 전체를 가로질러 그물로 물고기를 닥치는 대로 잡아들이자 1773년 식민지 총괄 재판소는 어업 관행을 금지했다.[16] 하지만 공장과 댐이 들어섰을 때는 아무도 나서지 않았다. 직물 제조 산업을 일으키기 위해 메리맥강에 로웰시와 로렌스시를 세웠다. 1812년 뉴햄프셔에 들어선 댐은 메리맥강 상류를, 1822년 로웰의 댐은 메리맥강 대부분을 막아버렸다. 강인하고 단호한 연어들이 몸부림쳤지만 결국 1848년에 로렌스댐이 들어서면서 회유하는 길을 모두 차단당했다. 심지어 연어의 회유 경로가 완전히 파괴되기 전인 1839년 메리맥강에서 형과 함께 카누를 탔던 소로는 이렇게 썼다.

> 이전에는 여기에 연어와 섀드, 에일와이프alewife가 풍부해서 인디언들이 가로보를 만들어 잡아들였다. 인디언은 이 방법을 백인에게 가르쳤고, 백인은 물고기를 식량과 거름으로 사용하다가 급기야 댐을 세우고, 나중에는 빌레리카 운하를 건설하고, 로웰에 공장을 세우면서 물고기 이동에 종지부를 찍었다.

2년 전인 1837년 댐이 들어서면서 메인주 오거스타에 있는 케네벡강의 대부분을 막았다. 의원들은 문제를 인식하고 댐에 다양한 종류의 어로를 만드는 법안을 다수 통과시켰다. 하지만 어로의 설계가 형편없었고 효과도 없었다.[17] 댐은 진보를 상징했다. 댐이 연어의 통행을 방해했지만 소로처럼 광야에서 외치는 외로운 목소리만 있을 뿐 진보를 방해하려는 사람은 없었다.

1839년 저명한 어류학자인 데이비드 험프리스 스토러David Humphreys Storer는 매사추세츠주에서 연어가 철저하게 말살당했다고 한탄했다.

북부인 메인주와 캐나다에서 연어 강은 급격히 팽창하는 목재 산업 탓에 파괴되어갔다. 연어에게는 불행한 일이었지만 영국은 항상 물고기보다 목재에 더욱 관심을 기울였다. 세계 최강의 해군을 구축하려면 나무가 많이 필요했다. 숲에 가득 들어선 커다란 소나무들은 돛대의 재료였다. 결과적으로 17세기 영국은 목재를 얻기 위해 영국과 스코틀랜드에 있는 삼림을 벌채했다. 위대한 어업 옹호자였던 스미스는 1614년 메인주를 둘러본 후 물고기가 아니라 숲에 대해 글을 썼다. 페놉스코트만에 식민지를 건설하라는 스미스의 조언에 주목하는 사람은 없었지만 곧 영국인들은 돛대를 영국으로 운송하기 시작했다. 실제로 미국이 최초로 건조한 해양 선박은 메인주에서 생산된 소나무를 사용해 만든 것이었다. 19세기 뱅고어는 메인주의 목재를 페놉스코트강을 거쳐 페놉스코트만까지 운송한 후에 선적하면서 아마도 세계에서 가장 중요한 목재 산업 중심지로 부상했다.[18] 또 메인주는 주요 종이 생산지가 되었다. 강을 따라 세워진 제지 공장은 독성 화학물질을 방류했다.

목숨을 걸고 통나무들을 강 하류로 운송하며 메인주에 있는 강들을 파괴하는 데 일조한 건장한 젊은이들이 영웅 대접을 받았다. 패니 하디 엑스톰Fannie Hardy Eckstorm은 1904년 자신의 책

《페놉스코트 사람Penobscot Man》에서 이러한 젊은이들을 가리켜 **거품 위를 걷는 젊은이**라고 불렀다. 젊은이들이 다치거나 익사하는 사고가 심심치 않게 발생했다. 엑스톰은 "그들은 죽어갔지만 결코 굴복하지 않았다. 그래서 강을 정복할 수 있었다"라고 썼다.[19] 벌목꾼, 소몰이꾼, 나라를 **쥐고 흔들었던** 석유업자를 비롯해 환경을 파괴하는 거칠고 용감한 남성을 미화한 이야기는 미국 문화에서 흔하다. 수많은 조각상이 세워진 신화적 인물 폴 버니언Paul Bunyan[*]은 메인주 뱅고어에서 태어난 것으로 추정되며, 미국 전역을 돌아다니며 목재들을 잘라서 산맥으로 오해받을 정도로 엄청나게 높이 쌓았다. 버니언보다 훨씬 유명한 윌리엄 '버펄로 빌' 코디William Buffalo Bill Cody는 들소 4000마리를 죽였다는 소문을 타고 세계적인 유명 인사가 되었다.

벌목은 풍요로운 연어 강에 꼭 필요한 서식지를 파괴했고, 통나무는 자갈 산란지, 알, 앨러빈을 포함해 떠내려가는 경로에 놓인 것을 모조리 파괴했다. 톱밥이 강바닥에 깔리고 나뭇조각이 자갈을 뒤덮으면서 자갈 산란지를 만들기 어려워졌다. 제재소와 펄프 공장이 가동하기 전에도 톱밥이 물고기에 해롭다는 사실은 알려져 있었다. 19세기 초 데이비 경은 제재소가 물고기에 해를 끼친다고 주장했다. "톱밥은 물속을 떠다니고 강둑을 따라 거의 언덕처럼 엄청난 양이 쌓이면서 때로 아가미를 막고 호흡을 방해하므로 물고기에게 분명히 독이 된다."[20]

* 미국 민화에 등장하는 거인 영웅.

목재 회사들도 제재소에 전력을 공급하기 위해 댐을 건설했다. 19세기 전반 캐나다 동부에는 수력발전으로 돌아가는 목재 공장이 500곳 이상 있었다.[21] 사회에 새로운 변화가 찾아왔다. 대부분의 사람이 어업에서 목재 산업으로 옮겨간 세상이 된 것이다. 목재 산업은 물고기를 희생시키고 정치적 영향력을 장악했다.

19세기 후반에 이르자 뉴잉글랜드에서 연어는 과거가 되었다. 연어가 회유하는 남단은 지금의 메인주였는데, 심지어 이곳 강들도 심각한 문제에 직면했다.

강을 복구하기 위해 부화장을 건설했지만 야생 물고기에 적합하지 않은 조건이라면 양식 물고기에도 쓸모가 없다는 것을 이해하는 사람은 없는 것 같았다. 1947년 연어가 완전히 사라질 때까지 매년 프라이 400만 마리를 메인주에 있는 강에 방류했지만 야생 물고기와 마찬가지로 대부분 살아남지 못했다.[22]

상업적 어업을 제한하고 밀어를 막는 법을 시행하는 것이 불가능해 보였다. 역사학자들은 18세기 메인주로 회유한 연어가 연간 50만 마리라고 추정한다.[23] 일부 해에는 상업적 어획량이 연간 100만 톤에 이르기도 했다. 1947년 이후 메인주는 상업적 연어 어획을 금지했고, 어업을 규제하고 연어를 보존하는 법을 433건 발효했다. 같은 해에 연어 400마리가 잡혔는데, 대부분 스포츠 낚시인들에게 잡힌 것이었다.

연어가 고향을 찾아 정기적으로 회유하는 현상은 기적에 가깝다. 그래서 아시아와 유럽, 북아메리카까지 대부분의 연어잡이 문화에서는 회유 시즌에 첫 연어를 잡았을 때 의식을 치른다. 아메리카 원주민들은 연어가 돌아온 것에 감사를 표한다.

메인주 뱅고어에서 열리는 행사는 항상 유쾌하다. 1912년 4월 1일 시즌 첫날 노르웨이 이민자인 칼 앤더슨Karl Anderson만이 연어를 잡았다. 두 마리를 잡았고, 그가 잡아 올리느라 한 시간 동안 분투했다고 말한 16파운드(약 7.2킬로그램)짜리 1등 연어는 뉴저지주 뉴어크 소재 클라크스레드드사의 캠벨 클라크Campbell Clark에게 팔렸다. 그곳은 시즌 첫 연어를 최고 가격에 매입한다. 또 2등 연어는 무게가 11파운드(약 5킬로그램)이었고, 메인주가 재선 출마를 강력하게 지지했던 미국 대통령 윌리엄 태프트William Taft에게 보내졌다. 이 연어는 얼음에 담겨 기차로 운송되었고, 다음 날 밤에 파슬리와 달걀 소스가 곁들여져 식탁에 올랐다.

얄궂게도 이런 전통의 중심에는 대형 수력발전 댐 건설에 앞장서서 페놉스코트강과 여타 강들에서 연어의 씨를 말리는 데 중대한 역할을 했던 대통령이 있었다.

아마도 백악관에서 처음으로 연어를 대접받은 사람은 매사추세츠 음식을 버지니아에 새로 들여온 존 애덤스John Adams 대통령 부부였을 것이다. 애덤스는 매사추세츠에서 흔히 먹던 연어 요리를 특히 좋아했던 것 같다. 1783년 애덤스가 영국과 평화협정을 놓고 파리에서 골치를 앓고 있을 때, 아내 애비게일 애덤스Abigail Adams가 남편에게 쓴 편지는 "좋은 연어로 당신에게 요리를 만들어주겠어요"라는 말로 시작했다.

전해지는 이야기에 따르면, 1776년에 대통령 부부는 독립을 축하하기 위해 모인 손님들에게 매우 미국적인 요리라고 소개하면서 연어와 달걀을 대접했다.[24] 새로 수확한 감자와 신선한 완두콩을 곁들이고 달걀 소스를 끼얹은 연어 요리는 뉴잉글랜드에서 미국의 독립기념일인 7월 4일에 먹는 전통 요리가 되었다. 애덤스가 대통령으로 재직하던 시절에 백악관에서는 육두구와 다른 향신료들을 넣어 구운 연어 요리가 식탁에 자주 올랐다.

페놉스코트강에서 잡은 첫 연어를 백악관 식탁에 올리는 전통이 언론의 취재 대상이 된 것은 1912년 태프트 정권 때였다. 이후 허버트 후버Herbert Hoover 대통령이 연어를 선물받았던 1929년에 유명한 사건이 발생했다.[25] 사진기자들이 백악관에 도착했는데, 요리사인 캐서린 브루크너Katherine Bruckner가 연어의 머리와 꼬리를 이미 잘라버린 후였다. 위기에 놓인 브루크너는 머리와 꼬리를 다시 꿰매 붙였고, 내장을 빼낸 속에는 솜을 채워 넣었다. 이 눈속임은 사진기자들이 사진을 더 찍으려고 밀려들 때 삐져나와 버린 솜 때문에 실패했다.

마찬가지로 수력발전 댐 건설을 지지했던 프랭클린 루스벨트Franklin Roosevelt는 긴 재임 기간 덕분에 시즌 첫 연어를 여타 대통령보다 많이 받았다. 루스벨트는 양념하고 삼나무 판자 위에서 구운 연어 요리를 좋아했다.

1947년 해리 트루먼Harry Truman은 상업적 어업이 쇠퇴하면서 페놉스코트강에서 어획량이 40마리에 불과했던 시기에 연어를 선물받았다. 상업적 어업은 끝났지만 플라이 낚시인들은 건재했고 시즌 첫 연어를 대통령에게 보냈다. 1954년에는 시즌 시작 후 두 달이 지나서야 첫 연어가 잡혔다. 크기가 수수한 10파운드(약 4.5킬로그램)짜리 연어를 받은 드와이트 아이젠하워Dwight Eisenhower는 카메라 앞에서 특유의 미소를 지으며 낚시를 좋아한다고 말했다. 하지만 메인주에는 가본 적이 없고 유일하게 연어를 잡아본 곳은 캐나다였다고 인정했다. 안타깝게도 이 말은 예언이 되었다. 미국인들이 연어를 잡고 싶으면 캐나다로 가야만 하는 시대가 도래하고 있었기 때문이다. 페놉스코트강을 따라 제재소 250곳이 들어섰다. 플라이 낚시인들은 페놉스코트강에서 물고기를 많이 낚지도 못했고, 강이 오염되었다는 사실을 감안하면 잡은 물고기를 먹지도 못했을 것이다. 페놉스코트강에서 잡은 시즌 첫 연어를 대통령에게 보내는 전통은 아이젠하워 대통령 때 막을 내렸다.

애덤스와 그의 아들 존 퀸시 애덤스John Quincy Adams 이후 유일한 매사추세츠 출신 대통령은 존 F. 케네디John Fitzgerald Kennedy였다. 1960년까지 연어를 뉴잉글랜드 음식으로 생각한 사람은 없었고, 연어가 뉴잉글랜드를 연상시킨다고 기억하는 사람도 거의 없었다. 애덤스 부부와 달리 케네디 부부는 백악관에서 대접했던 연어 요리를 프랑스 요리라고 생각했다. 케네디 부부, 특히 재클린 케네디Jacqueline Kennedy는 확고한 친프랑스파였다. 케네디 부부는 백악관에 프랑스 요리사인 르네 베르동René Verdon을 채용했다. 뉴잉글랜드인의 기질이 많이 남아 있던 케네디는 베르동에게 뉴잉글랜드식 클램 차우더clam chowder를 요청하면서 보스턴 남부 스타일의 뉴잉글랜드식 클램 차우더라는 좀 더 구체적인 설명을 덧붙였다. 여기서 보스턴 남부는 케네디 부부가 많은 시간을 보냈던 케이프코드를 가리키는 것 같다. 케네디는 이 요리를 정기적으로, 어떤 때는 사흘 연속으로 요청했다. 프랑스를 좋아하는 재클린에게 연어 요리는 곧 프랑스 요리였다.

삶은 연어

버터 2큰술

다진 양파 1/3컵

다진 셀러리 1/3컵

물 1리터

식초 1/2컵

월계수 잎 1개

타임 1꼬집

소금

알 후추

3파운드(1.5킬로그램) 연어 스테이크 1개

홀랜다이스 소스나 마요네즈 소스

커다란 프라이팬에 버터를 두르고 채소를 넣어 5분간 볶는다. 물,

식초, 월계수 잎을 넣고 양념을 한 후에 5분 동안 뭉근하게 끓인다. 얇고 올이 성긴 면포로 연어를 싸서 육수에 넣는다. 불을 줄이고 뚜껑을 덮은 후에 약 25분 동안 또는 1파운드당 8분 동안 뭉근하게 끓인다. 조심스럽게 연어를 꺼내 면포를 벗기고 홀랜다이스 소스를 곁들여 뜨겁게, 또는 마요네즈 소스를 곁들여 차갑게 대접한다.

조금 더 북쪽으로 가보더라도 연어 개체수는 줄고 있었다. 19세기 중반 리스티구슈강에서 연어 회유가 위기에 처했다는 경고가 나오기 시작했다. 리스티구슈강은 퀘벡에서 시작해 뉴브런즈윅을 관통하고 샬로만까지 120마일(약 193킬로미터)을 뻗어 있고, 1760년 프렌치·인디언전쟁에서 양국이 마지막 전투를 벌였던 세인트로렌스만으로 흘러들었으며, 당시에 연어 회유지로 유명했다. 리처드 네틀Richard Nettle은 1857년 《세인트로렌스강과 그 지류에서의 연어 어업The Salmon Fisheries of the Saint Lawrence and Its Tributaries》에서 이렇게 썼다. "하지만 리스티구슈강은 어업으로 유명하고, 여기서 상당한 수익을 거둔다. 연어를 정치망(사용을 중단해야 하지만)으로 건져올려 여름 동안 썰물 때마다 카누에 연어를 실어 해안으로 운반하고, 소금에 절여 선적해서 영국으로 보낸다. 최근까지도 캠펠타운을 찾은 미국 선박에 연어를 팔았다. 퍼거슨 씨는 자신의 아버지가 매년 연어 2000통을 수출했지만 지금은 매년 300통을 그럭저럭 채울 수 있으면 꽤 만족한다고 내게 말했다."

네틀은 이 글에서 많은 고민거리를 시사했다. 정치망을 사용한 남획 탓에 연어는 고갈되어갔다. 남획이 발생한 이유는 시장이 새롭게 확장되었기 때문이었다. 결과적으로 뉴잉글랜드에 있는 강으로 회유하는 물고기가 격감했고, 미국인들은 연어를 잡기 위해 캐나다로 눈을 돌렸다.

하지만 네틀은 이렇게 덧붙였다. "퍼거슨 씨는 연어 개체수 급감의 원인은 아메리카 원주민들이 후방 정착지에 있는 산란지에서 작살과 그물로 연어를 마구 잡았기 때문이라고 말한다." 이 논쟁은 연어 개체수가 고갈되는 동안 동부 캐나다에서 불거지기 시작했다. 정치망을 사용한 남획, 산업 오염, 공장, 댐, 벌목이 횡행하는데도 정작 문제는 원주민들이 작살로 물고기를 낚는 것이라고 했다. 수천 년 동안 연어 개체수를 고갈시키지 않은 원주민들의 낚시가 문제라는 말이었다.

아메리카 원주민들은 조상들의 어업권이 자신들에게 귀속한다고 주장했지만 통과된 법은 이러한 주장을 거스른 것이었다. 1883년 메인주에서는 아메리카 원주민을 겨냥해 작살 어획을 법으로 금지했고, 캐나다 주들도 비슷한 법을 통과시켰다.

그랜드카스카페디아강Grand Cascapédia River이라는 이름을 들으면 길이 75마일(약 120킬로미터)을 넘어서 더욱 웅장한 이미지가 떠오른다. 고전 시대를 연상시키는 카스카페디아라는 이름은

믹맥족 언어로 '강한 조류'를 뜻하는 가스가페지아그gesgapegiag에서 유래했다. 카스카페디아는 퀘벡주 가스페반도를 흐르는, 작고 조류가 빠른 강이다. 이 강은 오염되지 않은 미개발 지역을 지나 거대한 강이 바다와 만나는 세인트로렌스만으로 흘러든다.

매우 넓은 하구를 지나 세인트로렌스만과 바다로 흘러드는 세인트로렌스강에서 남쪽 둑을 형성하는 것이 가스페반도다. 가스페반도의 기슭에서 바라보는 세인트로렌스강은 거친 바다의 일부로 보이며, 반대편 강둑은 지나치게 멀어서 시야에 안 들어온다. 물결이 사나워 보이기는 하지만 모두 민물이고, 중서부의 강에서 빠른 속도로 흘러나온다. 보통의 물고기에게는 불가능하겠지만 연어는 이러한 조류를 거슬러 헤엄친다.

가스페반도는 연어 강을 열여섯 개 보유하면서 세계 최대 대서양연어 공급지의 하나라는 지위를 지켜왔다. 그 강들 중에서 엄청나게 긴 강은 없었지만 어쨌든 연어는 지방을 비축하고 강인한 힘을 발휘하며 세인트로렌스강을 거슬러 고향에 닿기 위해 크나큰 시련을 겪는다. 열여섯 개 강 중에서 그랜드카스카페디아강이 가장 유명하다.

이곳에는 농업도 산업도 없으므로 환경 오염도 없다. 인구도 매우 적어서 발전을 위한 어떤 종류의 댐도 필요하지 않았다. 사실 그랜드카스카페디아강은 댐이 전혀 없는 곳이었다. 이처럼 고요하고 잘 보존된 숲 깊숙이 흐르는 그랜드카스카페디아강에 무슨 문제가 생길 수 있었을까?

1860년대 그랜드카스카페디아강과 리틀카스카페디아강 사이에 제재소가 세워졌다.[26] 여기서 취급하는 통나무들은 매우 길었기 때문에 강이 유일한 운반 경로였다. 가스페반도 거주민들은 생계 수단이었던 벌목을 어업보다 우선했다. 그랜드카스카페디아강은 상업적 어획이 아니라 취미로 낚시를 하는 곳이었다. 플라이 낚시를 하러 이곳을 찾는 소수의 부자들은 통나무와 톱밥이 피해를 준다고 항의했다. 20세기 초에 들어서자 항의하는 사람은 60명 가량으로 줄었고, 머무는 기간도 6주 남짓했다. 게다가 목재 산업과 달리 플라이 낚시인들은 지역 경제에 딱히 기여하지 않아서 그들의 말에 귀를 기울이는 사람도 없었다.

이 지역 목재 산업은 종이 원료인 펄프도 생산했다. 이 또한 일자리를 창출했다. 최저 등급이지만 전 세계에서 소비되는 신문 인쇄용지의 태반이 캐나다 동부 소재의 강에서 생산됐다. 오늘날의 연어에게는 다행스럽게도 펄프 산업은 죽어가고 있다. 신문과 전화번호부, 카탈로그가 점점 온라인 형태로 바뀌면서 인쇄용지의 수요가 점점 줄어들기 때문이다.

벌목꾼들은 잎이 없어서 껍질을 벗기기 쉬운 겨울에 나무를 잘랐다. 그리고 봄이 되어 녹은 눈으로 강 수위가 높아지고 물결이 세질 때 세인트로렌스만으로 통나무를 띄워 보냈다. 불행한 이야기지만 이런 관행은 연어에게 가장 파괴적인 영향을 미칠 수 있는 산란기에 통나무를 띄웠다.

벌목 캠프는 매년 장소를 바꿔가면서 차례차례 다른 강들을 파괴했다. 다듬지 않아 거친 목재로 세운 오두막에는 노동자 100여 명이 지냈다. 벌목꾼들은 숙식을 제공받고 매달 25달러를 벌면

서 영하의 기온과 폭설을 견디며 장시간 노동했다.[27]

목재 산업 분야에서 연어를 보호하자고 처음 목소리를 낸 사람들 중에 벌목 캠프의 소유주인 에드먼드 데이비스Edmund Davis는 1903년에 이렇게 썼다.

> 벌목꾼들이 시즌 동안 통나무를 더 일찍 띄워 보내지 않는다면 카스카페디아강은 결국 연어 강이라는 이름을 잃을 것이다. 1903년 시즌 동안 통나무는 5주 이상 떠내려갔고, 이와 같은 시기에 연어들이 강을 거슬러 올라왔다.

공황 덕분에 연어가 구제받는 것처럼 보였다. 주택 시장이 죽으면서 목재 수요도 급감했기 때문이다. 하지만 루스벨트의 뉴딜 정책이 주택 시장에 생기를 불어넣었고 어느 때보다 많은 목재가 카스카페디아강을 따라 떠내려갔다. 연어 개체수는 꾸준히 감소했다. 1935년에는 연어 2981마리가 돌아왔다고 추산했지만 이미 역사상 낮은 수치였다. 하지만 여기에 그치지 않고 연어 개체수는 1936년 1500마리, 1937년에는 1200마리로 줄었다.

전쟁 총동원을 위한 어떤 시도도 정당성을 의심받지 않았던 1940년대 초반에는 벌목 규모가 커지면서 연어 개체수는 더욱 줄었다. 1954년 그랜드카스카페디아강에서 잡힌 연어는 시즌 통틀어 435마리에 불과했다.[28] 10년 후 회유한 연어는 단 140마리로 저점을 찍었다.

1950년대 초반 목재 산업이 나무를 죽이는 가문비나무 곤충의 애벌레 때문에 골치를 앓지 비행기로 DDT를 가스페반도에 살포하기 시작했다. DDT는 제2차 세계대전 때 개발된 효과적인 말라리아 퇴치용 살충제였고, 종전 후에는 점점 더 광범위하게 뿌려졌다. 1952년 가스페반도 상류에 있는 리스티구슈강 지역의 20만 에이커, 다음 해부터는 매년 200만 에이커에 살포되었다.[29]

DDT는 가스페와 뉴브런즈윅으로 회유하는 연어에게 치명적이었다. 나무에서 배를 채우는 곤충들뿐 아니라 바다로 나갈 준비를 하며 성장 중인 프라이와 스몰트에게 필수적인 영양분을 제공하는 수생곤충들도 죽였다. 치어 수백만 마리가 죽었고, 이보다 타격이 작았지만 좀 더 자란 스몰트도 죽었다. 산란하려고 강으로 돌아온 다 큰 연어는 금식하기 때문에 영향이 작았다. 따라서 회유해서 산란하는 연어 수가 급감한 결과는 DDT를 살포하고 몇 년이 지난 후에야 나타났다.

1954년 미러미시강에 DDT를 살포하자 어린 연어와 수생생물들이 대부분 죽었다.[30] 대서양 방면의 캐나다에서 이런 재앙이 발생했지만 1957년 밴쿠버섬 북쪽 숲에도 DDT를 살포했다. 송어와 연어가 회유하는 매우 중요한 하천이 이곳을 흘러갔다. 공무원들은 고문들과 협력하여 하천을 피해 매우 조심스럽게 살포해서 동부의 재앙을 되풀이하지 않겠다고 약속했다. 하지만 어린 은연어와 컷스로트송어, 스틸헤드 95퍼센트가 소멸했고, 수생곤충이 말살되면서 하천을 복구하는 데 여러 해가 걸렸다.

1962년 레이첼 카슨Rachel Carson이 큰 반향을 일으켰던 최초의 환경 서적인 《침묵의 봄》은 무차별적 DDT 살포의 치명적인 결과를 대중에게 알려 살충제에 대한 강력한 항의를 촉발했다.

뉴잉글랜드와 캐나다에 있는 큰 강들이 폐허가 되고, 유럽에 있는 큰 강들도 고갈되는 상황에서 **살모 살라**는 어떻게 되었을까? 동부 어장은 깊은 절망에 빠졌으므로 사람들은 서부 해안에서 잡히는 **온코린쿠스**를 구세주로 여기기 시작했다.

1906년 프라이 단계에 있는 태평양 곱사연어를 메인강에 방류했다. 퓨젓사운드로 흘러드는 스카짓강의 연어와 알래스카 아포그낵섬의 연어를 사용했다. 알래스카산 연어는 800만 마리 넘게 방류했는데도 한 마리도 돌아오지 못했고, 스카짓강 연어만 몇 마리 돌아왔다. 메인주는 바다송어, 살모속에 속하는 스코틀랜드산 갈색송어는 물론이고 왕연어와 은연어, 스틸헤드, 심지어 유럽 연어과에서 별개 속인 회색숭어도 방류했다. 하지만 댐에 막힌 강은 오염되었고 수질이 불량해지면서 산소가 부족했다. 연어는 종과 고향을 막론하고 메인강에서는 더 이상 살 수 없었다.

1959년과 1960년대 캐나다어업연구위원회는 브리티시컬럼비아에서 뉴펀들랜드까지 곱사연어와 백연어를 방류해 새로운 상업적 어업을 창출하려 했다.[31] 이 두 종을 선택한 이유는 담수에서 거의 머물지 않고, 극도로 낮은 온도에서도 잘 견디기 때문이었다. 곱사연어와 백연어는 환경에 잘 적응해서 살아남아 바다로 나갔지만 그 후에는 옮겨온 연어들 상당수가 경로를 이탈했고, 방류된 강으로 산란하기 위해 회유하는 경우는 드물었다. 따라서 다른 종을 데려와서 방류하는 방법으로는 개체수가 감소하는 것을 막을 수 없었다.

5장

황금 물고기가 동부에 도착하다

어느 날 노인이 그물을 던졌다.
그물에 걸린 것은 진흙뿐이었다.
노인은 다시 그물을 던졌다.
이번에 걸린 것도 잡초뿐이었다.
노인은 세 번째로 그물을 던졌다.
그물에 걸린 것은 물고기 한 마리였다.
평범한 물고기가 아니라 황금 물고기였다.

_알렉산드르 푸시킨, 《어부와 물고기》

기록을 검증하기 어렵지만 아마도 어업의 역사에서 세계 최초로 연어를, 그것도 태평양연어를 잡은 어부들은 일본인이었을 것이다. 조몬족은 일본 영토에 살았지만 러시아의 일부인 쿠릴 제도와 캄차카반도에서도 물고기를 잡았다. 조몬족은 육지를 통해 알래스카로 건너가 아메리카 원주민의 조상이 된 최초의 아시아인이었을지도 모른다.

한때 논란이 되었지만 유전학, 언어학, 문화 연구에 근거할 때 북아메리카와 남아메리카의 원주민들이 아시아에서 이주해왔다는 주장이 널리 인정받고 있다. 약 2만 2000년 전 바다 수심은 지금보다 훨씬 얕았다. 캄차카반도는 지금보다 훨씬 컸고 시베리아와 알래스카 사이는 육지였다. 특정 지점에서 이 땅의 폭은 600마일(약 966킬로미터)을 넘었다. 사람들은 이곳을 걸어서 건넜고, 아마도 거주하는 사람들도 있었을 것이다. 아시아 태평양에 살던 어부들은 더 많은 연어를 잡으려고 이곳을 건너 훨씬 먼 곳까지 이동했다.

이 모든 현상은 약 1만 3000년 전 마지막 빙하기가 끝나면서 바뀌었다. 빙하가 녹고 해수면이 상승하면서 거대한 육지가 물 밑으로 사라졌다(기후가 바뀌면서 요즈음 해빙이 다시 시작되고 있다).

빙하가 녹기 전이라 시베리아와 알래스카를 연결하는 땅이 아직 있었을 마지막 빙하기 때, 연어를 잡는 조몬 문명은 발달한 소수의 아시아 해양 문명 중 하나였다. 연어를 잡으려고 먼 곳까지 이동했던 조몬족이 원조 미국인이었다면 최초의 미국인은 알려진 것과는 달리 사냥꾼이 아니라 알래스카의 연어 어부일지도 모른다.

조몬 문명은 일본 북부, 특히 홋카이도 최북단 섬을 기반으로 약 1만 4000년 전에 형성되었다고 여겨지며, 이미 아시아 본토에서 온 사냥꾼들과 어울려 살았다.[1] 이곳에서 수천 년 동안 강과 바다에서 그물과 작살로 연어를 잡았다는 증거가 발견되었다. 나무통 안을 파내거나 판자를 사용해 만든 배 50여 척의 잔해가 남아 있다. 지금까지 발견한 배 중에서 가장 오래된 것은 혼슈 후쿠이현에 있는 동해 근처에서 발견됐다. 이 배의 나이는 메소

포타미아 문명과 이집트 문명이 막 태동한 기원전 3500년경까지 거슬러 올라간다. 배는 길이가 20피트(약 6미터) 이상이고 너비는 2피트(약 60센티미터)이며 삼나무를 쪼개 만들었다. 이러한 배는 움직이려면 상당한 조직을 갖춘 선원들이 필요했을 것이므로 선원들이 조업에 사용한 첫 배가 아닌 것은 분명하다.

당시에 조몬 문명은 수많은 마을을 거느렸고, 사냥과 낚시를 위한 장거리 여행이 가능했다. 조몬족은 많은 어획량을 기록했다. 그들 사회에는 수많은 장인 집단이 있었고, 1만 4700년 전에 토기를 만들었다. 전 세계에서 현재까지 발굴되고 있는 초기 형태의 토기 일부가 여기에 포함된다. 고고학자들은 이 그릇이 검게 그을린 모습을 보고 나서 음식을 넣고 오랫동안 뭉근하게 끓였다고 생각한다. 조몬족 후손으로서 지금도 홋카이도에 거주하는 아이누족은 똑같은 모양의 그릇으로 연어 스튜를 끓이거나, 러시아인이 **러**rur나 **오호**ohaw로 부르는 물고기 수프를 만든다. 그러므로 조몬족도 과거에 틀림없이 같은 용도로 그릇을 사용했을 것이다. 온전한 형태의 연어 등뼈 유적이 발굴되는 것으로 미루어 캄차카, 알래스카, 태평양 북서부에서 그랬듯 조몬족과 아이누족도 나중에 먹기 위해 연어의 머리를 떼고 배를 가른 후에 건조했을 것이라 추측한다.

일본은 연어를 잡을 수 있는 남쪽 한계선에 있으므로 조몬족은 시베리아 북부, 캄차카, 사할린, 알래스카 등 북쪽으로 이동했다. 그래서 조몬족 후손인 아이누족은 자신들이 좀 더 북쪽에 있는 지역들과 연결되어 있다고 느낀다.

연어를 잡는 토착 사회가 모두 그렇듯 아이누족도 시즌 첫 연어를 잡으면 의식을 치렀다. 최고령자 여성이 새로운 시즌에 처음 잡은 연어를 선보인다.[2] 아이누족은 연어가 회유하는 강에서 목욕하거나 빨래하는 것을 금기로 여긴다. 물을 길을 수는 있지만 빨래는 다른 곳에서 해야 한다. 일단 연어를 잡아 머리를 때릴 때는 반드시 버드나무로 만든 특별한 곤봉인 이사파키크니 isapakikni를 사용해야 한다(많은 원주민은 연어를 곤봉으로 때리는 것에 양심의 가책을 느꼈다. 역시 위대한 전통주의자인 캘리포니아의 카루크족도 오직 나무로 연어 머리를 치지만, 클래머스강 옆에 거주하는 부족은 돌로만 칠 수 있다고 고집한다).

1세기 이후 교토에 있는 황궁 세력이 커지자 연어 수요가 꾸준히 늘어났으며, 연어를 납세 수단으로 교토에 보내기도 했다. 한 추정치에 따르면 8세기에 매년 2만 마리 이상 수도로 보내졌다. 연어는 귀족들이 좋아하는 사치품이었지만, 아이누 언어로 연어를 가리키는 샤이프shipe의 뜻은 **주식**이다.

조몬족은 백연어와 마수연어를 잡았는데, 이것은 태평양에서 북아메리카 쪽과 아시아 쪽의 연어 어업을 구별하는 주요한 차이다. 태평양 북아메리카 지역에서는 스틸헤드를 포함해 연어가 아시아 쪽에서 잡힌다. 하지만 북아메리카에서 우세 종인 홍연어는 극동 지역에 더 적게 분포하고, 미국인이 딱히 관심을 두지 않는 백연어는 아시아에서 상업적으로 잡히는 주요 종이다. 일본의 강에서 홍연어는 거의 잡히지 않으며, 1957년 한 러시아 연구에서 추산한 전체 어획고의 87퍼센트를 비롯해 일본에서 잡

힌 홍연어는 대부분 캄차카강에서 잡은 것이고, 대규모 홍연어 떼가 회유하는 아시아 강은 매우 드물다.[3]

16세기까지 아이누족은 연어를 낚으며 전통적인 삶을 고수할 수 있었다. 하지만 이후 낚시에 대한 권리와 접근성이 서서히 줄어들었고, 1872년 아이누족의 소유지는 없다는 법이 공표되었다. 1899년 교묘하게 말을 꾸며 완곡하게 표현한 '홋카이도 구 원주민 보호법'은 아이누족이 일본에 완전히 동화되어 **비민족**이 되었으므로 땅에 대해 어떤 권리도 주장할 수 없다고 선언했다.

캄차카반도의 유일한 항구도시인 페트로파블롭스크 소재의 마을 끝자락에는 입에 연어를 물고 있는 청동 곰이 우뚝 서 있다. 그리고 아래에는 러시아어로 "러시아는 여기서 시작한다"라고 새겨져 있다. 태평양에서 배를 타고 들어오면 이곳이 5592마일(약 9000킬로미터)에 걸쳐 뻗어나간 러시아의 시작이다. 유럽의 절반과 아시아를 가로지른 러시아는 어떤 대륙보다 넓다. 청동상의 연어는 도둑맞기도 해서 감시 카메라가 가동 중이다. 시베리아 동쪽에 있는 이 머나먼 황야 지대에서는 어업 관리를 포함해 법을 집행하기가 쉽지 않다.

한편에는 오호츠크해, 반대편에는 태평양과 맞닿아 있는 러시아 극동의 캄차카반도는 남쪽으로 쿠릴제도를 통해 홋카이도와 연결되고, 북서쪽으로 알류샨열도를 통해 알래스카와 연결된다. 태평양에서 가장 좁은 지역을 마주한 이웃인 알래스카와 캄차카는 연어가 풍부하다는 것 말고도 공통점이 많다. 빙하로 뒤덮인 거산들은 경외감을 불러일으키고, 그중에서 일부 화산들은 여전히 활동 중이며, 넓은 강은 야생을 지킨 채 굽이굽이 흐르고, 숲은 울창하다. 캄차카에는 수도 뒤편에 위풍당당하게 서 있는 눈 덮인 거대한 산 두 개를 포함해 활화산 29개, 간헐 온천 186개가 있다. 광활한 유라시아 대륙과 마찬가지로 캄차카반도의 숲을 구성하는 주요 수종은 키가 작고 하얀 자작나무다. 알래스카에는 가문비나무나 솔송나무, 삼나무처럼 좀 더 키가 큰 나무들이 자라지만 흰 자작나무도 얼마간 있다. 흰머리수리는 급강하하면서 발톱으로 연어를 낚아채지만, 캄차카에서는 참수리가 그렇게 한다. 두 지역 모두 연어를 먹는 커다란 불곰이 많이 서식한다.

원주민 사이에 전해 내려오는 설화에 따르면 캄차카를 세운 것은 까마귀였다. 까마귀는 사람들을 태워 하늘 높이 올라가 아래를 내려다보았지만 바다뿐이었다. 그때 거대한 황금 물고기를 보고 그와 협상하기로 결심했다. 황금 물고기는 스스로 땅이 되고, 자신의 피로 강을 만들고, 자식들을 강에서 살게 하는 데 동의했다. 사람들은 땅을 선물로 받는 대신에 황금 물고기의 자식인 연어를 돌보겠다고 약속해야 했다. 그 대가로 황금 물고기의 자식들은 사람들에게 음식을 주기로 했다. 이리하여 위대한 황금 물고기는 캄차카가 되었고, 까마귀가 날개를 낮추고 하강하자 사람들은 땅에 발을 디디고 연어와 함께 살아갈 새로운 집으로 향했다. 이텔멘족은 이 설화를 후세에 전한 부족의 하나이며, 이텔멘Itelmen은 그들 언어로 '여기 내가 산다'라는 뜻이다.

연어 중심 문화를 고수하는 대부분의 아메리카 원주민들도 연어가 흔쾌히 주는 선물을 자신들이 먹는다고 믿는다. 대부분 본토에 동화되어 현재 캄차카에는 원주민이 거의 없지만, 소수의 원주민은 연어를 염장하거나 훈연해서 저장하고 토템 기둥을 조각한다. 이것은 극동 사람들이 육교를 건너 아메리카에 정착했다는 강력한 증거다. 캄차카 원주민들은 외형뿐 아니라 음식, 문화, 공예, 종교, 심지어 언어까지도 알래스카 원주민과 비슷하다. 캄차카에는 이텔멘과 코랴크, 척치, 이븐, 소수의 알리우츠 등 다섯 개 부족이 남았다. 이 중에서 알리우츠족은 알류샨열도에 거주하며, 동물 가죽으로 만든 카약을 다루는 기술이 뛰어난 것으로 유명하다.

이텔멘족은 자기 부족이 캄차카에서 가장 오래 살았다고 주장하며, 초창기 흔적은 5000년 이상 거슬러 올라간다. 여전히 수수께끼이기는 하지만 이텔멘족 이전에 살았던 사람들의 흔적이 분명히 남아 있다. 그들은 미국으로 가는 길목에 살았던 아이누족이거나 심지어 조몬족이었을 수 있다.

왕연어의 라틴어 학명인 **온코린쿠스 차위차***Oncorhynchus tshawytsha*는 물고기라는 뜻의 이텔멘 단어 **'chavicho'**에서 유래했다. 이텔멘어에는 구체적으로 '물고기를 먹다'를 뜻하는 동사인 **'anch'ekaz'**가 있다. 원주민에게 연어는 순록과 마찬가지로 필수 식량이었을 뿐 아니라 자신들의 유일한 교통수단인 썰매를 끄는 개들의 먹이였다.

바로 이곳, 북태평양과 조금 떨어진 곳에 위치한 극동 지역은 역사상 가장 위대한 연어 어업 문화의 뿌리다.

6장

인간과 연어가 공생하던 시절

이 지역 전체는 현재 거주하는 사람들에게
오래 남아 있을 것이다. 그들이 다양한 이유에 맞게
지구를 순결한 상태로 남겨놓으면서,
자신들을 부양해주는 숲과 물의 산물에
계속 만족할 것이기 때문이다.

_ 앨버타에서 매켄지가 쓴 일기, 1793년 8월 24일

태평양 북서부에서 연어가 잡혔다는 최초의 증거는 거의 1만 2000년 전으로 거슬러 올라간다. 마지막 빙하기에서 1000여 년 지났고 육교가 사라진 후이며, 그 이전 증거는 해저에 있을 것이다. 지금의 태평양 북서부 해안선은 이동했다가 다시 자리를 잡는 과정을 반복했기 때문에 기원전 4000년까지는 인구가 희박했다.

컬럼비아강과 프레이저강에서 연어가 잡혔다는 첫 증거는 7000~8000년 전으로 거슬러 올라간다.[1] 컬럼비아강과 프레이저강은 태평양 북서부에서 가장 큰 강이었을 뿐 아니라 초창기 어업의 흔적이 발견되는 좁은 협곡을 끼고 있다. 연어가 그곳

에 몰려들었기 때문에 바위 가장자리에 서서 긴 막대가 달린 커다란 자루 모양의 반두를 쳐서 잡아 올리기 쉬웠을 것이다.

고고학적 조사 결과에 따르면 이 지역 사람들은 물고기보다 육지 동물을 훨씬 많이 먹었다. 이들의 아시아 조상도 그랬다. 원래 연어는 식량으로서 중요하지는 않았다. 출몰 기간이 짧았을 뿐 아니라, 초기 거주민은 비수기에 연어를 먹을 수 있도록 저장하는 방법을 몰랐기 때문일 것이다. 하지만 기원전 3000년에 들어서면서 연어는 태평양 북서부 사람들의 식단에서 80퍼센트를 차지했고, 그 후 3000년 동안 연어의 중요성은 더욱 커졌다.

기원전 1000년경 북서부 문화에서 연어를 훈연, 건조 과정을 거쳐 저장하는 법을 익히면서 연어는 쉽게 운반할 수 있는 상거래 상품이 되었다. 1년 내내 연어를 먹고 거래하게 되자 지역사회는 더욱 커지고 부유해졌다.

이 최초의 미국인 어부들의 후손들과 유럽인의 후손들은 만났을 때 서로 이해하지 못했다(아마 지금도 여전히 이해하지 못할 것이다). 이러한 의미에서 유럽인이 두 세계가 서로 다르다고 생각해서 구세계와 신세계라고 구분해 부른 것은 옳았다. 물론 **신세계**도 구세계만큼 오래되었지만 유럽인에게 새로웠을 뿐이다. 유럽인의 자기중심적 세계관이 노출되었다. 유럽인은 자신들이 세계의 중심이고, 신세계도 아직 그 단계에 이르지 않았을 뿐 종국에는 자신들에게 속할 수밖에 없다고 생각했다.

오늘날 아메리카 원주민들은 어째서 유럽인들이 유럽에서 실패하고 북아메리카 동해안에서 다시 실패했는데도 여전히 같은 의도를 품고 서부에 오는 실수를 저질렀는지 의아해한다. 결코 실수가 아니라고 여겼기 때문이다. 유럽인들이 겨냥한 목표는 마주한 강과 숲을 보존하는 것이 아니었다. 매켄지가 말한 "땅을 순결한 상태로 남겨두는 것"에 전혀 관심이 없었다. 유럽인에게 이 순결한 땅은 깨끗하고 아름답지만 개발되지 않아 가난하고 후진 지역이었다. 영국은 지구상에서 가장 위대한 산업 강대국이 되었고, 뉴잉글랜드는 영국에 버금갔다. 오염되고, 숲은 벌거벗고, 강에 유독물이 흐르고, 물고기는 죽었다. 하지만 중요한 목표는 달성했다. 유럽인은 조금도 주저하지 않고 그 과정을 되풀이할 작정이었다.

유럽인은 식민주의자들이었다. 심지어 반식민주의 미국인들도 제국주의 정복자들이었다. 정착민들은 정복을 정당화하기 위해 자신들이 우월하고, 원시적이며 가난한 원주민 사회를 발전시킬 수 있다는 생각을 제시했다. 하지만 이러한 주장은 때때로 난관에 부딪혔다. 예를 들어 더 우수한 근대 어업을 발달시킨 백인들은 원시 부족들이 개체수를 고갈시키지 않으면서 수천 년 동안 어업을 유지해왔다는 사실에 대해서는 어떻게 대응했을까? 원시인들이 더 잘했다고 고개를 끄덕이는 식으로는 분명 아니었을 것이다.

대답은 단순했다. 원주민은 원시적인 기술과 장비만 가지고 있었으니 어획량은 늘어날 수 없었다는 것이다. 우리는 이 답변을 지난 200년 동안 전혀 의심하지 않고 사실로 인정해왔다. 또 원주민은 자급자족할 정도만 물고기를 잡았기 때문에 큰 문제를 겪지 않았다는 의견도 있었다.

두 주장 모두 사실이 아니다. 원주민을 처음 맞닥뜨린 유럽 탐험가들은 훨씬 숙련되고 여태껏 보아온 것보다 뛰어난 기술을 그들에게서 발견했다. 그리고 연어는 훈연, 건조 과정을 거치면 쉽게 운반할 수 있는 상품이었으므로 유럽인이 도착하기 전에도 서해안 쪽의 부족들은 상당량의 연어를 사고팔았다.

컬럼비아강에서 왕연어를 잡았던 치누크족은 훌륭한 상인들이었다. 일부 고고학자들에 따르면, 태평양 북서부의 연어 무역은 식민지 이전 시대 북아메리카에서 행해졌던 부족 간 거래를 보여주는 중요한 예다.[2] 치누크족은 숙련된 어부들이기도 한데, 지금도 태평양 북서부에서는 흔히 왕연어를 치누크라고 부른다. 치누크족은 다양한 부족이 서로 대화하며 거래할 수 있도록 쉽게 배워 사용할 수 있는 공용어, 즉 일종의 원주민 에스페란토를 발명했다. 유럽인도 북아메리카 대륙에 발을 디디고 나서 이 공용어를 배웠다. 치누크족이 만든 언어는 태평양 북서부에서 사용했던 주요 상업 언어다.

치누크족은 왕연어를 부족의 이름이 아니라 추장을 뜻하는 **타이**tyee로 불렀고, 이것이 **왕연어**의 어원이 되었다. 치누크어에서 강은 **척**chuck이고, 하구는 **라푸시**lapush다.[3]

치누크족은 부유한 상인들이어서 마을을 꾸리고 좋은 삼나무집에 살았다. 치누크족이 세운 어떤 마을에는 집 50여 채가 강을 마주하고 세워져 있었다.[4]

유럽인이 인구통계를 내려고 하기 전까지 원주민 인구수를 둘러싼 논란은 끊이지 않았다. 추정치에 따르면 서해안 인구는 보고된 수보다 훨씬 많아서 북아메리카 원주민이 적었기 때문에 남획하지 않았다는 주장은 설득력이 없다. 지금의 캘리포니아주만 하더라도 당시 거주자가 30만 명을 훨씬 넘었고, 하천 어장을 따라 인구가 매우 밀집했다.[5] 또 1770년에는 오리건, 워싱턴, 아이다호에 10만 명의 원주민이 살았던 것으로 추정된다.[6] 식민지 개척자들이 도착하기 전에는 지금의 브리티시컬럼비아에 약 17만 명이 살았다. 태평양 북서부는 북아메리카에서 비농업 인구 밀도가 가장 높았다.

확신하기도 추정하기도 어렵지만 많은 역사가가 유럽인이 도착하기 전에 태평양 북서부에 형성되어 있던 강 공동체들이 북아메리카에서 가장 부유한 사회였다고 믿는다.[7] 많은 원주민 사회와 달리 북서부에서는 생존에 필요한 정도보다 훨씬 많은 물고기를 잡아서 상업 경제를 운영했다. 초기 탐험가들은 컬럼비아강의 어부들만 해도 시즌마다 연어 1700~1800만 마리를 잡았다고 추정했다.[8] 서해안의 많은 지역에서 원주민이 해마다 기록한 어획량은 오늘날 북서부 어부들의 어획량 이상이었지만, 개체수를 고갈시키지 않도록 관리했다는 증거가 남아 있다.[9]

18세기 태평양 북서부 원주민은 숲에서 풍부한 삼나무 그리고 사슴, 와피티사슴이라고도 하는 엘크, 뿌리류 식물, 베리류 과일 등을 얻었다. 또한 해변에서는 조개류 등 연어 외에 여러 자원을 많이 누렸다. 하지만 원주민의 경제와 식단의 중심에는 연어가 있었다. 그들은 연어 껍질로 옷을 만들고, 부레로 접착제를 만들었다. 대부분 1년 내내 소탈하고 느긋하게 생활했지만, 연어가 회유하는 시기에는 광적인 열기를 띠며 달아올랐다.

일반적으로 우림은 열대 기후에 있다고 생각하지만 온대 기후에도 존재한다. 지구에서 가장 커다란 온대 우림이 위치한 곳은 북아메리카 서해안이다. 원래는 캘리포니아 북쪽에서 알래스카까지, 태평양과 태평양 연안 지역 사이에 분포했다. 길이는 오리건부터 알래스카까지 1200마일(약 1930킬로미터)이다. 키가 크고 잎이 무성한 나무들이 들어차 울창한 숲이 수분 증발을 막고 그 습기가 다시 숲으로 떨어져 우림을 형성한다. 심지어 이러한 우림에는 아마존 숲보다 더 많은 종이 서식한다고 전해진다.[10] 또 원주민들에게는 부의 원천이었고, 북아메리카에서 태평양연어가 잡히는 지역에 위치한 것도 우연의 일치는 아니었다.

태평양에서 불어오는 습한 공기는 설산에서 차가운 공기를 만나 비로 응축되어 숲에 내려앉는다. 연간 강수량은 10피트(약 3미터)이며 나무가 빽빽이 들어차고 촉촉하고 푸르른 숲을 형성한다. 여기에는 삼나무, 가문비나무, 더글러스 전나무 등 세계에서 키가 가장 크고 몸통이 굵은 나무들이 서식한다. 지배 수종인 해안성 더글러스 전나무는 산에서 자라는 사촌 수종들보다 훨씬 큰 독특한 수종이다. 해안성 더글러스 전나무는 1990년대 벌목 산업과 환경보호론자 사이에서 격렬한 갈등을 일으켰던 점박이 올빼미의 서식지로도 유명하다. 숲 지붕 아래 짙게 그늘진 곳에서 자란 더글러스 전나무는 몸통이 매우 가늘어서 클래머스강에서 연어를 잡던 캘리포니아 북부의 카루크족이 뜰채를 만들 때 사용했다.[11] 나중에 목재 기업이 눈독을 들였던 이 웅장한 나무들은 둑에 우거진 숲을 만들고, 강에 깊은 급류를 형성하고, 물 위에 쓰러져 웅덩이를 만들어 연어를 끌어들였다.

북아메리카 온대 우림에 거주하는 여러 부족들은 이처럼 자연이 주는 풍성한 선물을 결코 당연한 것이라 여기지 않았다. 대부분의 부족은 그들이 살고 있는 강이 생겨날 때부터 그 강과 자신들은 운명공동체라고 주장한다. 접미사 아미시amish는 "~에서 생겨났다"라는 뜻으로, 많은 부족은 스위노미시Swinomish, 수콰미시Suquamish, 두와미시Duwamish처럼 강 이름에 이 접미사를 사용한다.[12]

연어가 사람들에게 자신을 한 해 양식으로 선사하기 위해 매년 같은 때에 돌아오는 것은 이 부족들에게 경이로운 현상이다. 그래서 연어에게 존경과 감사를 보여야 하며, 그렇게 하지 않으면 연어가 다시는 돌아오지 않는다고 믿었다. 나중에 유럽인들이 그렇게 하지 않았는데, 실제로 연어가 더 이상 돌아오지 않았다.

숱한 연어 신화는 우화를 통해 남획에 대해 경고하는 것 같다. 한 신화에 따르면 한 남자가 마법의 바구니를 사용해서 요리할 시간이 없을 정도로 빠르게 연어를 잡았다. 결국 잡힌 연어가 너무 많아져서 바구니에 악담을 퍼붓자 바구니는 더 이상 물고기를 잡지 않았다. 신화에서 연어는 강을 통과하며 다양한 생물에게 **형제**나 **조카**라고 인사하는 사례가 많다.[13] 태평양연어의 생애 주기를 감안하면 환생 이야기가 많은 것도 놀랍지 않다. 한 이야기에서는 죽임당한 연어에서 알이 탈출해 환생한다. 그리고 원주민 어업 공동체의 민간전승에서 종종 연어는 죽은 사람의 뼈와 몸에서 부활한다. 브리티시컬럼비아 원주민 사이에는 멀리 바다에 있는 인간 마을에 관한 이야기가 전해진다. 이 마을 사람들은 강가에 사는 사람들을 먹이기 위해 연어로 변신해 강으로 헤엄쳐 들어갔다. 강 사람들은 연어를 자유롭게 먹을 수 있지만, 그러고 난 후에는 남은 뼈를 모두 강에 돌려주어야 했다. 그래야 연어로 변신한 사람들이 자신의 마을로 돌아갔다가 다음 해에 강 사람들을 먹이러 다시 돌아올 수 있기 때문이다.[14] 네즈퍼스족에 전해 내려오는 신화에서 인간인 연어는 자신에게 무슨 일이 생기면 신체 일부를 강으로 돌려보내야 자신이 부활할 수 있다고 아내에게 말한다. 그러자 늑대 다섯 마리가 방울뱀에게 자신들이 연어의 아내를 납치할 때 연어를 깨물라고 사주한다. 방울뱀이 연어를 깨물어 피 한 방울이 물에 떨어지자 연어가 살아나서 아내를 구한다.[15] 이러한 신화는 연어가 회유할 때를 대비해 강에 영양분을 유지해야 한다는 뜻을 담고 있는 것 같다.

사람이나 동물의 무례함 때문에 연어가 다음 해에 돌아오기를 거부했다는 이야기도 많다. 남부 오리건 해안에 거주하는 쿠스족에게는 연어의 심장을 함부로 던져버린 어부 이야기가 전해진다. 그 후에 연어가 더 이상 돌아오지 않아서 사람들은 굶주려야 했다. 틸라묵족은 연어를 굽다가 태우면 연어의 기분을 상하게 한다고 믿는다.

매켄지는 연어의 기분을 상하지 않게 하려는 원주민의 온갖 규칙들을 알고 놀랐다.[16] 원주민들은 연어가 철을 싫어하므로 냄비로 물을 긷지 말라고 매켄지의 탐험대에게 말했다. 또 탐험대가 남은 연어 요리를 제대로 처리하지 않으면 격렬하게 화를 냈다. 개에게 연어를 먹이는 것도 금지했다. 매켄지는 1793년 유럽인 최초로 북아메리카를 횡단하면서 대륙 끝자락에서 만난 첫 태평양 부족이자 벨라쿨라계곡에 거주하는 누훠크족에 대해 이렇게 썼다. "이 부족은 동물 음식으로는 유일하게 물고기를 먹고, 물고기에 경의를 표하는 극단적인 미신에 빠져 있다." 누훠크족은 낯선 사람에게 생연어를 만지지 못하게 했지만 잘 손질한 연어를 대접했다. 단 연어를 손질하는 곳에는 오지 못하게 했다. 유럽인은 연어보다는 사슴이나 엘크를 아마 더 좋아했을 것이다. 하지만 부족민들은 연어가 냄새를 싫어해 강을 떠날까 봐 겁을 내서 배에 적색육을 싣지 못하게 했다.

1864년 스코틀랜드 사람 알렉산더 러셀Alexander Russel은 이렇게 썼다. "음식 재료로서 갖는 중요성을 과소평가하거나 간과해 왔다는 통상적인 인식을 넘어서서 연어는 자연이 주는 공짜 선물이다." 하지만 아메리카 원주민은 연어를 결코 가볍게 보지 않았다. 오히려 자기 몸을 내어 사람들을 먹이므로 늘 감사의 대상이 되어야 한다고 생각했다. 우림 지역에 거주하는 많은 공동체는 연어가 각기 다른 마을에 살고 있는 다섯 부족으로 이루어진 마법사들이라 믿었다.[17] 이때 다섯 부족은 그들이 알고 있던 연어 다섯 종을 가리켰다.

또 부족들은 연어가 정찰자 몇을 보내 사람들이 그들을 대하는 태도를 보고 그 강으로 들어갈지를 결정한다고 믿었다. 따라서 처음 강으로 들어오는 연어를 잘 대하는 것이 특히 중요해서 그해 첫 연어 의식을 잘 치러야 했다(이것은 고대 의식이기는 하지만 많은 부족이 지금도 치른다). 처음 잡은 연어를 요리해 모든 구성원이 조금씩 맛보고, 뼈는 강에 가져간다. 대개 의식은 밤에 횃불을 켜고 진행한다. 부족마다 약간씩은 다르지만 노래하고 춤을 추고 나서 연어의 뼈와 머리는 강에 가져가 상류를 향하도록 놓는다. 연어가 다시 살아날 수 있도록 산란지로 헤엄쳐가는 길에 뼈를 놓는다는 뜻이다.

가장 흔한 연어 요리법은 불에 달군 돌을 넣어 끓인 물에 연어를 삶는 것이다. 하지만 첫 연어는 구워야 했다. 그래야 그 영혼이 연기가 되어 연어에 대한 존경을 표하는 사람들을 지켜볼 수 있다고 믿었다.[18] 또 연어를 가로로 자르는 것은 모욕이라고 여겨서 세로로 잘랐다.

대개 연어는 꼬챙이에 꽂아 불에 올려 구웠다. 삶는 것 말고 다른 요리법은 훈연해서 말린 후에 저장하는 것이었다. 소금에 절인 연어를 돌 사이에 넣고 문지르면 페미컨pemmican이라는 가루가 떨어지는데, 장시간 운반하기에 편리했으므로 유럽 탐험가들이 자주 먹었다. 초원 탐험가들 사이에서 페미컨이 버팔로나 말코손바닥사슴의 말린 고기로 만든 페이스트라고 알려진 점을 미루어 볼 때, 페미컨은 아마도 원주민이 아니라 탐험가들이 붙인 이름일 것이다. 이 단어는 중서부 북부에서 유래한 크리Cree어에서 나왔지만, 연어 페미컨은 태평양 북서부의 주식이었다.

연어를 구울 때, 아래에 냄비를 놓아서 기름을 모으기도 했다. 연어 기름은 요리용으로 꽤 인기를 끌었다. 또 고지대 사람들이 잡은 사슴이나 엘크 등의 적색육과도 교환할 수 있었다.[19] 페미컨, 연어 기름, 베리류 과일은 아침 식사였다. 연어알로는 페이스트를 만들어 수프를 끓였다.

민간전승에 따른 미신이 많기는 하지만 태평양연어에 관한 지식에 대해서는 아메리카 원주민들이 유럽계 미국인보다 훨씬 더 과학적이었다. 1811년 최초로 컬럼비아강 전체를 여행하고 지도를 작성한 탐험가 데이비드 톰슨David Thompson은 연어에 다섯 종이 있고 모두 다른 장소에서 산란했다는 이야기를 거기 사는 사람들에게 들었다.[20]

서부 온대 우림의 연어 강에서 물고기를 잡았던 원주민들은 세계에서 가장 숙련된 어부였다. 그들은 연어가 웅덩이에서 뛰어오르기 전에 속도를 늦추는 지점, 강폭이 좁아지면서 속도가 느려지는 지점인 폭포나 자연 장애물을 찾아냈다. 교통 체증이 발생하는 지점에서 반두나 작살로 손쉽게 연어를 잡았다. 컬럼비아강 하류에 있는 셀릴로폭포가 매우 유명하다. 반두그물이나 작살을 사용할 수 있는 좌대는 개인 소유였으므로 어부는 소유주에게 사용 허가를 받아야 했다.[21]

잘 조직된 선원들이 필요한, 지역 공동체 소유의 어구들도 있었다. 300피트(약 90미터) 길이에 8피트(약 2.4미터) 깊이인 그물(현재 알래스카에서 사용하는 현대식 정치망 그물과 같은 크기)의 한쪽 끝은 말뚝을 박아 연안에 고정하고, 반대쪽 끝은 카누를 타고 나가 강에 설치했다.[22] 자망도 사용했지만 어부들은 강 전체를 막지 않으려고 조심했다.

일부 어부들은 낚싯바늘에 미끼를 꽂아 카누에서 물고기를 잡았다. 미끼는 최대한 신선한 상태로, 바다로 나가기 직전인 2년생 연어 스몰트나 스프랫청어를 주로 사용했다. 어부들은 낚싯바늘이 줄에 달린 것을 물고기에게 들키지 않으려고 낚싯바늘과 낚싯줄 사이에 눈에 잘 안 띄는 목줄을 사용했다. 목줄은 여성의 긴 머리카락 몇 가닥을 꼬아서 만들었는데, 원주민들은 가느다란 목줄을 끊어뜨리지 않으면서 커다란 홍연어나 왕연어를 잡을 정도로 놀랍고도 능숙한 솜씨를 발휘했다. 초기 유럽인들은 동물 내장으로 목줄을 만들었고, 요즈음 낚시인들은 투명한 나일론을 사용한다.

갈고리 모양의 낚싯바늘은 뼈나 나무에 증기를 쐐서 둥글게 구부려 만들며, 물고기가 빠져나가지 못하도록 가시돌기 모양의 뼈 미늘을 사용했다. 그물은 대마나 켈프kelp[*] 같은 식물성 섬유로 만들었다. 낚싯줄도 같은 재료로 만들었지만 고래 힘줄이나 삼나무 안쪽 껍질을 사용하기도 했다. 나무껍질을 꼬아 만든 낚싯

[*] 다시마과에 속하는 대형 갈조류의 총칭.

줄은 실겼다. 또 쐐기풀과 어린 버드나무를 두들겨 만든 기다란 섬유로 제작하기도 했다. 낚싯줄이나 그물의 바닥에 다는 추는 삼나무에 돌을 묶어 사용했다. 그물 윗부분에 매단 나무 부표에는 종종 물고기, 새, 바다 포유류 등을 솜씨 좋게 조각했다.[23] 어망에는 민예품 특유의 아름다움을 담을 수 있었다.

원주민 어부들은 어린 나무, 덤불, 물고기를 가두는 바구니 등으로 복잡한 공정을 거쳐 가로보를 설치했다. 가로보를 세울 때, 말뚝을 박는 데 사용할 커다란 바위에도 자주 여러 장식을 조각했다. 가로보는 대개 공동체가 소유했고, 어부들은 회유를 막지 않으면서 적당량의 물고기를 잡을 수 있는 기간에만 가로보를 설치해두었다. 그들은 엄격한 규칙을 세워 가로보를 관리했다.

소로가 메리맥강에서 발견한 종류의 돌덫을 원주민들도 사용했다. 돌덫은 수위가 높았던 물이 썰물이 되어 빠져나갈 때 갇혀버린 물고기가 헤엄쳐 들어올 수 있도록 조간대*에 설치했다.

연어는 프레이저강에서 산란하려고 후안데푸카해협을 지나 로사리오해협과 레고만까지 매년 헤엄쳐 들어온다. 수천 년 동안 미국과 캐나다에는 국가가 없었지만 그때도 연어는 회유했다. 처음에는 홍연어, 다음에는 백연어와 약간의 은연어, 대량의 곱사연어가 홀수 해 가을마다 돌아왔다. 연어는 회유 경로를 따라 룸미족의 고향인 울창한 숲 섬을 거치고, 전나무 숲 위로 유령처럼 우뚝 솟아 500년마다 굉음을 내며 폭발하는(현재 폭발 시점

* 밀물과 썰물 때문에 바닷물에 주기적으로 잠기는 지역

이 다가왔다) 베이커산을 지나갔다. 룸미족은 베이커산을 **위대한 백색 감시자**를 뜻하는 **코모 쿨샌**Komo Kulshan으로 부른다.[24]

룸미족은 암초그물로 물고기를 잡았다. 카누 두 척을 몰고 나가서 연어의 회유 방향으로 정렬하고 두 카누 사이에 그물을 던지고 닻을 내렸다. 그물 양 끝에 달린 닻을 하천 바닥에 고정하고 그물을 수평 방향으로 늘어뜨렸다. 그물은 연어에게는 해저처럼 보이지만 위를 향해 기울어져 있으므로 결국 연어들은 그물 위로 헤엄쳤다. 망을 보는 어부는 연어 떼가 그물 위로 헤엄쳐 들어올 때를 기다렸다가 동료들에게 신호를 보냈다. 미숙하고 애매하게 보일지는 모르겠지만 연어 수확량은 상당하다.

아메리카 원주민들은 물고기를 많이 잡으면서도 우림 어장을 매우 잘 관리해서 자원을 조금도 고갈시키지 않았다. 어부들은 오늘날 생물학자들이 **도피자원**escapement으로 부르는, 즉 산란할 수 있게 포획을 피한 일정 수의 물고기라는 개념을 이해했다. 미국인은 자연보호와 개발 중에 하나를 택했다. 하지만 원주민은 자연 세계와 인공 세계로 분리된 세계관을 가지고 있지 않았기 때문에 둘 중에서 하나를 선택한다는 것은 불가능했다. 심지어 많은 북아메리카 언어에는 자연을 뜻하는 단어조차 없다. 단순히 하나의 세계가 있을 뿐 분리된 세계로서 자연은 없다.[25]

원주민들이 어장을 성공적으로 관리할 수 있었던 비결은 무엇일까? 물고기를 효율적으로 잡지 않았거나, 물고기에 의존한 경제가 아니었거나, 물고기를 사고팔지 않아서? 그들은 숲을 이루는 나무를 자르지 않고, 경작하지 않고, 댐을 세우지도 않고, 도시를 건설하지 않았다. 간단히 말해서 물고기들의 서식지를 파괴하지 않았다.

7장

백인이 오다

동틀 녘처럼 어스레하게 백인이 온다.
한 짐의 생각에 휩싸이고, 불길이 타오르기를 기다리며
잠자고 있는 지성을 품고서
그들은 자신에게 있는 지식을
추측하지 않고 계산해서 잘 알고 있다.

_소로, 《소로의 강》

확실하지 않지만 서해안 우림에 사는 부족들을 접촉한 최초의 유럽인은 지금의 브리티시컬럼비아주 누트카해협에서 1778년 4월을 보냈던 제임스 쿡James Cook 선장과 선원들이었을지도 모른다. 쿡 선장의 부하들이 감탄한 것은 연어 떼가 아니었다. 이른 시기에 도착해서 아마도 회유하는 첫 연어 무리를 보지는 못했을 것이다. 대신에 질 좋은 모피를 보고 흥분했다. 모피는 앞으로 태평양 북서부를 찾는 방문자들에게 오랫동안 특산물로 자리잡을 것이었다.

탐험가들을 처음 맞닥뜨린 부족의 하나로 추정되는 치누크족은 쿡이 다녀가고 10년 후인 1788년 존 미어레스John Meares를 마주했지만 이보다 훨씬 일찍 탐험가들을 만났을 것이다.

1792년 모피 무역에 관심을 기울였던 미국인 상인 로버트 그레이Robert Gray 선장이 컬럼비아강 하구에 상륙했다. 그레이는 컬럼비아가 거대한 강이라는 사실을 깨닫고 이 강이 내륙을 관통해 동해안까지 뻗어 흐르기를 바랐다. 외부인을 익히 보았고 대부분의 사람과 무역을 했던 치누크족은 그레이 무리를 환영하면서 구리, 철제품, 유럽 의류, 담요 등을 모피와 기꺼이 교환했다. 그러던 중에 그레이 휘하의 선원이 치누크족 한 명을 살해했다.[1] 그 후부터 치누크족은 외부인을 경계했다. 당시 배 수십 척이 상륙했는데, 대부분 보스턴에서 왔고 처음에는 모두 해달 모피에, 다음은 비버 모피에 관심을 기울였다. 아메리카 북서부 원주민들은 이 무렵부터 백인을 **보스턴 사람**으로 부르기 시작했고, 그들이 믿을 만한 사람이 못 된다는 것을 곧 깨달았다.

북서부에서 처음으로 연어를 소멸시키기 시작한 것은 보스턴 사람들이었다. 연어를 잡고, 사고, 거래하고 심지어 먹는 것 모두가 그들의 관심 밖이었다. 동시에 비버도 씨를 말리기 시작했다. 비버는 나무를 쓰러뜨리고, 댐을 짓고, 웅덩이를 만드는 등 연어에게 유용한 장소를 만드는 데 중요한 역할을 담당하고 있었다. 비버는 어린 연어를 키우는 데 필요한 작은 웅덩이를 강둑 근처에 만들었다. 비버는 폭풍이나 가뭄으로 무너진 둑을 복원했고 그곳에서 자라는 식물들을 유지하는 데 기여했다.[2] 이처럼 하천 중심의 생태계에서 필수적이었던 비버가 희귀해지기 시작했다.

1806년 모피보다 연어에 더 눈독을 들인 새로운 탐험가들이 상륙했다. 토머스 제퍼슨Thomas Jefferson은 군 장교이자 위대한 활동가인 메리웨더 루이스, **인디언에 맞서는 노련한 전사**인 장교 출신 윌리엄 클라크에게 서부 탐험 임무를 맡겼다. 두 사람은 8000마일(약 1만 2875킬로미터)을 돌아다녔다. 처음에는 미국이 새로 매입한 루이지애나를 조사하고, 서부로 향해 오리건준주를 탐험했다.

1년 넘게 서부를 탐험한 루이스와 클라크는 하천이 대서양이 아니라 태평양으로 흘러드는 지점인 대륙 분수령을 넘어섰기를 바랐다. 애당초 태평양을 탐험하는 것이 두 사람의 목표였기 때문이다. 루이스는 1805년 8월 13일 백인과 온코린쿠스의 역사적 만남을 자신의 일기에 이렇게 적었다.

> 돌아오는 길에 한 인디언이 나를 자기 집으로 들어오라고 하더니 삶은 영양 고기 한 점과 신선한 연어 구이 한 토막을 내놨다. 두 요리 모두 아주 맛있었다. 나는 연어를 그때 처음 봤는데, 우리가 드디어 태평양 수역에 도달했다고 완전히 확신했다.

연어가 그 증거였다. 루이스와 클라크는 대륙 분수령을 넘었고, 이제 강은 태평양으로 흘러들고 있었다. 이제 두 사람이 해야 할 일은 강과 연어를 따라가는 것이었다. 그들은 대륙 분수령에서 카누를 딱 반나절 동안, 몇 킬로미터만 운반한 후에 잔잔한 강으로 밀어 넣고 태평양까지 노를 저어 갈 수 있기를 바랐다. 하지만 몇 주에 걸쳐 로키산맥을 넘어야 했다. 마침내 지금의 아이다호주에 있는 렘히강에 도달하자 자신들이 태평양으로 가는 길목에 있다는 사실을 깨달았다. 자신들이 익숙하게 보아왔던 동부의 잔잔한 강과는 전혀 다르게 강물이 거품을 일으키며 격렬하게 흘렀다. 이때부터 다시 3개월이 지난 후에야 두 사람은 마침내 태평양에 도달할 수 있었다. 렘히강은 연어 소비량이 더 많은 네즈퍼스카운티 소재의 새먼강으로 흘러든다. 그리고 새먼강은 스네이크강으로, 스네이크강은 컬럼비아강으로 흘러든다. 루이스와 클라크는 계속 연어를 쫓았고, 컬럼비아강에 도착해서는 치누크족이 잡은 연어를 맛봤다. 1805년 11월 15일 두 사람은 미주리주 세인트루이스를 떠난 지 1년 6개월 1일 만에 컬럼비아강 하구에 닿았다.

상류부터 하구까지 컬럼비아강을 따라 탐험하고 나서 루이스와 클라크는 강을 하구에서만 보고 대륙을 가로지르는 수로라고 생각했던 초기 선원들의 판단이 잘못됐다는 사실을 밝혀내고 실망했다. 하지만 미국에서 가장 긴 강의 하나인 컬럼비아강을 지도에 그려 넣었다. 컬럼비아강은 그들이 여태껏 본 것과 달랐다. **위대한 미시시피강**은 세인트루이스에서 뉴올리언스까지 완만하게 흐른다. 길이가 700마일(약 1237킬로미터)인데 고도가 100피트(약 30미터)만 떨어진다. 이와 대조적으로 컬럼비아강은 상류에서 하구까지 길이가 1243마일(약 1986킬로미터)인데 고도가 거의 1000피트(약 300미터)는 떨어져서 강물이 하얀 거품을 일으키며 격렬하게 흐르고, 협곡을 통과한 후에 갈라졌다가 가파른 폭포 아래로 떨어진다. 루이스와 클라크는 물고기의 수와 강물의 엄청난 힘에 놀랐다. 이 강력한 물살 덕택에 컬럼비아강은 유력한 수력발전 후보지가 될 것이었다.

위대한 기록자인 루이스는 탐험 초기에 태평양까지 안내자가 되어준 태평양연어에 관해 상세히 설명하는 글을 몇 편 썼다. 그는 어떤 지점에서는 물이 매우 맑아서 4피트(약 1.2미터) 깊이의 물속을 헤엄치는 연어도 볼 수 있었다고 언급했다. 1805년 10월 17일에는 컬럼비아강에서 삶은 연어 요리를 대접받았다고 적었다.

> 바닥에 돗자리가 깔려 있었고 한 남자가 내게 줄 음식을 준비하기 시작했다. 남자는 먼저 물에 떠내려가는 소나무를 가져와서 엘크 뿔로 만든 쐐기와 신기한 모양을 조각한 돌망치를 사용해 나무를 작게 쪼갠 후에 불 위에 얹고 그 위에 둥근 돌을 깔았다. 한 여자가 물 한 바구니와 반쯤 말린 커다란 연어를 남자에게 건넸다. 돌들이 뜨거워지자 남자는 돌과 연어를 물 바구니에 넣었다. 그는 먹을 수 있을 정도로 충분히 삶은 연어를 꺼내 골풀을 깔아놓은 접시에 가지런히 담아서 내게 가져다주었다. 그들은 일행들 모두에게 연어를 한 마리씩 삶아주었다.

클라크는 삶은 연어가 **맛있다**고 묘사했다. 또 이 연어 어장에서의 생활을 지켜보고 깊은 인상을 받았다. 시적 영감이 솟구친 것은 아니지만 이렇게 썼다. "마을은 살기 좋고 연어가 물 위로 뛰어오르고, 인디언들이 자연과 신에 대해 사색하는 시간을 갖는 풍요로운 지역에 있었다."

루이스와 클라크가 이끄는 탐험대가 태평양에 도달한 지점은 지금의 워싱턴주 치누크다. 탐험대는 버려진 마을이라고 생각했지만 실제로는 여름철 조업 때 사용하는 숙소였다. 연어의 회유 시기가 끝났으므로 치누크족들은 겨울을 나기 위해 자신의 마을로 돌아갔던 것이다.

하지만 연어를 쫓는 여행이 탐험가들에게 항상 맞는 것은 아니었다. 1805년 9월 20일 처음으로 연어를 맛보고 불과 몇 주 지나지 않았고, 아이다호주에 사는 네즈퍼스족의 땅에 아직 머물 때 클라크는 "물고기와 식물 뿌리를 너무 많이 먹어 몸 상태가 별로 좋지 않다"라고 썼다. 탐험대는 수정처럼 맑은 물이 흐르는 아름다운 지류인 쿠스쿠스케강에서 휴식했고, 그 후 정착민들은 그 강에 찰떡같은 '클리어워터'라는 이름을 붙였다. 하지만 탐험대는 사냥감을 잡을 수 없었기 때문에 네즈퍼스족에게 더 많은 연어를 얻었다. 루이스와 클라크 이외에도 최소한 여덟 명의 대원은 연어를 지나치게 많이 먹어서 배탈이 났으므로 클리어워터 강가에 있는 땅바닥에 하루 꼬박 누워 있어야 했다. 하지만 그곳은 아프기라도 해서 누워 있고 싶을 만큼 아름다웠다.

백인으로는 처음으로 이 강에 거주하는 부족들을 만난다고 생각해 흥분했던 탐험대는 삼나무 널빤지로 지은 집에서 놋쇠 찻잔, 영국 선원이 입는 재킷 같은 유럽풍 의류, 영국산 머스킷총, 커다란 검, 유럽인들이 아메리카 원주민들과 거래할 때 사용했던 많은 유리구슬 등을 보고 실망했다.[3] 루이스와 클라크는 이 지역 부족들이 왕성하게 경제활동을 하고 있다는 사실을 깨달았다. 영국인이나 미국인이 태평양 해안에 선박을 정박시키고, 이전에 동부 사람들을 전혀 만난 적이 없는 아메리카 원주민들에게 이러한 물건들을 팔았던 것이다.

루이스와 클라크는 루이스가 말한 대로 **숭고한 강**인 컬럼비아강 주위에 사는 부족들이 해안 사람들과 교역하기 위해 페미컨 약 3만 파운드(약 1만 3608킬로그램)와 다진 연어를 준비했다는 사실을 발견했다.

강가에 사는 모든 원주민 부족은 네즈퍼스족이 **힐랄**hillal이라고 부르는 연어 회유 시즌인 6월을 손꼽아 기다렸다. 성인 남성과 아이들은 폭포와 급류 위에 좌대를 만들었다. 이 부족들은 농사를 짓지 않았고 물고기를 잡거나 동물을 사냥하고, 야생 식물 뿌리와 베리류 과일을 채집하는 것을 필수적으로 했다.

지금의 몬태나에 있는 비터루트강의 반대편에 도착했을 때 탐험대는 클리어워터강가에 사는 부족이 **코를 뚫은** 부족이라는 말을 쇼쇼니족에게 들었다. 하지만 루이스와 클라크가 클리어워터강에 도착했을 때 코를 뚫은 사람은 거의 없었고, 코에 조개를 장식한 여자만 가끔 보았다. 그 부족들은 자신들을 초퍼니시족이라 불렀다. 하지만 루이스와 클라크는 **코를 뚫은**Pierced Nose 부족이라는 명칭이 부르기 더 쉽다고 생각했다. 결국 이 부족의 이름은 프랑스어로 바꾸어 네즈퍼스Nez Perce로 굳어졌다.

초퍼니시족 남자는 건장하고 여자는 잘생겼다고 루이스와 클라크는 기록했다. 모두가 구슬이 박힌 우아한 엘크가죽옷을 입고, 정교한 스타일로 머리를 다듬고, 다양한 색의 깃털과 물감으로 장식했다. 네즈퍼스족은 루이스와 클라크에게 친절했는데, 그 이유를 잘은 모르겠지만 아마도 클라크가 클리어워터강가에서 만난 할머니의 추천 때문이었을 것이다. 그 할머니는 샐리시족 언어로 '기다란 칼'로 번역되는 **소야포**Soyappo, 즉 백인 전문가였다. 그녀의 이름은 '멀리서 돌아왔다'는 뜻의 왓쿠웨이스Watkuweis였다. 18세기 후반 젊은 시절에 블랙피트네이션 일당에게 납치되었다가 그레이트레이크 지역의 정착민에게 팔려갔는데, 루이스와 클라크가 나타나기 전까지는 유일하게 백인을 보았던 네즈퍼스족이라 전해졌다.

모든 초기 탐험가들은 연어 중심의 생활 방식을 목격했다. 매켄지는 나중에 탐험가 사이먼 프레이저Simon Fraser의 이름을 따서 프레이저강이 되는 **그레이트강**을 배경으로 풍족한 연어와 낚시 등에 관해 일기를 썼다. 프레이저강에 대해서는 이렇게 적었다. "강에 연어가 워낙 많아서 이곳 사람들은 질 좋은 물고기를 지속적으로 풍부하게 공급받는다." 어부들이 무리를 지어 강둑에서 물고기를 잡았다. 탐험가들이 처음 본 것은 원주민들이 폭포 옆에서 반두를 치고 물고기를 잡는 광경이었지만, 상류 쪽으로 좀 더 깊이 들어갔을 때는 가로보로 보이는 **방벽**을 사용하는 모습이었다. 몬트리올 소재의 상업 회사에서 근무하던 프레이저는 루이스, 클라크, 매켄지의 뒤를 이어 1806~1808년 3차 북서부 탐험대를 이끌었다. 그는 브리티시컬럼비아의 지도를 작성하고, 그곳에 유럽인 정착지를 조성한 것으로 알려져 있다. 1806년 프레이저강에 연어가 회유했을 때 프레이저와 대원들은 너 이상 생각조차 하고 싶지 않을 만큼 질리도록 연어를 먹었고, 간절하게 다른 음식을 먹고 싶어 했다.[6]

하지만 연어는 지역민들과 백인들에게 계속 주식으로 남았다. 1827년 브리티시컬럼비아의 무역업자인 조지프 맥길리브레이Joseph McGillivray는 이렇게 썼다. "우리의 생계 수단은 주로 연어였다. 실제로 올해처럼 연어 어획에 실패했을 때는 대체물이 없다."[7]

뉴잉글랜드에서 선장의 아들로 성장한 제임스 길크리스트 스완James Gilchrist Swan은 19세기 후반 워싱턴준주에서 몇 년을 보내며 관찰한 요리에 대해 〈북서부 해안Northwest Coast〉에 통찰력 있는 글을 기고했다.

> 인디언들은 연어에서 일품 부위인 머리를 막대기에 꽂아 불에 천천히 굽는다. 나머지 부위는 납작하게 큰 조각으로 잘라 펼친 후에 꼬챙이를 꿰어 모양을 유지한다. 연어 전체를 해변 잡초 가닥으로 묶어 고정한 후에 막대기에 얹는다. 물고기와 충분히 거리를 두고 돌출시킨 손잡이에 야자나무 잎을 대고, 막대기 끝을 모래에 단단하게 찔러 넣은 다음에 불에서 적당히 거리를 띄우면 물고기를 태우지 않고 구울 수 있다. 조개껍데기를 매달아 기름진 연어에서 흘러나오는 기름을 받아낸다. 소금, 후추, 버터를 쓰지 못하게 했는데, 내 생각도 그랬다. 그중에서 하나라도 쓴다면 연어의 섬세한 풍미를 망쳤을 것이다.

모든 초기 탐험에서 백인 탐험가들은 아메리카 원주민이 대접하는 연어로 끼니를 때웠다. 탐험가들은 사슴이나 엘크를 잡는 방법을 숙지했고, 루이스는 사냥에 뛰어나다는 평을 들었다. 반면에 원주민들은 능숙한 어부였다. 실제로는 전나무가 아닌 키 크고 죽 뻗은 나무에 자기 이름을 갖다붙인 식물학자 데이비드 더글러스David Douglas는 1823~1827년 아메리카 북서부를 탐험하고 음식에 대해 꾸준히 글을 썼다. 더글러스가 이끄는 탐험대는 베리류 과일과 식물 뿌리를 채집하고 사냥은 했지만 루이스와 클라크, 매켄지, 프레이저와 마찬가지로 물고기는 잡지 못했다. 사냥감을 찾지 못할 때는 원주민에게 그냥 얻거나 다른 물건과 교환해 연어를 구하지 않으면 먹을 것이 없었다.

1806년 8월 프레이저는 뚜렷한 절망감에 휩싸여 제임스 맥두걸James McDougall에게 편지를 썼다. 이 편지는 물고기를 잡으려 했던 백인 탐험가들이 남긴 몇 안 되는 글 중 하나다.

> 하지만 식량 문제에 관해서는 가장 최근에 내가 자네에게 말한 것과 여전히 같은 상황에 놓여 있네. 이 소식을 전하려니 자괴감이 드는군. 그때 이후로 우리는 주로 베리류 과일을 먹으며 연명하고 있다네. 늘 물속에 그물 일곱 개를 쳐놓고 잘 관리하고 있지만 잉어와 이름을 알 수 없는 물고기 몇 마리를 빼고는 거의 잡히지 않아.

처음에 아메리카 원주민과 탐험가의 관계는 원만했다. 원주민은 단순히 어디든 가고, 무엇이든 보고, 기록하고 싶어 하는 탐험가들에게 위협을 느끼지 않았다. 심지어 관심을 쏟는 대상도 달랐다. 동부인들은 포유류, 특히 비버와 수달에 흥분했으며 연어는 단지 호기심의 대상이거나 식량일 뿐이었다. 거래에 밝았던 네즈퍼스족은 탐험가들을 친절하게 대우하면 자신들을 강하게 무장시켜줄 총을 그들에게서 구할 수 있다고 생각했다. 반면에 치누크족은 이미 이방인들을 지나치게 많이 겪어봤다. 여러 해 동안 유럽에서 건너온 물건을 구입해본 터라 자신들이 원하는 상품이 루이스와 클라크에게 없다는 것을 알았다. 그럼에도 불구하고 그들은 탐험가들이 굶게 놔두지 않았다.

원주민들이 범한 치명적인 실수는 이방인을, 그리고 그들이 무엇을 원하는지를 이해하지 못한 것에서 비롯했다. 원주민들은 물고기를 잡는 방법조차 모르는 탐험가들이 스스로 원주민들보다 우월하다고 생각한다는 사실을 알지 못했다.

19세기 전반에 활동한 태평양 북서부 탐험가들은 연어가 풍부하다는 사실에 대단히 흥분하며 이를 세상에 알렸다. 1838년부터 1842년까지 탐험대를 이끌었던 찰스 윌크스Charles Wilkes는 댈스에 있는 셀릴로폭포 근처 컬럼비아강에서 원주민들이 물고기를 잡았다고 보고했다. "남자들은 오로지 어업에만 종사한다. (…) 연어를 한 시간에 20~25마리씩 잡는 일은 비일비재하다." 또 케틀폭포에서는 원주민들이 그저 커다란 바구니를 강물에 집어 넣는 것만으로 물고기를 잡았다고 언급했다. "어업 시즌 동안에 이 바구니를 하루에 세 번 들어 올리는데, 한 번 들어 올릴 때마다 싱싱한 물고기가 300여 마리씩 올라왔다."[8]

바구니에 대한 기록은 또 있다! 캐벗이 항해를 하는 도중에 원주민들이 대구 떼를 바구니 가득 잡는 광경을 보았다는 이야기를 듣고 유럽 어부들이 뉴펀들랜드로 몰려들었다. 이제 뉴잉글랜드의 강들에서 연어가 유례없이 적어지자 뉴잉글랜드인들은 서부로 향했다. 하지만 그들을 끌어들인 것은 연어만이 아니었다. 모피 상인들은 비버와 수달, 사향쥐에 대해 들었다. 숲과 밭을 개간하기 위해 오는 사람들도 있었다. 농부들은 한 세기 전에 뉴잉글랜드가 그랬듯이 연어가 딱히 가치는 없지만 탁월한 비료라는 사실은 알았다.

루이스와 클라크가 미주리에서 오리건까지 지나온 길은 수십 년 동안 사람만 다니는 오솔길이 되었다가 이후에는 말도 다니는 길이 되었다. 1836년 이 통로의 일부는 마차 통행이 가능하도록 확장됐고, 매년 조금씩 개량되면서 나중에는 오리건주 윌래밋까지 이어지는 마찻길이 되었다. 이 길은 매년 이민자를 수송하는 마차들로 더욱 붐볐으며, 덫을 놓아 삶을 꾸리던 억센 산지인들에게 새로운 생계 수단을 제공했다. 산지인이었던 모지스 해리스Moses Harris는 1844년 새 정착민 500명을 컬럼비아강으로 안내했다.[9] 1855년에 3000명이 더 도착했고, 다음 해에는 1500명이 더 정착했다. 종국에는 40여만 명이 이 길과 여기서 갈라져 나간 길들을 통해 캘리포니아와 다른 목적지까지 여행했다.

캘리포니아에 거주하는 부족들, 특히 센트럴밸리에 사는 부족들은 격렬하게 저항했고, 멕시코산 말 등에 올라타서 침입자들을 해안으로 몰아내는 데 어느 정도 성공했다. 동부를 덮친 재난을 피해 정착한 뉴잉글랜드 사람들은 새크라멘토강에 왕연어 어장을 만들었다.[10] 그러다가 1848년에 금이 발견됐다. 전 세계에서 약 30만 명이 사금을 찾으러 캘리포니아에 왔다. 광업이 시작되면서 원주민들은 강에서 쫓겨났고, 연어가 돌아갈 곳들이 파괴됐다. 강바닥에 모래진흙이 쌓이면서 산란할 때 필요한 자갈 바닥이 사라졌다. 유속이 느려졌고, 강둑이 없어지면서 그늘이 줄어들었다. 강의 일부는 잔해들이 막아버렸다. 강물이 오염되어 수중 산소 농도가 떨어졌고, 아가미에 진흙이 들어가면서 물고기는 질식했다.[11]

이러한 현상이 발생하기까지는 오래 걸리지 않았다. 시에라네바다산맥 기슭에서 금이 처음 발견되고 5년이 지나자 힘차게 새크라멘토강을 찾아오던 봄의 연어 떼가 사라졌다. 동부 새크라멘토계곡을 흐르는 유바강에는 1853년에 연어가 사라졌다. 네바다시티에서 **수력 채광**, 즉 고압으로 물을 분사해 바위와 퇴적물을 움직였기 때문이었다.[12] 하이시에라에서 새크라멘토 삼각주까지 흐르는 마켈럼니강은 아마도르카운티에 있는 광산들이 채굴 목적으로 물길을 돌리면서 연어를 잃었다. 가뭄 끝에 폭우가 내린 1862년에는 잔해들이 페더강과 새크라멘토강의 다른 지류인 아메리칸강으로 쓸려가 연어를 몰살했다. 강우 때문에 새크라멘토강 수위가 높아졌고, 오염된 강물이 범람하면서 샌프란시스코만을 진흙으로 뒤덮고 마린카운티와 앨러미다카운티에 있는 굴밭들도 파괴했다.

광부들은 경관을 해치는 파괴 경로를 여전히 걸으며 산비탈 전체를 강으로 흘려보냈다. 수년 동안 피해는 조금도 줄지 않은 채 계속 발생했으며, 죽어가는 원주민들을 제외하고는 어느 누구도 사라져가는 연어를 대변하지 않았다. 강가에 사는 사람들은 식량을 얻던 곳에서 쫓겨났고, 먹을 것이 사라지면서 골드러시 동안 많은 사람이 죽었다.

종국에는 수력 채광이 농업을 해치고, 센트럴밸리의 농업 생산성을 감소한다는 사실을 인지했다. 1884년 캘리포니아 제9순회항소법원은 농업을 보호하기 위해 채광을 중단하라고 판결했다.[13] 물고기는 그럴 필요가 없었지만 농업은 지켜야 했던 것이다. 이때도 연어를 구해내기에는 이미 너무 늦어버렸다.

19세기에 금, 모피로 부자가 되고 싶었던 유럽계 미국인들은 뒤늦게 연어의 잠재력을 깨달았다. 아메리카 원주민들은 진작에 알고 있었지만. 아마도 동부인들은 연어를 인디언의 것이라 간주하는 바람에 그 상업적 잠재력을 간과했을 것이다. 1829년 존 도미니스John Dominis 선장이 지휘하는 **오위히호**가 컬럼비아강 상류로 향했다. 도미니스는 연어 잡이를 어떤 가치가 있다고 생각하지 않았다. 하지만 어쨌거나 연어를 담배와 교환하며 두 해 여름을 나는 동안 소금에 절인 연어 50상자를 케이프혼을 돌아 보스턴까지 운반했다. 연어는 1파운드당 10센트에 팔렸지만 주요 거래 품목은 아니었다.[14]

매사추세츠주의 너새니얼 와이어스Nathaniel Wyeth는 서부 해안에서 모피 무역에 실패하자 컬럼비아 강가에 정착해 연어 사업을 시작하기로 결심했다. 이전 사업을 실패한 곳에서 연어로 성공하겠다는 발상은 당시에 이례적이었다. 와이어스는 케이프혼을 돌아서 가도록 배를 한 척 보내고, 자신은 당시에 아직 도보로만 다니던 오리건통로Oregon Trail를 거쳐 1832년 육로로 서부 해안에 도착했다. 하지만 와이어스가 보낸 배는 남아메리카에서 암초에 부딪히는 바람에 컬럼비아강에 끝내 상륙하지 못했다.

컬럼비아강에 무사히 도착한 와이어스는 지금의 워싱턴주 소재의 컬럼비아강 지류인 루이스강에, 다음에는 현재 오리건주 포틀랜드 근처 윌래밋강 하구의 소비섬에 수산물 거래소를 세웠다. 불행하게도 이 무렵 허드슨베이컴퍼니가 모피에서 물고기로 사업 확장을 결정하고 원주민 어부들에게 더 나은 조건을 제시했다. 와이어스는 충분한 물량를 확보하는 데 실패했을 뿐 아니라 물고기를 포장할 통도 넉넉히 구할 수가 없었다. 와이어스가 폐업 수순을 밟는 동안 허드슨베이컴퍼니는 물고기를 발파라이소를 비롯한 칠레의 도시와 런던으로 운송하고, 하와이에서 수익성 좋은 시장을 발굴했다. 프레이저강과 컬럼비아강에서 선적한 연어는 이내 모피보다 더 훌륭한 수출품이 되었다.

허드슨베이컴퍼니의 주요 고객은 하와이였다. 18세기와 19세기 들어 하와이안들은 염장 물고기 같은 음식을 좋아하기 시작했고 지금도 하와이에서 인기가 좋다. 연어가 인기 있었던 이유 중의 하나는 일본인처럼 예전부터 연어를 먹던 사람들이 하와이로 이주해왔기 때문일 것이다. 하지만 많은 하와이안이 태평양 북서부로 진출해서 연어에 대한 미각을 발달시키기도 했다(오늘날 북서부로 이주한 하와이안들은 염장 연어를 구하기 힘들다고 불평한다. 염장 연어는 여전히 생산되고 있지만 대부분 하와이로 운송된다). 가장 인기 있는 요리법은 여전히 로미로미lomilomi 연어다. 요리법은 이렇다.[15]

로미로미 연어

소금에 절인 연어 1파운드(약 450그램)를 물에 몇 시간 동안 담그고, 규칙적으로 물을 갈아준다. 건져낸 연어를 얇은 조각으로 썬다. 완숙 토마토 1파운드의 껍질을 벗기고 씨를 제거한다. 연어와 토마토를 함께 넣고 잘 섞는다. 대접하기 직전에 다진 파를 한 움큼 넣는다.

허드슨베이컴퍼니의 성공을 지켜보고 용기를 낸 것인지 모르겠으나 매사추세츠에서 모험가들이 더욱 많이 유입돼 연어 회사를 세워 성공했고, 전 세계적으로 태평양 북서부 연어는 유명해졌다.

1850년대 두 유럽계 미국인인 호지킨스Hodgkins와 샌더스

Sanders는 무역보다는 포틀랜드 아래 컬럼비아강에 자망을 사용해 연어를 잡는 데 눈길을 돌리기 시작했다. 불길하게도 두 사람은 연어 씨가 말라버린 메인주에서 자망을 가져와 사용했다. 이 무렵 조덤 리드Jotham Reed가 컬럼비아강에 가로보를 설치했다. 리드는 상당량의 염장 연어를 포장해서 대부분 하와이로 운송했지만, 때때로 그의 회사는 혼곶을 돌아 뉴잉글랜드나 유럽으로 들어가는 좀 더 어려운 길을 택하기도 했다.

염장 연어 수출의 발달은 서부에 찾아온 거대한 변화였지만 곧 이보다 훨씬 큰 변화가 시작할 터였다. 19세기 초에 나폴레옹이 전 세계로 군대를 파견할 때 상하지 않는 휴대용 식량의 보급이 큰 문제로 떠올랐다. 그래서 좋은 해결 방법을 고안한 사람에게 1만 2000프랑의 상금을 걸었다.

요리사이자 사탕과 리큐어를 만드는 니콜라 아페르Nicolas Appert는 14년 동안 음식 저장법을 개발했다. 음식을 유리병에 넣고 완전히 밀봉한 후에 충분히 가열하면 음식을 상하지 않게 보관할 수 있었다. 처음에는 생선을 제외하고 채소, 스튜, 과일, 잼, 살균 우유를 가지고 실험했다. 그는 자신의 발명을 소개하는 책을 썼고, 1809년에는 영어 번역본을 출간했다. 번역본이 나온 시점과 거의 동시에 피터 듀랜드Peter Durand라는 런던 사람이 똑같은 아이디어로 특허를 받았다. 하지만 듀랜드는 한 가지를 더 생각해냈다. "어째서 유리병을 사용했을까? 깨지지 않는 재질의 다른 용기를 사용하면 더 나을지 모른다." 듀랜드는 대부분 양철통을 사용해 음식을 저장했다. 또 이 방법이 대규모 산업으로 발전

할 잠재력을 아페르가 깨닫지 못했다고 여기고, 많은 양의 음식을 양철통에 저장할 수 있는 공정을 개발했다. 우선 30파운드(약 14킬로그램)짜리 고기용 양철통을 만들었다. 하지만 통조림을 직접 만들지 않고 사업가인 브라이언 돈킨Bryan Donkin에게 특허권을 팔았고, 돈킨은 템스강에 세계 최초로 통조림 공장을 세웠다.

1819년에 통조림이 미국에 소개됐지만 이 새로운 아이디어를 생선에 시도할 생각을 아무도 하지 못했다. 다음 해에 에즈라 대거트Ezra Daggett가 뉴욕시에서 굴과 대구를 통조림으로 만들기 시작했다.[16] 최초로 연어 통조림을 만든 사람은 아마도 1825년 스코틀랜드 애버딘의 존 모이어John Moir였을 것이다. 대서양에 있는 물고기로는 더 이상 통조림 수요를 감당할 수 없었고 결국 나중에는 태평양 물고기로 옮겨갔다(이상하게도 이 혁신적인 기업가 중에 누구도 통조림 따개를 발명할 생각을 하지 않았다. 최초의 실용적인 통조림 따개는 1858년이 돼서야 코네티컷주 워터베리의 에즈라 워너Ezra Warner가 발명했다).

흄Hume 가문의 세 형제인 조지 흄George Hume, 윌리엄 흄William Hume, 로버트 흄Robert Hume과 동업자 앤드류 햅굿Andrew Hapgood은 1864년 서해안에 첫 통조림 공장을 새크라멘토강에서 가동하기 시작했다. 햅굿은 메인주에서 바닷 가재 통조림 제조 기술을 도입하면서 비밀이 누설되지 않도록 조심했다. 그들은 거룻배와 헛간에서 작업해 첫해에 2000상자를 생산했다. 하지만 1867년에 이르자 새크라멘토강에서 잡은 연어만으로는 더 이상 생산량을 감당할 수 없었으므로 워싱턴주 컬럼비아강 소재의 이글클리

프로 공장을 이전했다.

그들은 컬럼비아강으로 공장을 옮긴 첫해에 연어 통조림 4000상자를 생산했다. 이 숫자는 매우 인상적이었다. 배 두 척, 한 척당 선원 두 명으로 잡은 연어만 썼을 뿐 아니라, 수제 납땜 작업을 거친 48통의 통조림을 한 상자에 담는 것과 같은 통조림 공정 자체가 상당히 힘들었기 때문이다. 다음 해인 1868년에는 6200상자를 생산해서 대부분 오스트레일리아로 운송했다.[17]

컬럼비아강에서 가동하던 통조림 공장은 1873년까지 8곳, 1889년까지 39곳이었다. 한때 흄 형제와 햅굿이 운영한 공장은 20곳에 육박했다. 그리고 로버트는 독점을 타파하려는 진보 세력에 강력히 저항하는 정치인이 되었다.

1880년 오리건에서만 55곳의 통조림 공장이 돌아가면서 연간 50만 통 생산해 매출 200만 달러를 기록함으로써 19세기 오리건에 거대한 산업으로 부상했다. 그 후 통조림 공장은 워싱턴과 브리티시컬럼비아로 확대됐고, 1878년 들어서는 알래스카까지 확대되어 싯카와 클라워크에 공장 두 곳이 문을 열었다. 영국과 미국 동부, 캐나다에서는 통조림 연어가 신선한 연어를 상당 부분 대체했다.

노예로 태어난 루퍼스 에스테스Rufus Estes는 19세기 후반 유명한 요리사가 되었다. 다음 요리법은 1911년 그가 아프리카계 미국인으로는 최초로 출간한 요리책 《먹기 좋은 음식Good Things to Eat》에서 발췌했다.

연어 틀 요리

신선한 생선을 구할 수 없으면 통조림 연어로도 맛있는 틀 요리를 만들 수 있다. 신선한 양상추나 갓을 깔고 그 위에 매우 차가운 상태로 대접한다.

연어 통조림에서 즙을 빼내고 뼈와 껍질을 골라낸다. 연어에 살짝 푼 달걀 1개, 레몬 1/2쪽을 짠 즙, 건조한 고운 빵가루 1컵을 넣어 섞은 후에 소금과 후추로 간을 한다. 단단히 닫히는 주석 뚜껑이 달린 틀에 버터를 바르고 연어 반죽을 넣은 후에 2시간 동안 찐 다음 식힌다. 반죽이 식고 나면 썰 수 있을 때까지 얼음 위에 놓아둔다.

이 통조림 연어는 대부분 왕연어였으므로 오늘날에는 상상할 수 없는 일이다. 당시에는 컬럼비아강에 왕연어가 풍부해서 통조림 공장 생산량보다 많이 잡혔으므로 버려져서 썩어버린 연어를 본 아메리카 원주민들은 깊은 불쾌감을 느꼈을 것이다. 1880년대 봄에 회유하는 연어 수가 줄어들기 시작하자 통조림 공장들은 가을에 회유하는 연어를 잡기 시작했고, 그 후에는 홍연어와 은연어, 스틸헤드 등을 닥치는 대로 잡으며 하나씩 씨를 말리기 시작했다.

프레이저강에서는 1913년 철도 건설 사고가 발생해 하천 일부분이 막힐 때까지 홍연어로 통조림을 만들었다. 다음 해 산사태가 일어나면서 통조림 생산은 악화했고, 수백만 마리에 달하는 홍연어가 산란장을 잃었다. 산사태, 통조림 공장들이 벌이는 상업적 어업, 미국의 상업적 해양 어업이 어우러져 프레이저강으로 회유하는 연어 수가 급감했다.

통조림 공장은 여전히 물속에 말뚝을 박고 그 위에 구조물을 짓는 형태를 띠었다.[18] 돛으로 가동하는 작은 배들이 자망을 사용해 물고기를 잡아들였다. 원래 어부들은 원주민들이었다. 그런데 오리건에서 원주민 어부들이 줄어들고 강에서 쫓겨나자 연어에 관한 지식을 가진 핀란드인, 덴마크인, 노르웨이인 등 스칸디나비아계 이민자들이 빈자리를 메웠다. 컬럼비아강 하구의 항구인 아스토리아는 설립자인 뉴욕의 모피 거물, 존 애스터John Astor의 이름에서 지명이 유래했고, 통조림 무역의 중심지로 부상했다. 아스토리아는 그냥 스칸디나비아 마을이었다. 가게에는 핀란드어 간판이 걸려 있고, 스칸디나비아어 신문을 팔고, 스칸디나비아인이 물고기를 잡고 통조림 공장에서 일했다. 얼마 후 스칸디나비아계 어부들은 통조림 공장에서 일하지 않고, 협동조합을 결성해 자신들이 잡은 물고기를 전량 매입해주겠다고 동의하는 회사에만 물량을 공급하겠다고 선언했다. 통조림 공장들은 주저하지 않고 지나치게 많은 양의 물고기를 사들였다. 물고기 가격이 쌌으므로 일단 물량을 확보하는 편이 낫다고 생각했기 때문이다. 공급이 부족해지는 위험을 감수하느니 가공 가능한 양이라도 챙겨두려고 했다. 통조림이 되지 못한 썩은 물고기들은 갑판에서 삽질에 실려 퍼서강으로 버려졌다.[19]

스칸디나비아인에 이어서 중국인들도 통조림 공장에서 일하기 시작했다. 중국인들이 **손이 빨라** 1분 안에 30파운드(약 14

킬로그램)짜리 왕연어의 내장을 꺼내고, 점액을 제거하고, 살을 잘라 1파운드(약 450그램)짜리 통에 넣을 수 있다는 것이 이유였다.[20] 하지만 조금 더 깊이 파고들어가 보면 중국인들이 고용 시장에서 가장 무방비 상태에 놓여 있었고 이민자 신분으로 부당한 대우를 받았기 때문이다. 그들은 열악한 주거 환경에 살면서 턱없이 부족한 대우와 낮은 임금을 받으며 일했다.

중국인 노동자들이 서해안으로 이민을 가는 것은 말레이반도와 동남아시아에 중국인 노동력을 공급하는 관행의 연장이었다. 고대로 거슬러 올라가보면 중국인은 시암*, 버마, 말레이시아, 인도네시아, 종국에는 영국령 보르네오, 필리핀에 계약직 노동력을 제공했다.[21] 처음에는 아시아 안에서 이동했지만 19세기 중반이 되자 태평양을 건너기 시작했고, 교통비를 충당하기 위해 극도로 낮은 임금을 받으면서 일해야 했다. 어떤 중국인들은 중국인 노동자들에게 교통비 명목 등으로 대출을 해주고서 자신들이 원하는 일이면 무엇이든 시키는, 사실상의 노예로 만들었다.

19세기 중반에 이르자 계약직 노동이 중국, 인도, 라틴아메리카, 서부 해안, 카리브해에서 거대하고 부패한 국제 무역의 대상으로 부상하면서 중국인은 해방된 아프리카계 노예들을 대체했다. 당시 중국인은 자주 납치되어 노예로 팔렸고, 그 후에는 대개 홍콩에서 출발해 두 달 동안 배에 감금되었다가 샌프란시스

* 타이 왕국의 옛 이름.

고에 노착했다. **쿨리**coolie는 원래 짐꾼 같은 특정 유형의 직업을 가리키는 용어였지만 강제 노동에 끌려온 중국인을 가리키는 말이 되었다. 가혹하기는 하지만 계약서에 서명한 중국인 노동자들만 그나마 조금 나은 생활을 할 수 있었다. 광산에서 일하든 통조림 공장에서 일하든 노동자는 제 몫을 받을 수 없었다. 뱃값을 빚지고 있다는 이유로 매우 낮은 임금을 감내해야 했다.

노동자들은 북아메리카에 머물 의도가 없었기 때문에 동화하려는 노력을 전혀 하지 않았다. 이곳에서 돈을 번 후에 중국으로 돌아가 편안한 삶을 살고 싶어 했다. 하지만 이런 소망은 거의 실현되지 않았다. 대신에 사람들로 북적이는 지역에서 종이나 조개껍데기로 만든 창문이 달린 오두막에 살았다. 고용주들은 방 세 개짜리 비좁은 오두막에 중국인 노동자들을 수용하면서 노동력을 착취했다. 유럽계 미국인들은 삭발한 머리에 머리카락을 하나로 땋아 늘어뜨린 것이 중국인의 머리 모양이라고 생각했지만, 실제로는 계약을 통제했던 중국인들이 노동자들에게 강요한 것이었다. 원래 13세기 중국을 지배했던 몽골 정복자들이 자신들에게 충성심을 보이라는 뜻으로 강요했던 머리 모양을 자국의 노동자들에게 요구했던 것이다.

중국인이 도착하기 전까지 미국에는 이민자 문제가 없었다. 미국은 더 많은 사람을 원했지만 백인이 이민해오기를 원했다. 당시에는 누구라도 대부분 미국에 입국할 수 있었고, 얼마 후 미국 시민이 될 수 있었다. 이민을 제한하자는 주장이 중국인을 겨냥해 처음 등장했다.[22] 1875년 미국은 역사상 최초로 반反이민법인 페이지법을 제정하면서 계약직 중국 노동자들을 **바람직하지 못한 사람**으로 규정하고 입국을 금지했다. 1882년 중국인배척법을 제정하면서 중국 이민을 규제하는 법을 더욱 강화했고, 중국 이민자들의 귀화를 금지했다. 1892년 기어리법을 제정하는 것으로 중국인에 대한 거부는 더욱 강화됐다. 중국인 이외의 사람들에게도 **바람직하지 못한 사람**이라는 꼬리표를 붙일 의도로 제정된 최초의 이민법은 1902년 통과된 무정부주의자추방법이었다. 이제 법은 중국인 말고도 무정부주의자, 매춘부, 간질병자, 거지까지도 **바람직하지 않은 사람**으로 규정했다.

1872년 중국인들은 컬럼비아강에 있는 통조림 공장에서 일하기 시작하면서 이내 주요 인력이 되었다. 하지만 중국인은 생선을 통조림으로 포장하는 작업 외에 다른 작업은 무엇도 할 수 없었다. 유럽계 미국인들은 백인들이 원할 만한 직업을 중국인이 가로채서는 안 된다는 단호한 태도를 취했다. 중국인의 어업을 금지하는 공식적인 법이나 규제는 전혀 없었지만, 그들이 물고기를 잡으려고 시도했다가는 심각한 상황에 직면해야 했다.[23] 자연과학 분야를 선도한 미국의 초창기 지도자였던 조지 브라운 구드George Brown Goode는 이렇게 언급했다. "중국인은 컬럼비아강에서 감히 물고기를 잡을 수 없다. 이것은 누구나 이해하는 사실이고, 중국인이 물고기를 잡다가는 목숨을 부지할 수 없을 테다."

통조림 공장에서 도급업자들은 정액제로 대금을 받고 중국인 노동력을 제공했다. 그러고는 중국인 노동자들에게는 깡통 개수를 세서 임금을 지불했다. 노동자 한 명은 열 시간 교대제로 일하면서 하루에 1200~1400통을 포장해야 했다. 19세기 말 브리티시컬럼비아가 중국인 노동력에 대해 실시한 조사에서 통조림 공장 소유주들은 중국인 노동력이 없으면 공장을 운영할 수 없다고 정부에 보고했다. 소유주들이 꼽은 중국 노동자의 장점 중 하나는 결코 파업을 하지 않는 것이었다. 한 회사는 자사 노동자 4분의 3이 중국인이라고 말했는데, 그들에게 지급하는 임금 총액은 나머지 4분의 1인 백인 노동자에게 지급하는 임금 총액에도 미치지 못했다.

혹독한 브리티시컬럼비아 기후에서 노동자들은 캘리포니아에서 지낸 것과 같은 오두막마저도 제공받지 못했고, 막사에서 매트리스도 없이 널빤지 위에서 잠을 잤다.

이처럼 미국과 캐나다의 통조림 공장에서 중국인의 지위는 형편없었다. 1903년 시애틀 출신 발명가인 에드먼드 스미스 Edmund Smith가 워싱턴주 벨링햄에서 생선 머리를 자르고, 지느러미를 다듬고, 내장을 빼내는 기계를 선보였을 때 사람들은 이 기계를 가리켜 즉시 **철 칭크** the iron chink* 라고 불렀을 정도였다.

유럽계 미국인 인구가 꾸준히 증가하는 반면, 유럽에서 건너온 질병에 면역력이 없었던 아메리카 원주민 인구는 계속 감소

* 영어에서 'chink'는 중국인을 모멸적으로 나타내는 단어.

했다. 또 원주민들은 강에서 쫓겨나는 바람에 영양 결핍으로 굶어 죽어갔고, 19세기 중반에 들어서자 자신들이 살았던 나라에서 소수 인종이 되었다.

시간이 지나고 나서야 아메리카 원주민은 백인들이 땅을 소유하고 싶어 하기 때문에 진짜 위험하다는 사실을 깨달았다. 원주민 문화에서는 땅을 차지하려는 백인들의 욕심을 이해하지 못했고 처음에는 전혀 눈치를 채지 못했다. 원주민 문화에서 땅은 하늘과 마찬가지로 소유할 수 있는 대상이 아니었다. 오해가 있었던 가장 유명한 예를 들어보자. 네덜란드인은 적은 양의 물건을 주고 맨해튼을 원주민에게서 샀다. 네덜란드인과 그 후에 들어온 유럽 정착민은 땅값이 그토록 낮은 이유가 원주민이 땅을 파는 물건으로 생각하지 않았기 때문이라는 점을 이해하지 못했다. 원주민은 땅이 자신들의 소유도, 네덜란드인의 소유도 아니라고 생각했다. 하지만 땅을 샀다고 생각한 네덜란드인은 원주민들이 떠나지 않자 어리둥절했다.

북서부에 진출한 유럽계 미국인은 땅을 가지고 싶어 했고, 그중에서도 가장 원한 곳은 강을 따라 뻗어 있는 땅이었다. 강은 통조림 공장을 돌릴 물고기를 잡고, 에너지를 생산하고, 상품을 저렴하게 운송할 수 있었다. 따라서 강은 최고의 상업적 가치를 지닌 부동산이었다.

새 정착민들은 원주민에게 대대로 내려온 어장을 빼앗고 대신 농경지를 주기 시작했다. 하지만 원주민에게 농경지는 물고기를 잡을 수도, 사냥을 할 수도 없는 그저 쓸모없는 땅이었다. 백인들은 이런 점을 결코 이해하지 못했다. 초기 탐험가들은 인디언 남자들이 "사냥하고 물고기 잡는 일밖에 하지 않았다"라고 말하며 놀라워했다. 원주민들이 경작을 하지 못할 만큼 뒤떨어져 있다는 사실을 알고 크게 놀랐던 것이다. 그래서 자신들이 원주민들의 생활을 사냥하고 물고기를 잡는 수준에서 벗어나 농사를 지으며 살아가는 더 높은 수준으로 끌어올릴 수 있으리라 생각했다. 물론 이러한 수순을 밟으면서 자신들의 목표를 달성하는 데 방해가 되는 원주민을 치울 작정이었다.

유럽인과 유럽계 미국인이 사는 세계에서 농업의 지위는 어업보다 높다. 갈등이 생길 경우에 사회는 늘 농부의 편에 선다. 농부는 진보를 대표하기 때문이다. 토지 사용, 강둑 파괴, 살충제 사용, 관개용수 이용 등을 근거로 어업을 망치는 주범이 농업이라고 주장해도 소용없다. 농업은 어업보다 항상 중요하기 때문이다.

종족마다 일정 면적의 땅을 차지하고 그곳에 머물러야 한다는 유럽 중심적 개념은 아메리카 원주민이 가진 자유 개념과는 정반대였다. 네즈퍼스족 추장인 조지프는 이렇게 말했다. "자유롭게 태어난 사람이 어느 한 곳에 못 박혀 살면서 자신이 가고 싶은 곳이면 어디든 갈 수 있는 자유를 거부당하는 상황을 받아들이게 하느니 차라리 강물이 거꾸로 흐르기를 기대하는 편이 낫다."[24]

1855년부터 새 정착민들은 원주민 부족들을 강제로 조약에 가입시켜 자신들의 계획을 달성하기 시작했다. 이러한 행보 자체는 합법성이 의심스러웠다. 조약은 외국과 맺는 협정이다. 미국 정부가 어떠한 원주민 집단의 국적도 인정하지 않았는데 어떻게 아메리카 원주민과 조약을 맺을 수 있었을까? 유럽계 미국인은 원주민의 국적을 인정하지 않으면서도 조약은 맺고 싶어 했다. 미국 정부는 원주민의 국적을 인정하지 않았다. 그들은 1924년까지도 미국 시민권을 취득하지 못했고, 1948년까지 온전한 투표권도 행사하지 못했다.

아메리카 원주민을 조약으로 능숙하게 구속한 인물은 아이작 스티븐스Isaac Stevens였다. 스티븐스는 뉴잉글랜드에서 태어나 육군사관학교를 졸업하고, 멕시코·미국 전쟁에 장교로 참전했으며, 1853년 워싱턴준주의 첫 주지사가 되었다. 서른다섯 살에 주지사이자 인디언 문제 감독관 자리에 올랐고, 북부 대륙 횡단 철도를 건설하기 위해 결성된 조사팀을 이끌었다.

스티븐스는 경제 발전을 사명으로 삼았다. 수렵 채집인을 몰아내겠다는 뜻이었다. 그는 조약을 체결한 후에 공권력을 동원해 원주민들을 위협했다. 첫 행보로 1854년 메디신크릭조약을 체결했는데, 62명의 부족 지도자는 3만 2500달러와 보호 농지, 일부 어업권을 받기로 하고 조상 대대로 내려온 퓨젓사운드 주변 땅과 인근 지역을 포기하는 조건에 합의했다. 이때 참여한 부족들은 니스퀄리와 퓨알럽, 스테일라쿰, 스쿼스킨, 스호마미시, 스테차스, 티픽신, 스퀴아이틀, 사헤와미시 등이었다.

그 후 스티븐스는 컬럼비아강에 있는 야카마족의 땅을 넘봤다. 실제로 스포케인족과 네즈퍼스족의 피가 섞인 추장 카미아킨Kamiakin은 조약에 서명하는 것을 거부하고, 전투 부대를 조직해 나중에 야카마전쟁을 일으켰다. 이 전쟁은 1855년부터 1858년까지 계속됐다. 카미아킨은 첫 전투에서 승리했지만 3년 동안 전투를 치르면서 결국 지쳤다. 그가 항복하기를 거부하고 캐나다로 도망가자 야카마족은 결국 조약을 받아들였다. 니스퀄리족 추장으로 야카마전쟁에 참전했던 레시Leschi는 조약에 반대해 무기를 들었다가 전쟁 중 살인 혐의로 체포돼 교수형을 받았다. 많은 사람이 교수형에 반대했기 때문에 멀리 떨어진 지역에서 집행되었다. 그곳에는 현재 골프장이 들어서 있다.

아메리카 원주민들에게는 조약에 서명하는 것 외에는 달리 선택할 길이 없었다. 그들은 원하지 않았던 농지를 받는 대가로 워싱턴, 아이다호, 몬태나준주의 땅 6400만 에이커(약 10만 평방마일, 2590만 제곱미터)를 빼앗겼다.[25]

머릿속에 철도밖에 없었고 무자비했던 스티븐스는 유럽계 미국인 사이에서도 논란이 많은 인물이었다. 스티븐스는 북군의 장군으로 임명받아 워싱턴준주를 떠났다가 1862년 버지니아에서 벌어진 챈틸리전투에서 돌격대를 이끌고 스톤월 잭슨Stonewall Jackson의 진격을 막다가 머리에 총상을 입고 죽었다. 하지만 그가 체결한 조약을 둘러싼 논란은 사망 후에도 결코 사라지지 않았다.

아메리카 원주민 어부들은 거의 모두 강에서 쫓겨났다. 1877년까지 네즈퍼스족은 오래전부터 살아온 어장에서 멀리 떨어진 보호구역으로 이주해야 했다. 하지만 조지프 추장이 이끄는 저항 집단은 농부가 되고 싶지 않았고, 어업권을 되찾기 위해 기꺼이 싸우는 쪽을 택했다. 역사가들은 1850년대 이후 북서부에서 벌어진 대부분의 전쟁과 마찬가지로 네즈퍼스전쟁을 스티븐스의 무자비함이 빚은 결과로 보는 경향이 있다. 하지만 네즈퍼스전쟁은 대부분의 미국 관리들이 원주민들을 이해하지 못한 결과이기도 했다. 원주민들은 어부가 아니라 농부로 살라는 강요를 받아들일 수 없었다.

장교 시절에 젊음을 쏟았던, 서부를 사랑한 율리시스 그랜트Ulysses Grant* 조차도 **인디언들을 보호구역에 수용하고** 싶어 했다. 스티븐스도 같은 주장을 펼치기는 했지만 그랜트는 인디언에게 크게 공감한다면서 **평화 정책**을 내세우고, 역사상 처음으로 원주민을 인디언 문제 국장으로 임명했다.[26] 남북전쟁에서 활약했던 세네카인 엘라이 파커Ely Parker 장군은 동화를 뜻하는 **인간화, 문명, 기독교화**의 가치를 믿었다. 그랜트는 "나는 인디언들과 함께 살아왔고, 그들을 속속들이 알고 있다"라고 말했다. 대통령으로 취임한 그랜트의 말을 빌리자면 인디언들은 **방랑하는 삶**을 버려야 했다. 그랜트는 자신이 추진하는 평화 정착 과정을 통해 몇 년 안에 모든 원주민을 보호구역에 정착시켜서 "그들이 집에서 살고, 학교와 교회를 다니고, 평화롭게 자급자족하는 직업을 추구할 수 있기를" 바랐다(그랜트가 머릿속에 그린 건 농업이었고, 그랜트 자신도 농부가 되는 것에 환상을 가졌었다).

하지만 그랜트가 필립 셰리던Philip Sheridan 장군을 서부 책임자로 임명하면서 분위기가 더욱 험악해졌다. 남북전쟁 동안 셰리던은 셰난도계곡에서 악명 높은 총력전을 벌여서 적군을 죽

* 남북전쟁에서 북군의 총사령관으로 북부를 승리로 이끈 명장이자 미국 18대 대통령.

이고, 굶주리게 하고, 피폐하게 만들었다. 리Lee와 그랜트가 애포매톡스에서 항복 문서에 서명할 때 사용한 작은 타원형 테이블을 자랑스럽게 소장하고 있던 조지 암스트롱 커스터George Armstrong Custer를 포함해 인디언과의 전쟁에 참전한 수많은 장교가 이 전략으로 남군을 격파했다.

인디언 전쟁에 관해 오랫동안 전해 내려오는 신화에 따르면, 커스터와 제7기병대가 리틀빅혼에서 수우족 지도자인 시팅 불Sitting Bull에게 패배한 것은 이변이었다. 사실 제7기병대는 수많은 패배를 당했다. 평원에서 블랙풋족과 싸우기 위해 승마술을 익혔던 네즈퍼스족은 승마뿐만 아니라 사격에도 능했고, 미국 기병대를 자주 격파했다.[28] 만약 조지프 추장이 바란 대로 시팅 불이 이끄는 수우족이 캐나다에서 내려와 네즈퍼스족에 합류했다면 미 육군에 패배를 하나 더 안겼을 것이다. 하지만 수우족은 그렇게 하지 않았고, 더 많은 병력·무기·보급품으로 무장한 제7기병대가 소규모의 네즈퍼스족 무리를 점차 약화시켰다. 조지프는 서부 부족 중에서 가장 마지막까지 부족을 이끌며 저항하다가 결국 항복했고, 그가 남긴 강렬한 항복 연설은 아메리카 원주민 역사상 가장 유명한 연설로 남았다. 일부 역사가에 따르면 항복 이후에 포로로 잡힌 원주민 중에는 할라토킷Halahtokit(낮 연기), 그의 딸과 손녀가 있었다. 원주민에게 상황이 더 나았던 시기에 태어났던 할라토킷은 탐험가 윌리엄 클라크의 아들이었다.

8장

돌아갈 곳을 잃다

생육하고 번성하여 땅에 충만하라, 땅을 정복하라,

바다의 물고기와 하늘의 새와

땅에 움직이는 모든 생물을 다스리라 하시니라.

_〈창세기〉 1장 28절

유럽인과 유럽계 미국인은 북아메리카의 풍광을 조사하고 그곳에서 상품을 보았다. 숲에서는 목재와 그곳에 사는 동물들의 두껍고 비싼 모피를 얻을 수 있었다. 땅을 이용하면 식량을 재배할 수 있었다. 땅에 묻힌 광물을 파내거나 씻어서 팔 수 있었다. 샌프란시스코에서는 밀을, 시카고에서는 소를 팔 수 있었다.

스티븐스가 철도를 건설하는 주요 목표는 무역이었다. 철도를 건설할 수 있다면 상업을 발전시킬 가능성은 무한할 것이었다. 점점 더 많은 사람을 실어 나르고, 항구와 도시를 건설하고, 상품을 운송할 수 있었다.

많은 사람은 자신이 자연을 해치고 있다는 사실을 인식했다. 다만 이것은 우선순위의 문제였다. 1875년 포틀랜드 일간지 〈모닝 오리거니언Portland Morning Oregonian〉은 "우리 수역에서 연어가 거의 완전히 멸종할지 모른다"라고 경고했다.[1] 하지만 이 새로운 나라를 개발하려고 이주해온 사람들은 상응하는 대가를 치러야 한다는 것을 받아들이고 있었다.

나무는 목재로 팔려 나갔고, 잘려 나가면서 더욱 많은 재화를 뽑아내기 위한 땅을 남겼다. 나중에 밴쿠버, 워싱턴, 오리건주 포틀랜드의 대규모 교외 지역으로 개발될 컬럼비아강 북쪽 둑에는 1827년에 이미 제재소가 돌아가고 있었다.[2] 운송 수단이 발달하면서 벌목량은 점점 더 늘어갔다. 1848년에 오리건 서부와 워싱턴의 제재소는 약 22곳이었지만, 1851년에 이르자 오리건주에만 100곳이 넘었다.[3]

제재소가 미치는 영향 가운데 유난히 두드러지면서도 바로잡을 수 있는 것은 강을 질식시키는 톱밥이었다. 워싱턴준주는 강에 톱밥을 버리는 행위를 1876년에 금지했다. 오리건주도 2년 후 같은 금지령을 내렸다. 하지만 이런 법들은 유명무실했다.

벌목의 표적은 주로 강둑 근처 저지대였다. 고품질의 나무가 자라는 데다가 접근성이 좋아서 운반이 쉬웠기 때문이었다. 하지만 이곳은 연어들에게는 반드시 필요한 숲이기도 했다. 오늘날 오리건과 워싱턴의 강둑에는 오래된 숲이 거의 사라졌다. 숲이 우거진 올림픽반도를 흐르는 워싱턴주 키노 소재의 강만 보더라도 지탱해줄 나무가 없어서 강둑이 무너져 내리며 여러 개의 얕은 개울과 시내로 갈라졌다.[4]

나무들이 잘려나가자 봄에는 지표면 유출량이 엄청나게 늘어났고, 여름에는 지나치게 가물었으며, 산불이 날 때 발생하는 유독성 잿더미는 과거에 숲 바닥에 쌓이며 걸러졌지만 이제는 노지에 떨어져 강으로 곧장 흘러들었다.

19세기 벌목꾼들은 통나무를 옮기기 위해 이른바 **스플래시 댐**을 만들었다. 이 댐은 뒤에 커다란 저수지를 조성하는 임시 댐이었다. 웅덩이에 통나무를 적재해두었다가 강 수위가 높아지면 댐을 무너뜨렸다. 그러면 큰 통나무들이 강바닥을 훑으며 하류로 이동했다. 그리고 댐을 다시 만드는 과정을 반복했다.[5] 스플래시 댐은 워싱턴에 150개 이상, 오리건에 160개가 있었다.

농지를 마련하려고 숲을 개간하면서 연어 강을 망가뜨렸고, 농사와 목축의 관행도 여기에 한몫했다. 워싱턴, 오리건, 아이다호를 아우르는 컬럼비아분지에서는 지금까지도 관개가 널리 이루어진다. 이 지역에서 관개의 역사는 거의 농사만큼이나 깊다. 지금의 아이다호주 루이스턴과 왈라왈라 인근에서 1840년에 농업 발전을 위한 관개가 시작됐다. 1859년에 들어서면서는 왈라왈라하곡에서 중요한 관개 프로젝트가 출범했다. 그 후 후드강과 유머틸라강을 비롯해 오리건주의 주요 하곡을 시작으로, 1866년에는 캘리포니아주 새크라멘토강과 샌와킨강의 계곡에서 광범위하게 관개를 실시했고, 뒤이어 오리건과 캘리포니아에 있는 클래머스강에서도 물길을 뚫었다.

연구에 따르면, 관개용으로 끌어온 물의 3분의 1만 원래의 강과 호수로 다시 유입되고 수질은 상당히 나빠진다.[6] 수온이 더 높고, 염분은 더 많고, 종종 달갑지 않은 병원체를 안은 채로 다시 흘러든다. 또 용존 산소량도 더 적다. 관개는 치어인 앨러빈과 연어알의 사망률을 높인다. 다량의 물이 종종 다른 곳으로 흘러드는 바람에 그 물로 채웠어야 할 강바닥은 말라서 연어가 헤엄칠 수 없었다.

가축은 강둑을 짓밟고, 침식을 유발하고, 많은 양의 배설물로 용존 산소를 감소한다. 강둑에 뿌리내린 식물, 특히 물 위로 가지를 드리워 그늘을 만드는 다양한 식물을 없앤다. 또 어린 연어들에게 필수적인 먹이인 곤충의 서식지를 파괴한다.

연어와 인간이 하구와 습지를 사용하는 방식은 다르다. 연어에게는 어린 민물고기에서 바다로 나가는 물고기로 바뀔 때 필요한 기수brackish water[*]가 있는 곳이다. 하지만 돈벌이에 급급한 유형의 인간에게는 물을 빼내 유용한 용도로 사용하지 못하고 낭비되고 있는 늪지대다. 좋은 항구 도시를 건설할 수 있는 조건을 갖춘 곳이기도 하다. 예컨대 뉴욕과 샌프란시스코도 습지에 건설됐다. 게다가 산업 단지나 농지로 개발하기에도 좋다. 캘리포니아에는 다른 주들보다 습지가 많다. 1780년 당시 캘리포니아에서 습지는 500만 에이커였지만, 1980년에 이르자 전체 습지의 91퍼센트가 육지로 개발됐다. 같은 기간에 아이다호는 56퍼센트, 오리건은 38퍼센트, 워싱턴은 31퍼센트의 습지를 잃었

[*] 바닷물과 강물이 섞여 있는 곳에서 바닷물보다 소금 농도가 옅은 물.

다. 이처럼 서식시가 내규모로 사라지는 환경에서 연어가 어떻게 살아남을 수 있었는지는 확실하지 않지만, 이 문제는 매우 많은 문제들 틈새에서 잊히고 있다.

연어는 개체수가 감소하고 있지만 강인하고 놀라운 회복력으로 광업과 농업, 관개, 벌목, 심지어 인간의 근시안적 탐욕과 통조림 공장의 만행도 모두 이겨냈을 것이다. 하지만 강을 가로질러 높은 콘크리트 벽을 세우고 어떤 생물체도 그 위로든 아래로든 통과할 수 없게 만든다면, 산란할 수도 바다로 나갈 수도 없을 것이다. 산란기가 되더라도 댐이 지어진 하천이나 지류로 더 이상 돌아오지도 않을 것이다.

이 단순한 전제를 이해하지 못한 사람은 없었다. 따라서 댐 건설은 비난받아 마땅한 매우 중대한 죄악이었다. 1848년 작성된 오리건준주의 헌법은 연어가 하천의 위아래로 자유롭게 헤엄쳐 이동할 수 있도록 통로를 만들지 않으면 어떤 강이나 하천에도 댐을 지을 수 없다고 못을 박았다. 메인주 태생이면서 태평양 북서부 통조림 사업의 아버지로 불리는 로버트 흄은 1908년에 오리건에서 가장 유명한 연어 강을 변호했다. 이 사실은 북서부 사업가들이 자신들의 뿌리를 잘 인지하고 있었다는 좋은 예다.

수백 년 전 내 가문 사람들은 스코틀랜드 버릭셔를 흐르는 트

위드강에서 연어가 산란지까지 거슬러 올라가는 통로를 방해하는 댐과 여러 장애물을 방치하고 있는 행태에 저항했다. 여러 세기가 지난 후에 나 역시 로그강에 서 있는 구조물을 거부한다.

댐은 물고기에게 다른 문제들을 일으켰다. 댐 아래의 물은 그 위에 있는 물보다 훨씬 차가워서 물고기가 어떻게든 댐을 통과하더라도 수온 차이 때문에 죽을 수 있다.[7] 어린 물고기들이 댐 때문에 형성된 커다란 호수에 머무르다가 민물에 갇힐 위험성도 있다. 더 심각한 경우에는 어린 물고기가 하류 쪽으로 계속 내려가려다가 불가사의한 이유로 댐의 모터에 빨려 들어간다.

19세기 후반, 전기 시대가 펼쳐지자 북서부 경제를 발전시키고 싶었던 사람들이 크고 유속이 빠른 강들을 매력적인 전력원으로 보았다. 윌래밋강과 스포케인강 같은 컬럼비아강의 주요 지류에 수력발전 댐을 세우기 시작했다. 댐은 전기를 공급할 뿐 아니라 홍수를 통제하고, 관개 프로젝트를 추진하고, 운송용 교통수단을 발달시키려 할 때 구미 당기는 해법이었다.

장기적인 관점에서 역사를 볼 때, 환경을 보호하면 일자리를 보장받고 파괴적 관행을 지속하면 일자리는 사라진다. 하지만 경제 위기 시기에는 넓은 관점에서 접근하는 사람은 거의 없다. 대공황 때도 일자리를 즉각 창출할 수 있는 대상에 초점을 맞췄다.

루스벨트는 태평양 북서부를 바라보면서 거대한 수력발전 댐에서 생산한 엄청난 양의 에너지, 이 풍부하고 깨끗하고 값싼 에너지가 경제를 부흥시킬 것이라는 비전을 품었다. 실제로 그랬고 그 비전은 지금도 현재진행형이다.

부자였지만 생활고를 겪는 노동자들과 대화할 줄도 알고, 당시 시대를 예리하게 읽었던 루스벨트는 1932년 대통령 선거 운동 기간에 오리건주 포틀랜드의 한 정거장에서 이렇게 밝혔다.

> 이 거대한 수력발전은 이 나라 전체에 막대한 가치를 제공할 수 있습니다. 상품을 값싸게 생산하고, 경제를 일으키고, 농장과 가정에서 편안한 삶을 누리게 해줄 수 있다는 뜻입니다.

1933년 취임한 지 몇 주 지나지 않아서 루스벨트는 최초의 연방 수력발전 프로젝트를 가동하며 거대한 그랜드쿨리댐과 보너빌댐을 건설하라고 지시했다. 아마도 세계 최대 콘크리트 구조물의 하나인 그랜드쿨리댐은 미국 최대의 비원자력 발전소가 될 것이었다. 이 거대한 콘크리트 덩어리는 자체 무게만으로도 흐르는 강물을 막을 수 있는 콘크리트 중력 댐이다. 루스벨트는 설계를 변경해서 높이를 약 550피트(약 168미터)로 늘리고, 전기뿐만 아니라 컬럼비아강물을 관개용수로 농경지에 공급할 수 있도록 만들었다. 컬럼비아강에 건설할 보너빌댐의 용도는 막대한 양의 전기 생산, 홍수 조절, 관개 기능 향상이었다.

이 프로젝트를 유일하게 달가워하지 않았던 집단은 어부, 어업위원회, 아메리카 원주민이었다. 사실 대중이 댐 프로젝트를 열렬히 지지한 것은 당혹스러운 현상이다. 이미 부를 축적한 민간 기업을 육성하기 위해 정부가 프로젝트에 거액의 자금을 쏟고 있다는 점을 고려할 때 그렇다. 하지만 일자리를 창출할 수 있었고, 댐 건설로 얻는 에너지를 사적으로 유용할 수 없는 공공재로 못 박는 등 이 프로젝트가 인기를 얻게끔 루스벨트는 고군분투했다. 포크송 가수로 대공황 때 큰 사랑을 받은 음유시인 우디 거스리Woody Guthrie는 심지어 댐을 찬양하는 노래를 불렀다.

> 엉클 샘은 도전을 시작했네.
> 1933년에
> 농부와 공장을 위해
> 그리고 당신과 나 모두를 위해.

1975년까지 컬럼비아강 주류에 14개, 스네이크강에 13개의 댐이 들어섰다. 컬럼비아강 지류에 전기 생산용으로 58개를, 컬럼비아강 유역에는 다른 기능을 겸한 목적으로 78개의 댐을 세웠다. 이 댐들은 대부분 연어의 회유를 막았다. 심지어 자기 부족의 연어 어업권을 지키기 위해 투쟁한 사실이 무색하게도 댐 이름에 '조지프 추장'이 들어가기도 했다. 1941년에 그랜드쿨리댐, 1950년에 치프조셉댐이 세워지자 댐 상류의 주요 강으로 연어가 회유할 수 없게 되었다.[8] 지류를 포함해 컬럼비아강 유역은 댐 211개가 들어서면서 연어가 회유할 길이 막혔다.[9] 게다가 이보다 작은 댐들이 오리건에 905개, 워싱턴에 842개, 캘리포니아에 674개, 아이다호에 523개가 들어섰다. 그랜드쿨리댐을 포함해 많은 댐은 물고기 통로를 만들지 않은 상태로 세워졌다. 그러자 한때 번식력이 몹시 왕성했던 컬럼비아강 상류의 1400마일(약 2250킬로미터) 구간에서 산란이 중단됐다.[10]

댐 건설 지역은 알루미늄, 항공기 같은 고에너지 소비 산업에 적합하게끔 바뀐다. 스네이크강에 댐과 항구가 들어서면서 아이다호는 상품 운송이 가능한 주요 곡물 생산지로 성장할 수 있었다. 한때 목재와 감자의 생산지로 유명했지만, 관개 시설을 갖춘 국내에서 낙농업이 가장 발달한 주의 하나가 되었다. 이렇듯 북서부 지역은 자연의 법칙을 완전히 거스르면서 엄청난 경제 성장을 이뤘다. 일자리를 제공받고 돈을 벌고 있는데 누가 불평을 하겠는가?

연어를 보호하기 위해 저항할 태세를 갖춘 것은 아메리카 원주민뿐이었다. 루스벨트가 계획한 댐들이 건설되기 시작하자 컬럼비아강의 연어는 서식지 파괴와 남획, 형편없는 어업 관리 때문에 이미 걱정스러운 감소 추세를 보였다. 댐을 세우기 시작하고 반세기가 지난 시점에서 연어 개체수는 컬럼비아강 역사상 연어가 가장 많이 회유했던 시기의 4분의 1에 불과한 것으로 추정됐다.[11] 스네이크강에서 오리건과 아이다호의 경계를 이루는 가파른 협곡에 들어선 헬스캐니언댐과 컬럼비아강의 그랜드쿨리댐은 컬럼비아분지에 있는 연어 서식지 전체의 3분의 1을 차단했다.

태평양 북서부 지역에서 댐이 미친 영향은 단순히 연어 회유를 막은 것 이상이었다. 한때 급류와 폭포가 있던 곳에 깊은 웅덩이를 만들고, 들판을 침수시키고, 숲을 농장으로 바꾸고, 루이스와 클라크가 항해하던 구불구불한 천연 물길을 선박이 드나드는 넓고 곧은 물길로 만들었다. 댐은 원주민들이 알아볼 수 없을 정도로 그들의 고향을 바꿨다. 가장 유명한 예가 셀릴로폭포였다.

컬럼비아강은 시작점에서 약 1000마일(약 1609킬로미터) 떨어진 지점에서 좁은 급류 지역을 지나가야 했다. 강물이 격렬하게 거품을 내며 힘차게 흘렀다. 1805년에 윌리엄 클라크는 강물이 "엄청나게 충격적으로 요동쳤다"라고 말했다. 작은 바위투성이 섬들 사이로 짙은 현무암이 돌출되어 있고, 물이 하얀 거품을 일으키며 떨어졌다. 치누크족 일원인 와스코족이 오리건 쪽을 지배했고, 와이암스족이 워싱턴 쪽을 지배했다. 셀릴로Celilo는 와이암스족 말로 **물이 떨어지는 소리**를 뜻한다.[12]

셀릴로폭포 위로는 급류가 12마일(약 19킬로미터)에 걸쳐 흐르는, 프랑스어로 댈스라는 지역이 있다. 댈스는 최소한 1만 년 넘게 무역이 이루어졌던 곳이다. 로키산맥과 대평원에서 온 무리들은 가져온 임산물을 댈스에서 마른 연어와 교환했다. 루이스와 클라크는 댈스에서 염장 연어를 1만 파운드 이상 보관하던 창고를 발견했다. 이곳에서는 옥도끼, 곰가죽옷, 산양뿔, 바구니 등이 거래됐다. 클래머스 지역민은 노예를 거래했을 뿐 아니라 셀릴로폭포 한 지점에서는 어업권도 거래했다.

유럽계 미국인에게 셀릴로폭포는 컬럼비아강에서의 상품 운송에 방해가 되었지만, 아메리카 원주민에게는 태평양 북서부 최고의 연어 명소 중 하나였다. 이곳 연어는 공중으로 10~12피트(약 3~3.7미터)를 뛰어올랐다. 일부 연어는 폭포를 뛰어넘는 데 성공할 것이고, 실패한 언어는 하얀 물거품을 일으키는 웅덩이로 휩쓸려 들어갔다가 다시 시도할 것이다. 어부는 바위를 이용해 만든 좌대에 서서, 이 미끄럽고 불안한 자리에서 밧줄로 몸을 단단히 묶고, 작살이나 30피트(약 9미터) 길이의 장대에 묶은 그물을 던져 상류로 헤엄치는 연어를 잡았다. 기록된 역사에 따르면, 어부 한 사람이 이 방식으로 한 시간에 연어 20마리를 잡을 수 있었다.

아메리카 원주민 집단과 미국 정부가 맺은 조약이 보장한 **보통의 장소**에서의 어업권은 셀릴로폭포에도 적용됐다. 하지만 100살이 넘었다는 말이 떠도는 와이암스족 추장 토미 톰슨Tommy Thompson이 1956년에 셀릴로폭포에서 마지막으로 첫 연어 의식을 치른 후에는 아무도 그곳에서 물고기를 잡지 못했다. 추장의 뺨을 타고 눈물이 주르르 흘러내렸다. 1952년 미 육군 공병대는 200피트(약 61미터) 높이로 콘크리트 중력 댐인 댈스댐을 건설하기 시작했다. 1957년 3월 10일 모여든 수백 명의 구경꾼이, 한쪽에서는 눈물을 흘리는 원주민들이 셀릴로폭포가 물에 잠기고 섬, 바위, 폭포가 하나씩 사라지는 광경을 지켜보았다. 곧 크고 잔잔한 웅덩이인 셀릴로호수가 모습을 드러낼 것이었다.

바지선이 드나들 수 있도록 갑문이 세워졌고, 댈스는 국제 항구가 되었다. 2년 후 부통령인 리처드 닉슨Richard Nixon이 발전기 가동식에 참석했을 때, 오리건주 상원 의원인 리처드 노이버거Richard Neuberger가 뼈 있는 말을 던졌다. "우리의 인디언 친구들은 깊고 진심 어린 감사의 인사를 받아 마땅합니다." 노이버거는 인디언이 어떤 기여를 했다고 말했을까? “인디언은 소수만이 알고 있던 유일한 삶의 방식을 포기함으로써 댐 건설에 크게 기여했습니다.”[13]

21세기에 댐은 청정에너지를 제공한다는 주장을 토대로 지지를 받았다. 주 정부는 **재생 가능한 에너지 생산량**을 거론할 때, 수력발전 댐의 전기 생산량을 포함한다. 이때 산출되는 것은 탄소도 원자력도 아니다. 북서부에서는 “녹색 댐, 파란 하늘”이라는 캠페인을 펼치면서 댐이 가장 깨끗한 에너지를 생산한다고 주장했다.[14] 물고기를 보호하기 위해 댐에 더 큰 수로를 만드는 강제 규정을 두자고 논의하는 청문회에서 변호사들은, 그렇게 해서 잃게 될 에너지는 화석 연료를 태워서 만든 에너지로 메워야 할 것이라고 주장했다. 하지만 탄소 에너지 산업에 속하는 정유 기업과 광산 기업이 댐으로 만들어진 수로에 자사 바지선을 띄우리라는 사실은 언급하지 않는다.

최근 연구 결과는 수력발전 에너지가 이전에 생각했던 것만큼 깨끗하지 않다고 시사한다. 댐이 만들어내는 저수지가 기후변화의 원인으로 지목받는 메탄가스를 방출하기 때문이다. 그렇다고 하더라도 화석연료를 태우는 화력발전소가 방출하는 탄소만큼 환경에 해를 끼치는 것 같지는 않고, 댐이 없는 경우에 강이 방출했을 수 있는 메탄의 양도 확실하지는 않다.

20세기 중반에 댐 건설을 반대하는 사람들이 원자력발전소를 해법으로 제시했다.[15] 과거만큼 원자력에 대해 낙관적이지 않다는 것이 현실이다. 대체할 수 있는 재생 에너지는 많다.

일부에서 제안한 스코틀랜드의 해상 풍력 발전도 연어에게 해로운 영향을 미칠 수 있다는 연구 결과가 나왔다. 최근 연구에 따르면, 여기서 나오는 특정 음파가 연어의 사냥 기술을 포함한 여러 기능을 방해한다.[16] 환경친화적인 대체 에너지를 찾는 데 혈안이 되면 종종 에너지 소비를 줄일 수 있는 환경친화적 대안을 자주 무시하는 부작용을 낳는다. 결국 경제 발전을 완전히 재고해야 하는 사태를 초래할 가능성이 있다.

3부

해결책이 있는 문제

9장

더 많이 만들어내면 되지 않을까?

세상은 특히 인간을 위해 만들어졌다고들 말한다.
이것은 온갖 사실로도 뒷받침되지 않는 추정이다.

_존 뮤어,
《걸프만까지 걸어서 1000마일》

명확하고 단순하게 자연을 다루면 거의 틀림없이 실패한다. 자연법칙은 언뜻 보기에는 단순하지만, 항상 결과를 추측하기조차 어렵게 만드는 요소들이 복잡하게 얽혀 있기 때문이다.

실제로 시작된 곳은 고대 중국이지만, 물고기 양식은 꽤 오래된 아이디어다. 15세기 프랑스 레오미수도원의 수도사인 동 팽숑Dom Pinchon이 새로운 물고기 세대를 만들어내기 위해 인공수정법을 실험했던 때로 거슬러 올라간다.[1] 그는 연어알과 정액을 뚜껑이 달린 나무 상자에 넣고 부화할 때까지 개울에 담가두었다. 그러면서 실험 경과를 기록함으로써 사실상 세계 최초로 부화장을 만들었지만 세간의 관심을 끌지 못했다.

18세기 초에 독일 육군 장교인 슈테펜 루트비히 야코비Stephen Ludwig Jacobi는 하노버 노텔렌의 사유지를 통과하는 칼레바흐강에서 송어가 줄어들고 있다는 사실을 깨닫고 걱정했다.[2] 야코비는 팽송의 미발표 원고인 〈물고기 알의 인공수정과 부화〉를 발견하고 그의 이론을 개선했다. 우선 깊이 6인치(약 15센티미터), 길이 12피트(약 366센티미터), 폭 18인치(약 46센티미터)이면서 양쪽 끝에 놋쇠 창살을 설치한 부화용 나무 상자를 만들었다. 씻은 작은 자갈을 상자 바닥에 깔고 물이 통과해 흐르게 했다. 야코비는 줄어드는 물고기 수를 복원할 기술을 개발한다고 생각하며 노텔렌에 세계 최초의 송어 부화장을 지었다.

반세기 이상이 지나고 나서야 야코비의 연구를 상업적으로 응용하려는 시도가 있었지만, 그의 연구는 결코 잊히지 않고 후세에 계속 영향을 미쳤다. 1820년대 데이비 경이 야코비의 연구를 기반으로 실험을 시작했다.[3] 동식물학자인 조지 호가스George Hogarth는 연어의 인공수정에 성공했다고 주장했고, 랭커셔 소재 클리더로에 있는 면직물 공장주 토머스 가넷Thomas Garnett은 1830년에 송어 양어장을 시작했다.

송어 양식은 가능한 것 같았다. 하지만 대서양연어는 알에서 시작해 바다로 나가는 스몰트로 클 때까지 사육하려면 2~3년은 걸린다. 파parr 단계까지 기르는 데 보통 2년 걸리는데 1년만 걸릴 때도 있다. 일부 대서양연어는 3년 이상 강에 머물기도 한다. 그러고 나서 연어는 1~3년 혹은 그 이상 바다에 머물며 몸집을 키운다. 강으로 돌아온 성숙한 연어는 아직 강을 떠나지 않았던 소수의 어린 형제들을 강에서 만난다.

수정시키고 양식한 어린 연어를 바다로 보내고, 그 연어가 성장한 후에 산란하려고 고향에 돌아오는 데 성공했는지 알 수 있으려면 6년을 기다려야 한다. 이것은 상당한 끈기가 필요하고 혼란스러운 작업이었다.

19세기 초에 과학자들은 부화해서 산란하는 성체로 성장하는 데 단 1년이면 된다고 믿었다. 그래서 바다에서 돌아온 연어는 그해 초 같은 강에서 태어난 연어라고 생각했다. 프라이와 스몰트를 포함한 연어가 새를 피해 얼룩무늬로 위장하고 1년 이상 강에 서식하는 것을 보았는데도 그것이 연어 생애 주기의 한 단계라는 사실을 이해하지 못했다. 파는 완전히 다른 물고기 종이라고 생각했던 것이다. 성체 연어와 파의 생김새가 다르므로 물론 그렇게 생각할 만했다. 결론적으로 사람들은 연어에 대해 전혀 알지 못한 상태에서 연어를 기르려 했다.

한 세기가 지났을 때 열광적인 추종자들이 있기는 했지만 야코비의 연구는 여전히 상당한 회의론에 부딪혔다. 1880년 왕립더블린협회는 과학적으로 신중한 태도를 취하는 조항을 다음과 같이 덧붙이면서 18세기 야코비가 도출한 연구 결과를 출간했다. "우리는 이 진술에 담긴 주장이 진실이라고 보증하지 않는다. 진실을 확인하려면 더 많은 실험이 필요할 것이다."[1] 달리 말해서 흥미롭지만 믿기는 약간 힘들다는 뜻이었다.

스코틀랜드 니스강가에 있는 드럼란리그성에서 사냥터 관리인으로 일했던 존 쇼John Shaw는 개척자였다. 쇼는 그해에 양어장에서 방류한 새끼와 회유한 연어가 같은 물고기가 아니고, 파는 연어의 초기 발달 단계라는 사실을 입증하려 노력했다. 그는 야코비에게 영향을 받아 그의 연구 결과를 언급할 때도 있었지만 부화 상자를 사용하지 않고, 강과 연못에 있는 자갈밭에 알과 정액을 놓았다. 역시 스코틀랜드 사람인 앤드류 영Andrew Young은 파가 1년만에 스몰트가 되었다고 주장했다.

보주에 살면서 어업에 종사하는 프랑스 어부 조제프 레미 Joseph Rémy, 카페 주인이자 어부인 앙투안 게힌Antoine Géhin은 스코틀랜드와 영국에서 실시한 실험에 대해 전혀 알지 못했다. 실제로 두 사람이 야코비의 연구에 대해 알았는지도 논란거리다. 그들은 보주에 상류가 있는 모젤강에서 물고기 개체수가 줄어들고 있다는 사실에 염려했다.[5] 두 어부의 목표는 분명했다. 과학적 조사를 하려는 것이 아니라 프랑스 강들에 연어가 다시 넘쳐나게 할 방법을 찾으려 했다.

레미와 게힌은 그 방법을 찾아 은밀한 항해를 하고 있는 중이라고 믿는 듯했다. 실제로 레미는 물고기에게 몰래 다가가 번식 방법을 알아내려 했고, 어둡기는 했지만 그나마 달이 뜬 밤에 연어를 지켜보고서 그들의 번식에 얽힌 비밀을 마침내 알아냈다.[6] 난소에서 배출된 알이 자갈밭에서 수컷이 내뿜은 정액을 만나 수정이 이루어졌다. 이 과정은 두 사람이 쉽게 모방할 수 있을 만큼 간단했다.

수정 방법을 알아낸 것은 송어와 연어 개체수가 뚜렷하게 감소하던 시기에 매우 반가운 소식이었다. 물고기 개체수 감소라는 임박한 비극을 둘러싼 다툼이 이미 벌어지고 있었다. 그물을 치고, 댐을 짓고, 강을 오염하는 것이 어떤 영향을 주었는지에 관한 논쟁이었다. 그물로 물고기를 잡던 레미는 그물 사용을 줄여야 한다는 요구는 익히 들어 알고 있었고, 이른바 파괴적인 어업 관행을 지속시켜줄 더 나은 해결책을 찾아냈다고 생각하며 전율을 느꼈다. 인간의 수요량을 충족할 만큼의 송어와 연어를 만들어낼 방법을 찾았던 것이다. 1843년 레미는 주지사에게 편지를 보내 이 기쁜 소식을 전했다.

> 주지사님, 제가 무수한 실험과 고민을 거쳐 난관을 극복한 끝에 엄청난 양의 송어알을 부화하는 데 성공했다는 소식을 전하게 되어 영광입니다. 부화한 알 중에서 건강하게 잘 자란 어린 송어는 개체수를 다시 늘리기에 적합할 것입니다.

정말 신세계가 열렸다. 물고기를 남획하고, 더 많은 물고기를 만들어 강에 풀고, 다시 잡는 것이다. 무한 공급의 길이 열렸다. 레미는 이 기술에 대해 기록했는데, 많은 부분에서 오늘날의 기술과 비슷하다.

> 산란기인 11월에 송어의 배에 알이 생깁니다. 다치지 않도록 조심하면서 암컷의 배를 엄지손가락으로 가볍게 눌러 알을 물 대야에 받습니다. 그런 다음 수컷을 잡아 같은 방식으로 알이 불투명해질 때까지 정액을 뿌립니다. 이후 알이 투명해지면 즉시 구멍 뚫린 양철 상자 바닥에 거친 모래를 깔고 알을 그 위에 놓습니다. 저는 상자 하나는 민물이 흐르는 곳에, 다른 하나는 브레세강에

서 물 흐름이 약한 지점에 놓았습니다. 2월 중순이 되면 알은 부화하기 시작합니다.

그런 다음 흥미진진한 소식을 전했다.

저는 수시로 번식시킬 수 있도록 이 작은 연어들을 많이 보유했습니다. 특히 이 방법은 최근 가뭄으로 하천에 물고기가 거의 사라졌을 때 정부에서 관심을 기울일 만한 가치가 있어 보입니다.

한 현지 과학자 집단은 이 성과를 인정하고 레미에게 메달과 100프랑을 수여했다.[7] 정부도 레미와 게힌에게 연금을 지급하고 담배 판매액 일부를 수여했다. 레미와 게힌은 연구 결과 덕분에 얼마간 경제적 안정을 얻었지만, 사실 장 루이 아르망 드 콰트르파지Jean Louis Armand de Quatrefages가 아니었다면 주목을 받지 못했을 것이다. 드 콰트르파지는 파리 소재 프랑스과학아카데미의 수석 과학자이자 런던왕립학회의 명예회원으로 야코비의 아이디어에 처음부터 관심을 가졌다. 그는 영국에서 실행한 프로젝트 몇 개를 연구하다가 1848년 물고기 알의 인공수정에 관한 논문을 쓰기로 결심했다. 프랑스과학아카데미는 상당히 회의적인 시각으로 그의 논문을 대했다. 다른 프랑스 과학자들이 보기에도 이 논문은 실현 불가능한 이론적 아이디어를 다뤘다. 드 콰트르파지는 브레세의 평범한 어부가 이미 인공수정에 성공했다고 응수했다.

프랑스과학아카데미가 진상 조사를 위해 파견한 과학자들이 드 콰트르파지의 주장을 사실이라고 밝혔다. 어부로는 드물게 레미와 게힌은 프랑스과학아카데미 회원으로 임명됐다. 게힌은 나폴레옹과 공식적으로 만난 후 몇몇 정부 부처에서 양어장 시공을 의뢰받았다.

1856년 당시에 파리 불로뉴숲에는 민물송어와 호수송어 5만 마리가 서식했다. 프랑스 전역에 있는 관용 양어장들은 대량의 물고기를 생산해 대부분 큰 이윤을 남겼다. 1862년까지 프랑스 정부는 난자 1200만 개를 배포하고 연간 400만 달러를 벌었다.[8]

양어장은 다른 곳에서도 뿌리를 내렸다. 스코틀랜드에서는 1853년 테이강에도 양어장이 들어섰다. 1828년에 어업 시즌을 1개월 연장하는 법이 발효되고 나서 어획량은 꾸준히 감소하고 있을 때였다.[9] 어업 시즌을 다시 축소해서 정치적 불신을 초래하는 방법 말고 그냥 물고기를 더 많이 만들어낼 수 있을까? 이때 남획 문제를 해결할 방법이 등장했다. 양어장의 조력자이자 열렬한 스포츠 낚시인인 윌리엄 브라운William Brown은 이렇게 썼다.

> 어떤 경우라도 물고기를 온갖 종류의 그물로 남획하지 않고 강을 잘 보호한다면 틀림없이 연어 강 대부분을 충분한 양의 물고기로 채울 수 있다. 이때 강 크기에 맞추어 대규모로 인공 사육할 수 있다면 남획과 같은 위협적인 요소로부터 충분한 양의 난자를 지켜내서 추가 어획량을 확보할 것이다.

하지만 문제가 생겼다. 브라운은 바다로 나간 연어의 대다수가 회유하지 않았고, 강으로 돌아온 개체 중에서 양어장 연어가 몇 마리인지 모른다고 인정했다.

1853년 이후 테이강에는 양어장이 많이 들어섰지만, 대부분 몹시 들뜬 마음으로 시작했다가 실망에 젖어 문을 닫았다. 현재 테이강에는 작은 실험용 양어장이 한 곳 있으며, 1828년 이전의 연어 개체수를 여전히 회복하지 못하고 있다.

아일랜드 서부의 중세 노르만족 도시인 골웨이를 통과하며 힘차게 흐르는, 길이가 짧고 폭이 넓은 코리브강에 양어장이 건설됐다. 주인인 토머스 애시워스Thomas Ashworth는 양어장에서 기른 어린 연어를 사용해 개체수를 20배 증가시켰다고 주장했다. 그러나 이러한 성과는 지속되지 못했다. 상업적인 양어장이 처음 세워진 곳은 스코틀랜드의 퍼스였다. 하지만 프랑스는 양어장이 자신들의 아이디어라고 집요하게 주장하면서 프랑스 강들을 물고기로 채우기 위해 알자스에 양어장을 세웠다.[10] 한편 독일 정부는 1871년 프랑스·프로이센전쟁에서 알자스를 함락한 후에 독일을 관통하는 강에 물고기를 채울 목적으로 양어장을 사용했다.

19세기 후반까지 양어장은 물고기 개체수가 감소하는 문제를 해결하기 위한 방안이고, 이로써 자연에 발생한 문제의 개선 방법을 인간이 생각해냈다고 널리 알려졌다. 이것은 산업혁명 시대와 매우 잘 맞아떨어지는 개념이었다. 양어장 물고기는 성장할 때 포식자와 여러 재난으로부터 보호를 받는 뚜렷한 장점이 있다.

성장 단계에서 야생 연어가 사망할 확률은 매우 높아서 소수만 바다에 나갈 수 있었다. 양어장은 훨씬 많은 스몰트를 바다로 내보내 하천의 생산성을 크게 높일 수 있다는 점에서 탁월한 아이디어다. 당시 영국, 스코틀랜드, 웨일스, 아일랜드, 캐나다, 미국 등에서 양어장을 운영했다. 양어장은 오스트레일리아와 뉴질랜드처럼 과거에 연어와 송어가 전혀 서식하지 않았던 지역에도 그 물고기들을 보급할 수 있을 것처럼 보였다. 이와 연결해 영국은 다른 나라에 종란hatchery egg* 을 조달하는 공급지로 부상했으며, 이는 수익성이 좋은 사업이었다.

양어장은 유럽과 북아메리카에 많이 세워졌지만 실질적인 과학적 기반을 갖추지 못하고 제한된 기술을 사용했으므로 대부분 실패했다. 영국 컴벌랜드카운티 소재 트라우트데일에 첫 양어장이 1868년에 문을 열었다가 1883년에 폐쇄됐다. 20세기에 이르자 영국은 양어장을 더 이상 신뢰하지 않았다.

생물학이 더욱 발전하면서 일부 문제들을 해결했고, 양어장은 더욱 현실성을 띠었다. 하지만 과학이 좀 더 뿌리를 내리면서 양어장이 과연 실현 가능한지를 둘러싸고 의문이 제기됐다. 생물학의 발전에도 불구하고 양어장은 종종 목표를 달성하지 못했고, 과학은 실패 원인을 규명하는 수준에 그쳤다. 이러한 난관의 뿌리를 파고들면 양어장은 연어 개체수를 감소하는 가장 본질적인 문제, 즉 서식지 파괴나 훌륭한 서식지에 닿지 못하게 막는 장

* 알 중에서 부화 목적으로 사용되는 것.

애물 문제를 해결하는 데 무용지물이었다. 연어가 사는 데 적합하지 않은 강이라면 양어장 출신이라고 해서 야생 물고기보다 생존 능력이 더 나을 턱이 없다. 실제로 양어장 물고기는 야생 물고기에 생존경쟁을 비롯한 몇몇 문제를 떠안기면서도 생존 능력은 오히려 야생보다 뒤떨어진다. 연어의 서식지가 파괴되어가는 것은 공공연한 사실이었다. 하지만 산업 측면에서 해결책을 찾으려는 욕구가 강했고, 양어장은 그럴듯한 해결책으로 보이면서 존속했다.

아일랜드에 최초로 건설된 물고기 통로는 자연 장애물 때문에 연어가 찾지 않는 강에 연어를 들여오기 위해 만들어졌다.[11] 딘스턴에서 스코틀랜드인들이 물고기 사다리를 발명한 후에, 슬리고카운티 소재 발리소데어강에서 쿠퍼 가문 사람들이 자연 폭포 때문에 연어 회유가 방해를 받는 문제에 대해 해결책을 찾아냈다. 1837년 에드워드 쿠퍼Edward Cooper가 폭포 위로 사다리를 만들었던 것이다. 하지만 회유하는 연어가 많지는 않아서 후손이 여기에 양어장을 추가했다. 양어장과 물고기 사다리가 결합하면서 발리소데어강은 유럽 최초의 성공한 **인공 어장**으로 유명해졌다. 이 소식은 자국과 유럽 전역에 퍼졌고, 아일랜드는 물고기를 진보적으로 관리한다는 평판을 쌓으며 인공 어장을 널리 알린 사례로 꼽혔다.

1855년 켈로그E. C. Kellog와 채프먼D. W. Chapman은 코네티컷주 심스베리에 소규모 민물송어 양어장을 세웠다. 이곳은 1860년까지 매년 프라이 4000마리를 생산했다. 유럽의 양어장 개념과 부화 기술을 잘 파악했던 시어다터스 갈릭Theodatus Garlick은 1853년 오하이오주 클리블랜드 근처에 민물송어 양어장을 시작했다. 1858년에는 책을 출간하면서 이미 물고기 개체수가 급감하던 뉴잉글랜드에 큰 영향을 끼쳤다. 그는 보주강에 사는 프랑스인들이 "진정한 형태의 물고기 공장을 설립했다"라고 언급하면서 이렇게 썼다.[12]

> 해당 주제가 우리나라 최고 지식인들에게 관심사로 등장한 것은 딱히 놀랍지 않다. 우리 하천들이 메말라 있다는 점을 고려할 때 특히 그렇다. 많은 연어와 송어가 서식하기에 취약한 하천들이 많은데, 물고기 개체수를 늘리는 것은 더 이상 문제가 되지 않는다.

또 갈릭은 개울을 소유한 송어 낚시 애호가라면 취미 생활을 위해 누구라도 송어를 기를 수 있다고 말했다. 하지만 양어장을 간단한 공공서비스라고 여겼던 것 같다. "강에 물고기를 채우는 일은 공공사업으로 간주해야 한다. 나는 이것이 국가의 책무라 생각한다."

그 후 뉴잉글랜드에 양어장이 우후죽순으로 생겼다. 원래 양어장은 강을 구제할 수 있는 시설로 여겨졌다. 댐을 철거할 수 없거나 오염이 불가피한 경우에도 언제든 물고기를 더 많이 만들어낼 수 있기 때문이다. 1888년 제니오 스콧Genio Scott은 해박한 내용을 담은 《미국 하천에서 물고기 잡기Fishing in American Waters》에서 이렇게 썼다.[13]

> 하지만 공익 정신이 투철한 몇몇 인사들이 사비를 들여 실험하며 과학적 발견을 했고, 뉴잉글랜드 어업위원회가 최근 발표한 보고에 따르면 상당한 열정과 신속한 행동으로 강에 물고기를 채워 넣은 덕택에 5년 이내로 대부분의 펜실베이니아 북쪽 강들은 다시 연어로 채워질 것이다.

하지만 이 계획은 완전히 실패했다. 뉴잉글랜드에서 연어 감소 추세는 결코 역전되지 않았다. 심지어 양어장에서 사용할 알조차 생산하지 못해 대부분 캐나다에서 수입했다. 이 무렵 캐나다는 미국 양어장에 알을 대는 주요 공급처로 부상했다. 1870년까지 뉴욕, 뉴저지, 펜실베이니아, 앨라배마를 비롯해 뉴잉글랜드의 여섯 개 주가 양어장을 운영했다. 열아홉 개 주와 콜로라도 영토의 양어장은 모두 100개였다.[14]

그랜트 대통령 집권 시기인 1871년에 양어장은 연방 정책에 따라 운영되었다. 그랜트는 스미소니언협회 소속 스펜서 베어드Spencer Baird를 수산청장으로 임명했다. 베어드는 양어장 운영을 열렬히 지지했다. 영국과 아일랜드는 물고기 개체수 증가에 실패하면서 양어장에 대한 열정이 식었지만, 미국은 두 나라보다 더 성공한 편은 아니었는데도 어쨌거나 양어장을 계속 건설했다.

태평양연어의 첫 양어장은 1872년 새크라멘토강의 지류인 맥클라우드강에 들어섰다. 처음에 이곳에서는 동해안 양어장에서 구할 수 있는 대서양연어알을 부화하는 방안을 고려했다. 만약 그랬더라면 재난이 일어났을 것이다. 대서양연어와 태평양연어는 다른 속에 속하므로 서로 교배하지 않고 경쟁했을 것이다. 그랬더라면 양어장 연어의 생존 능력이 더 약하므로 토종인 태평양연어가 살아남고 새로 부화한 연어들은 죽었을 터였다. 태평양연어의 번식능력을 불신한 사람이 많았지만 양어장 운영을 지휘했던 리빙스턴 스톤Livingston Stone은 개체수가 더 풍부하다는 판단을 근거로 온코린쿠스를 선호했다. 다행스러운 일이었다. 당시 스톤의 주요 걱정거리는 세계 인구와 식량 수요는 계속 증가하는 반면에 물고기 개체수는 감소한다는 것이었다.

맥클라우드강에 세워진 양어장은 11년 동안 세크라멘토강 토종인 왕연어 6700만 마리를 생산하면서 세계 최대 규모로 성장했고, 유명한 체스 챔피언이기도 했던 스톤은 세계에서 가장 유명한 부화 전문가로 명성을 구축했다. 그는 대서양 어장에 연어알을 제공하겠다는 사명을 띠고 물고기와 알을 수송하기 위해 2000갤런짜리 수족관을 갖춘 철도 차량을 만들었다. 맥클라우드강 양어장에서 생산한 연어알은 미국 전역과 캐나다, 영국, 프랑스, 벨기에, 네덜란드, 독일, 덴마크, 러시아로 수송됐다. 1874년 스톤은 증기선을 사용해 라인강에 물고기를 다시 채우려고 시도

했다. 맥클라우드강 양어장은 오스트레일리아, 뉴질랜드, 하와이에도 알을 공급했다. 대서양으로 옮겨진 알들은 개체수 증가에 실패했지만, 기후가 적합하고 토종 연어가 없는 뉴질랜드와 오스트레일리아에서는 어느 정도 성공했다.[15]

1895년 스톤은 온타리오호수가 세인트로렌스강으로 흘러드는 뉴욕주 케이프빈센트의 국유 양어장을 인수했다. 그런 다음 여러 곳에서 받아온 어종을 사용하고, 알을 다른 지역들로 분배하면서 호수송어, 화이트피시, 육봉연어*, 민물송어를 생산하기 시작했다. 1905년에 이르자 해당 양어장은 연간 연어 2800만 마리를 생산했다.

양어장은 섀드와 갑각류는 물론 대구를 포함해 연어과가 아닌 종도 처음으로 생산하기 시작했다. 그랜트가 임명한 베어드는 연방위원회를 이끌면서 1870년대 열여섯 개 주에서 연어 프라이 8400만 마리 이상을 생산했다. 원래 증기 기관차에 장착한 물탱크에 넣어 살아 있는 상태로 알을 수송했지만, 19세기 말에 이르면서 알이나 앨러빈을 운반할 용도로 제작한 **물고기 전용 차량**이 투입됐다. 비록 프라이를 받는 많은 주가 대서양 연안에 있었지만, 전체 프라이 중 대서양연어는 600만 마리에 불과했다.

연방위원회뿐 아니라 주 어업위원회도 양어장을 세웠다. 1870년 메인주는 페놉스코트강에 최초로 주립 양어장을 건설했다. 자원이 점차 고갈되는 하천에 물고기를 다시 번식시키려는

* 환경 변화 때문에 민물 호수에 갇힌 대서양연어의 일종.

필사적인 노력의 일환으로 코네티컷수와 매사추세츠주의 어업 위원회는 1872년에 프라이 9400만 마리를 부화했다. 그렇지만 주립 양어장은 코네티컷강, 메리맥강, 페놉스코트강, 그 밖에 파괴된 강들로 연어들을 다시 불러들이지는 못했다.

대서양연어 어획량 감소에 직면한 캐나다도 미국만큼은 아니지만 양어장에 관심을 가졌다. 초기에는 퀘벡 소재의 세인트찰스강에 양어장을 세웠다. 선구적인 양어업자 새뮤얼 윌못Samuel Wilmot이 죽어가는 작은 개울을 회생시켰다. 양어장을 가동해 성공적으로 강을 복구했다는 소식이 퍼지며 윌못은 북아메리카 전역에서 큰 주목을 받았다. 하지만 윌못이 실시한 프로그램의 핵심은 개인 소유의 강에서 모든 어업을 금지한 것이었다. 기꺼이 따르려는 사람이 거의 없을 만큼 파격적인 조치였다.

캐나다 어업위원회는 처음에는 양어장 운영에 열정적이었다. 캐나다 강에 연어 개체수를 복구할 수 있다고 믿으면서 1868~1888년 사이에 양어장 여덟 곳을 세웠다. 하지만 오염, 광업, 벌목, 남획 등을 방관한 것이 문제였다. 처음에는 뉴브런스윅과 노바스코샤의 강에 연어 개체수가 두 배, 심지어 세 배까지 증가했다. 하지만 서식지가 파괴된 탓에 양어장이 생산해낸 수만큼 연어가 죽었다. 설상가상으로 생존력이 좋지 않았던 양어장 연어가 강한 생존력의 야생 물고기와 섞이면서 변화를 겪는 강에서 인간의 학대를 견뎌낼 능력이 떨어지는 개체군을 만들어냈다.

1934년 영연방 자치령의 어업부는 양어장이 브리티시컬럼비아의 상업형 어업에 기여하는 비중이 매우 작아서 운영비가 투입될 충분한 이유를 내놓지 못했다고 판단했다.[16] 1937년까지 모든 양어장이 문을 닫았다. 하지만 1970년대 들어서면서 브리티시컬럼비아는 부분적으로는 기후 변화 때문일 수도 있지만 연어 개체수가 급감하자 간절한 심정으로 다시 한 번 양어장을 수용했다.[17]

미국 정부는 세계 어느 정부보다 대규모로 양어장을 지원했다. 1891년 들어 양어장에 32만 4000달러를 지원했는데, 그 규모는 2순위인 캐나다 정부 지원액의 여덟 배였다.[18] 그해에 전 세계 양어장은 496곳이었는데, 66곳이 미국에 있었다.

1876년 필라델피아 100주년 엑스포 박람회를 시작으로 양어장 모형을 선보였던 열여섯 개의 박람회를 통해 미국 어업국은 양어장에 대한 의지를 분명히 드러냈다.[19] 모형을 통한 실연demonstration은 점점 더 정교해졌다. 어업국은 1905년 오리건주 포틀랜드에서 개최한 루이스와 클라크 100주년 기념식에서 소규모 양어장인 윌라멧스테이션Willamette Station을 짓고, 자신들이 실제 물고기를 사육한다고 주장했다. 박람회장의 수질이 좋지 않았던 탓에 물고기가 계속 죽었지만 어업국은 지역 양어장들에 해를 끼친다고는 전혀 생각하지 않았다. 그리고 윌라멧스테이션이 실제로 가동하는 것처럼 보이게 하려고 살아있는 파를 밀반입하는 만행을 저질렀다.

영국 정부가 양어장에 자금을 투입하지 않기로 했던 것처럼 양어 프로그램은 고갈된 강에 단 한 번도 물고기를 채우지 못한 채로 모든 국가에서 대체로 실패했다.

물론 모든 양어장이 실패했다고 평가받지는 않았다. 메인주는 페놉스코트강에 연어 개체수를 유지하는 데 양어장이 긍정적인 역할을 담당했다고 생각했다. 최근에 시도한 서식지 개선 노력도 한몫했을 것이다.

1960년대 양어장은 페놉스코트강에 연어 개체수를 늘리려고 노력했지만 성공하지는 못했다. 그 후 오염된 강을 정화하려는 노력이 결실을 보면서 1974년 좀 더 깨끗해진 수로에 시설이 향상된 양어장이 들어섰다. 수천 마리는 아니지만 수백 마리가 돌아오기 시작했다. 하지만 서식지 개선 수준이 페놉스코트강에 미치지 못했던 코네티코트강의 양어장은 그 정도만큼도 성공을 거두지 못했다. 이러한 결과를 분석해보면 페놉스코트강에 연어가 돌아올 수 있었던 것은 양어장이 아니라 서식지 개선 덕분이었다. 오늘날 페놉스코트강으로 돌아오는 연어는 여전히 과거보다 훨씬 적지만, 최근 댐을 철거한 이후 급증하는 추세다. 최근 성과 중에서 양어장 몫이 어느 정도인지는 분명하지 않다.

타인강 상황도 마찬가지다. 타인강은 스코틀랜드 국경에서 시작해 북잉글랜드를 통과하고 뉴캐슬을 지나 북해로 흐른다. 타인강은 한때 영국의 위대한 연어 강이었으며, 엘리자베스 클레랜드Elizabeth Cleland는 1755년 출간한 요리책에 뉴캐슬의 특징을 부각한 연어 요리법을 담아냈다.

뉴캐슬 방식의 연어 요리

연어 비늘을 벗긴 다음 깨끗이 닦는다. 이때 물로 씻지 않는다. 골고루 뿌린 소금이 녹아 흘러내릴 때까지 절였다가 후추, 정향, 육두구 가루로 간한다. 버터를 바른 냄비에 넣은 후에 뚜껑을 꼭 닫고 굽는다. 이때 연어에서 나오는 육즙을 다시 끼얹고, 식으면 정제 버터를 바른다.[20]

하지만 뉴캐슬의 석탄 산업과 산업혁명 시대 제조업 탓에 타인강은 오염에 찌들었고, 20세기 초에 이르자 연어는 거의 몰살당했다. 20세기 후반 들어서는 석탄 산업과 기타 산업들도 죽었다. 고통스러운 구조 조정이 이어졌지만 결과적으로는 강이 깨끗해졌다. 피터 그레이Peter Gray는 양어장을 건설하고 27년 동안 관리했다. 타인강 강둑 지역에서 태어나 성장한 그레이는 스코틀랜드에서 평생 전문 낚시 가이드로 활동한 사람의 손자였고, 자신도 열렬한 연어 플라이 낚시인이었다. 그는 연간 125만 마리의 파를 방류했다. 오늘날 타인강은 영국과 웨일스에서 연어가 가장 풍부하다는 평가를 받고 있다.

그레이는 스스로 혁신가라 여겼고, 자연의 방식에 가까운 부화 과정을 만들려고 노력했다. 그는 부화 전문가가 되어 기술을 전파하고, 운영만 잘 한다면 양어장이 유럽과 북아메리카의 대서양연어 개체수를 복구할 수 있다고 주장했다. 또 뉴잉글랜드에 커다란 영향을 미쳤다. 연어 씨가 말라버린 강에서만 양어장이 효과적이라고도 설파했다. 직관적으로는 최대한 오랫동안 파를 보호해야 한다고들 생각하지만, 일찍 방류할 때 성공 가능성이 커진다고도 주장했다.

하지만 타인강 사례에는 문제가 있다. 1873년 타인강에서 잡은 연어는 12만 9100마리다. 하지만 21세기에 들어서는 많이 잡아도 4000여 마리에 불과했다.[21] 10만 마리 이상도 거뜬히 잡았던 강에서 4000마리를 잡았다며 환호하는 경우를 생물학자들은 **기준점 이동**이라 부른다. 최악의 순간과 비교해 조그만 향상에도 기뻐하는 경향을 가리킨다. 많은 생물학자들은 과연 연어 개체수가 1873년 수준에 다다를 수 있을지 미심쩍어한다. 또 작은 성과를 거둔 것은, 즉 몇천 마리라도 잡은 것은 양어장 덕택이 아니라 그저 강이 깨끗해졌기 때문은 아닌지 묻는다. 그레이는 이를 인식하고 "타인강은 막 회복하기 시작했다고 믿는다"라고 반박했다. 하지만 양어장 물고기로 복구할 수 있을까?

일본은 정치적 현실에 부딪혀 러시아·미국·캐나다 수역에서 점차 소외되자 양어장, 특히 백연어 양어장으로 눈길을 돌렸다. 오래전부터 일본은 먹기 위해 장어와 잉어, 금붕어 같은 외래 관상용 어류를 인공적으로 번식시켜왔다. 이러한 노력은 자연을 지배하는 인간의 능력을 깊이 믿는 일본 문화와 잘 맞아떨어진다. 오카모토 가노코岡本かの子가 1937년 발표한 중편 소설 《금붕어의 폭동》에서 한 등장인물은 양어업자를 향한 존경심을 드러

내며 이렇게 감탄한다. "훌륭한 천상의 창조물을 물속에 풀어 놓는 것은 얼마나 예술적이고 신성한 노력인가!"[22]

일본의 양어장 프로그램은 처음에는 크게 성공하는 것처럼 보였다. 1980년대부터 홋카이도로 회유하는 백연어 수가 상당히 증가했기 때문이다. 하지만 2012년 이후로는 꾸준히 감소했다. 홋카이도국립수산연구소 책임자인 후쿠와카 마사아키는 이렇게 설명했다. "우리는 회유하는 연어의 수가 감소하는 원인을 모른다. 아마도 기후 변화 때문일 수 있다. 겨울 수온은 낮지만 여름 수온이 매우 높다. 어린 연어는 따뜻한 물에서 잘 살아남지 못한다."

물론 기후 변화가 원인일 수 있다. 하지만 일본에서 서식하는 곱사연어의 약 20퍼센트만 양어장 태생인데 반해서, 백연어는 거의 모두 어떻게든 양어장과 관련된다. 한편 양어장 태생이 매우 적은 마수연어도 불분명한 원인으로 감소 추세다. 이 세 가지 경우는 완전히 별개의 사례일 수 있다.

홋카이도국립수산연구소에 따르면, 민간 양어장이 알 방류 장소를 주의 깊게 선정하지 않기 때문일 수 있다. 민간 양어장은 특정 강에서 알을 채취한 후에 다른 강, 심지어는 아예 다른 지역의 강에 스몰트를 방류한다. 또 과학자들은 양어장 물고기가 야생 물고기와 같지 않다는 점에 주목한다. 이것은 일본 연어의 95퍼센트 이상이 직간접적으로 양어장 태생이기 때문에 매우 중요한 사항이다. 실제로 일본에서 야생 연어가 사라지고 있는데 이러한 추세의 끝은 아무도 모른다. 일본 생물학자들은 장기적으로

봤을 때 분명하지는 않지만 설사 양어장 물고기가 생존 가능하더라도 양어장의 실효성에 점차 의문을 제기하고 있다. 마사아키는 이렇게 말했다. "우리는 홋카이도에서 매우 많은 양어장을 지으면서도 야생 연어를 위해 자연환경을 보호하는 문제에 대해서는 생각해보지 않았다. 자연환경을 보존하고 야생 연어가 알을 낳는 광경을 만끽하기 위해서는 야생 연어의 개체수를 늘려야 한다고 믿는다."

레저 낚시가 크게 각광을 받기 시작하자 영국의 타인강부터 알래스카의 프린스윌리엄해협까지 양어장이 들어섰다. 플라이 낚시용 물고기를 생산하기 위해서였다. 아이다호는 연어 강에서 레저 낚시를 할 수 있는 환경을 조성하기 위해 스틸헤드 양어장을 세웠다. 북부 캘리포니아처럼 어업과 수렵 관련 정부 부처가 협력해 양어장을 세우는 경우도 많았다.[23]

오스트레일리아에 연어와 송어를 들여오는 장기 프로젝트를 시작한 것은 1860, 1870년대에 플라이 낚시를 즐기려 한 영국인들이었다. 이들은 캘리포니아산 태평양연어가 필요하다는 사실을 깨닫기 전까지는 영국산 대서양연어를 이식하려고 노력했다.[24] 뉴질랜드 양어장도 1905년 자국의 강에서 생존할 수 있는 종은 대서양연어가 아니라 캘리포니아산 왕연어라는 사실을 깨달을 때까지 영국산 대서양연어를 도입하기 위해 부단히 노력했다.[25]

어업권을 사고팔 수 있는 스코틀랜드에서는 연어 회유를 늘리면 경제적 이익을 얻는다. 하지만 스코틀랜드 강을 감독하는 대부분의 기관이 양어장 건설에 대해 매우 신중한 태도를 취한다.

영국에서 수량이 최고인 테이강은 한때 세계적으로 유명한 연어 강이었다. 하지만 큰 규모의 수력발전 댐이 연이어 들어서면서 서식지로 접근할 통로를 차단당하자 연어는 대부분 발길을 끊었다. 영국은 정기적으로 양어장 건설에 공을 들였지만 결국에는 실패하고 말았다. 2003년에 제2차 세계대전에서 사용하고 버려진 비행기 격납고에서 새로운 실험을 시작했다. 테이강 양어장에서는 산란이 임박한 암컷 연어의 알을 빼낸 후에 통제된 환경에서 부화하는 것이 아니라, 이미 알을 낳고 죽을 가능성이 큰 연어인 켈트를 잘 돌보고 회복시켜 다시 산란하게 한다. 피부가 붉은색에서 은색으로 바뀔 때까지 돌봐주면 연어는 다시 붉은색 피부로 돌아오면서 더 많은 알을 낳는다. 그리고 이후로도 계속 살아남아 알을 거듭 생산한다. 해당 양어장에서 가장 오래된 물고기는 열다섯 살이었고, 사람들은 이 연어가 세계 최고령 대서양연어라고 추측했다.

멀리 북쪽에 있는 헴스데일강의 관리자 마이클 위건Michael Wigan은 노른자를 품고 있어서 먹이를 먹지 않아도 되는 프라이를 방류하면서 자신이 관리하는 소형 양어장이 일종의 사회적 기능을 담당한다고 주장한다. 지역 주민이 헴스데일강에서 물고기를 낚을 유일한 기회는 양어장에서 물고기를 방류할 때다. 위건은 "양어장이 지역 주민들과 강을 이어주는 역할을 합니다"라고 주장한다.

이스트앵글리아대학교 소속이면서 연어의 번식과 유전학을 연구하는 진화생물학자 매튜 게이지Matthew Gage는 양어장에서 생산되는 물고기가 열등하지 않다고 주장한다. 그러면서 같은 강에서 채취한다면 양어장 연어와 야생 연어의 알은 유전적으로 동일하다고 강조한다. 또 양어장 물고기가 야생에서 생존 기술을 갖추지 못했다는 주장에 대해서는 물고기의 생존은 유전자에 달려 있지 않다고 반박한다. 더욱이 양어장 물고기를 야생 물고기와 교배하면 열등한 품종이 아니라 다시 야생 연어가 나올 것이라고 설명한다.

하지만 이것은 널리 받아들여지는 관점은 아니다. 트위드강 일대에서 활동하는 생물학자인 로널드 캠벨Ronald Campbell은 양어장 물고기가 개체군의 전반적인 능력을 저하시키지 않는다는 주장에 부정적인 생각을 가지고 있다. 그는 이렇게 언급했다. "트위드강에는 양어장이 없습니다. 이 사실은 양어장이 효과가 없다는 반증입니다."

한편 스코틀랜드 서부의 로치강에서는 낚시인들을 위해 양어장을 사용함으로써 강에 물고기를 채우는 데 성공했다. 로치강 지역 관리자인 존 깁Jon Gibb은 "저는 서해안에서 가장 큰 낚시어장을 관리하고 있습니다"라고 말하면서 이렇게 덧붙였다. "우리는 과학에 휘둘리지 않습니다."

도로와 주거지에서 멀리 떨어진 오솔길을 통해 접근해야 하는 로치강은 미국 서부의 강들과 비슷해서 자갈 둔덕, 잔잔하고 깊은 웅덩이, 급류, 넓은 강폭 등을 갖췄다. 뒤에는 스코틀랜드에서 가장 높은 산인 벤네비스가 병풍처럼 버티고 있다. 이곳에 레저낚시 어장이 존속하는 것은 양어장 덕택인 것처럼 보이지만, 현재 연간 어획량은 과거에 스포츠 낚시인들이 잡았던 500마리에 훨씬 못 미친다. 혈색이 좋고, 밝고 파란 눈동자가 인상적이었던 마른 몸매의 길리 빌리 닐Ghillie Billy Neil은 스코틀랜드식 양털 사냥 모자를 쓰고 격자무늬 셔츠에 넥타이를 맸다. 로치강에서 50년 동안 낚시를 해온 그는 이렇게 말했다. "1975년까지는 연어가 꽤 있었습니다." 1975년은 로치강에서 물고기 양어장을 시작했던 해다. 그리고 양어장이 아니라 농장을 탓했다. "지금은 풍년도 있고, 흉년도 있어요. 흉년 다음 해에는 강을 찾는 낚시인들이 줄어듭니다."

캠벨을 비롯한 전 세계 생물학자들은 건강한 서식지를 파괴하고 접근 통로가 부족한 현실을 회피하기 위해 양어장을 내세우는 행태에 분노한다. 뉴잉글랜드의 강들이 그랬듯 트위드강은 방직 산업을 위해 세운 댐 때문에 망가졌다. 댐이 들어선 일부 강 지류에는 한 세기 이상 물고기가 찾아오지 않았다. 캠벨은 이렇게 말했다. "양어장 건설을 찬성하는 사람들은 연어가 문제라고 말합니다. 연어가 충분히 번식하지 못하고 있다는 거죠." 캠벨은 인간이 벌이는 행위에 초점을 맞추어 대책을 세워야 한다고 믿는다. "서식지 파괴를 멈춰야 합니다. 문제는 연어가 아닙니다. 우리 인간이 문제입니다."

1880년 브리티시컬럼비아 어업부 조사관인 알렉스 앤더슨Alex Anderson은 중대한 사항을 발견했지만 당시에 그의 말을 믿는 사람은 거의 없었다. 앤더슨에 따르면 유전적으로 특정 강에 적합한 물고기가 있다. 대부분의 물고기는 자신이 태어난 강에서만 생존하고, 다른 강에서는 그렇지 못할 것이다. 따라서 전 세계 여러 강에 수정란을 운송하는 사업을 벌이는 스톤의 양어장은 실패작을 수출하고 있는 셈이었다.

스톤은 앤더슨의 말을 전혀 믿지 않았고, 과학계는 대체로 스톤의 관점을 지지했다. 앤더슨이 조사 결과를 발표한 지 20여 년이 흐른 1902년에 당대 학계를 선도하는 어류학자이자 스탠퍼드대학교 설립 총장인 데이비드 스타 조던David Starr Jordon은 물고기를 주제로 백과사전 같은 책을 썼다.[26]

> 연어는 어떤 특별한 본능 때문에 산란할 때가 되면 자신들이 부화했던 특정 장소로 돌아온다는 것이 지배적인 의견이다. 우리는 태평양 연안 연어의 경우에는 이러한 의견을 뒷받침하는 어떤 증거도 찾지 못했으므로 그것이 사실이라고 믿지 않는다.

조던은 연어가 바다로 약 40마일(약 64킬로미터) 정도만 나가고 산란할 강을 무작위로 고른다고 생각했다. 조던의 오류는 이것이 끝이 아니었다. 그는 우생학의 열렬한 지지자였으며, 번식자를 통제하는 방식으로 인간의 유전자를 개량할 수 있다고 믿었다. 이처럼 근본적으로 인종차별적인 이념에 이끌리다가 뜻밖에 위대한 반전운동가가 되었고, 가장 바람직한 유형의 인간들이 전쟁 때문에 죽는다고 믿었다.

양어장에 대한 조던과 스톤의 관점은 편리했기 때문에 널리 퍼졌다. 스톤에게 양어장은 값진 상품인 연어 수정란 수백만 개를 전 세계에 판매하는 대규모 산업의 중심이었다. 하지만 앤더슨의 주장이 옳다면 양어장은 특정 강에서 알을 채집하고 동일한 강에 연어를 방류하는 작은 사업에 머물 수 밖에 없었다.

하지만 점점 커지는 남획 문제에 직면한 태평양 북서부에서 어장을 비롯해서 어장 관리자, 정부는 커다란 양어장 네트워크를 구축하는 방안을 선호했다. 1900년까지 워싱턴, 오리건, 아이다호를 잇는 컬럼비아강에 양어장 다섯 곳이 들어섰다.[27] 관리들은 서식지 파괴, 남획, 물줄기를 돌리는 수로와 댐 건설 때문에 연어가 서식지에 돌아올 수 없게 되면서 발생하는 손실을 양어장으로 만회할 수 있다고 확신했다. 워싱턴주의 양어장 담당 관리는 "남획이나 문명의 진보 때문에 종국에는 연어가 고갈되리라고 주장할 실질적 근거는 전혀 없다"라고 주장했다.[28] 이 관리는 일반적인 견해를 대변했고, 서식지 파괴를 **문명의 진보**로 생각했다는 점을 주목해야 한다.

1913년 워싱턴주는 컬럼비아강으로 회유하는 연어의 수가 현저하게 늘어나자 컬럼비아강이 **회복했다**고 선언했다. 하지만 단기적인 기후 완화가 끝나자 연어 수는 다시 감소했다. 여전히 양어장이 해결책이라는 고집이 내세를 이뤘고, 본네빌 소재 대형 양어장은 이에 부응하면서 워싱턴주 강 전체에 막대한 양의 수정란을 공급했다. 하지만 문명의 진보라는 흐름 속에서 회유하는 연어 개체수의 감소 문제를 해소할 수는 없었다. 컬럼비아 분지에서 대규모 수력발전 댐, 관개, 삼림 벌채 등의 진짜 문제가 간과되는 동안 양어장은 10년 단위로 더 많은 물고기를 생산했다. 1980년대까지 양어장에서 스몰트 수백만 마리를 컬럼비아강에 방류했지만 개체수는 증가하지 않았다. 설상가상으로 야생 물고기의 수는 계속 감소했고, 시간이 흘러 결국에는 개체군의 생존 기반인 유전적 다양성이 완전히 파괴될 것이었다.

컬럼비아분지에는 완전한 야생 연어가 거의 없다. 현재 전체 연어 개체수는 19세기 초의 10퍼센트에 불과하고, 이 중에서도 순종 야생 연어는 10퍼센트 미만으로 추정한다.[29] 방류된 양어장 물고기가 야생 물고기를 벼랑 끝으로 내몰고 있다. 게다가 잔존한 소수의 양어장 물고기는 인간이 없으면 살 수도 없다. 양어장의 물고기 생산 비용은 한 마리당 최소 10달러이고, 100달러까지 들기도 한다.[30] 일부 연구에 따르면 한 마리당 총 생산 비용은 1000달러까지 치솟을 수 있다.

수산 시장에서 종종 시험해본 결과, 판매 중인 **야생** 연어는 대부분 양어장 출신이거나 최소한 양어장 DNA를 일부 보유한 것으로 밝혀졌다. 양어장 물고기를 대중에게 야생으로 속여 판매하는 행태에 소비자들은 분개한다. 이런 행태가 때로 발생하지만 사실 대부분의 야생 물고기는 양어장 DNA를 얼마간 갖고 있다. 이러한 관점에서 **자연에서 낚았다**wild caught는 용어가 인기를 끌기 시작했다. 이것은 책임을 회피하기 위한 시도로서, 연어를 야생에서 잡았지만 유전적으로 야생인지는 확신할 수 없다는 뜻이다.

일부 연구를 살펴보면 양어장 물고기는 야생동물이 가축처럼 바뀌는 것과 비슷한 과정을 겪는다. 양어장 물고기는 야생에서 필요한 속성을 더 이상 발달시키지 않고 그저 양어장에서 키워지기에 적합한 속성을 갖춘다. 그래서 야생에서 제대로 살아남지 못하므로 몇 년 후 바다에서 강으로 돌아오는 개체수가 그저 실망스러울 뿐이다. 설상가상으로 양어장 물고기와 야생 물고기가 교배하고, 야생에 적합하지 않은 속성들을 물려주면서 유전적 다양성을 감소한다고 믿는 사람도 많다.

아이다호분지에 서식하는 연어와 스틸헤드의 80퍼센트는 양어장에서 출생한다. 아이다호의 생물학자 리처드 윌리엄스Richard Williams는 양어장에 대해 "이것은 아마도 지속 가능과 거리가 먼 시스템일 것이다"라고 언급했다. 양어장에서는 양어장 연어와 야생 연어를 교배하려고 노력하지만 오히려 후자만 낭비하는 꼴이다. 건강한 개체군을 유지하려면 야생끼리 교배해야 한다. 윌리엄스는 이렇게 경고했다. "야생 연어와 양어장 연어를 교배하면 결국 야생이 남아나지 않을 것입니다."

스스로 통제하거나 중단할 수 없는 댐의 폐해를 상쇄하기 위해 오늘날 아메리카 원주민들은 양어장이 유일한 해결책이라고 여기는 편이다. 네즈퍼스, 야카마, 유머틸라, 웜스프링스를 포함해 일부 주요 부족들은 주·연방 정부와 손을 잡고 보호구역에 양어장을 지었다. 니미푸스족은 왈로와강과 임나하강, 그랜드론드강 보호구역에서 양어장을 운영했고, 루이스와 클라크가 밟았던 컬럼비아강의 연어 경로 주변, 클리어워터강, 새먼강, 스네이크강에도 양어장을 운영했다.[31] 아이다호주와 협력해서 양어장을 운영하기도 했는데, 이것은 원주민과 주·연방 정부가 한 편에 서고, 환경운동가들이 다른 편에 서는 낯선 변화였다. 하지만 현실에서 이러한 관심은 대부분 연어에게 우호적이거나 가장 효과적인 경로를 확보하는 방향으로 기울어서 실제로 물의 흐름과 서식지 조건을 개선하고, 폐쇄 범위를 확대하고, 물의 흐름과 서식지 환경을 개선함으로써 자급자족하는 야생의 개체군을 구축하려 했다.

1960년대와 1970년대 알래스카는 연어 생산량이 현저하게 감소하자 민영과 공공 양어장을 많이 세웠다. 하지만 좀 더 최근 들어 과학자들은 알래스카주에서 시행하는 부화 프로그램에 의문을 제기하고 있다. 이러한 양어장에서 생산하는 곱사연어의 수가 극적으로 증가했지만 양어장이 없는 어장에서도 비슷한 증가 추세를 보이기 때문이다. 양어장은 감소하는 회유 연어 수를 늘리기 위해 세워진 것이 아니라는 관점에서 생각할 때 특이한 현상이다. 프린스윌리엄해협 근처 밸디즈에 있는 양어장이 특히 그렇다. 연어의 회유가 원활하게 이루어지고, 서식지 조건은 양호하며 때로 오염되지 않은 원시 상태를 보인다. 하지만 언제나 사람들은 더 많이 가지고 싶은 마음이 굴뚝같기 마련이다.

밸디즈양어장은 1982년 가동하기 시작해 곱사연어 5000만 마리, 백연어 1800만 마리, 스포츠용뿐 아니라 상업용으로 고안한 잡종 은연어 100만 마리를 생산했다. 경쟁력 있는 곱사연어용 예인망 어장을 만들어냈고, 현재 연간 2억 5000만 마리의 곱사연어를 생산한다. 또 프린스윌리엄해협에 상업용 은연어 자망어장도 만들었다.[32]

양어장들이 종종 그렇듯 연간 예산 450만 달러를 사용하는 밸디즈양어장은 성공적으로 운영되고 있다고 주장한다. 관리자들은 해당 양어장에서 태어난 곱사연어는 그곳에서 2개월 미만 서식하기 때문에 대부분의 양어장 태생보다 야생에 더 가깝다고 믿는다. 그러므로 바다에서 생존율이 더 높다고 주장한다.

하지만 프린스윌리엄해협과학센터가 실시한 연구 결과를 살펴보면, 쿠퍼강을 포함해 프린스윌리엄해협 어장에서 잡은 야생 물고기의 25~30퍼센트는 아주 조금은 양어장 물고기의 유전자를 갖고 있다. 또한 2013~2016년에는 잡은 물고기를 매주 검사한 후에 백연어와 곱사연어 중 70~80퍼센트의 혈통에서 양어장 물고기의 흔적을 확인했다고 발표했다. 또 알래스카주에서 운영하는 유전학 실험실의 지원을 받아 야생, 양어장, 잡종 물고기의 DNA를 가지고 상대적 적합성을 평가했다. 양어장이 야생 물고기의 질을 떨어뜨리는지 알아보고 싶었기 때문이다.

사람들에게 널리 인정받은 연구에 따르면, 컬럼비아분지 은연어와 스틸헤드의 경우 양어장 물고기가 적합성이 떨어지는 잡종을 만들어냈다.[33] 컬럼비아분지 양어장이 미치는 폐해, 즉 양어장 태생이 야생 물고기를 어떻게 악화시키는지, 야생에서 먹이를 소비하느라 야생 개체들을 어떻게 굶기는지 입증해낸 연구가 많다. 2008년 오리건주립대학교에서 실시한 연구 결과는 다음과 같다. "연어과 어류는 갇혀 있는 동안 적합성을 잃을 위험성이 매우 커 보인다. 야생 물고기를 번식용으로 사용하면 적합성 소실을 어느 정도 완화하는 것 같지만, 완전히 피할 수 있다는 증거를 찾지 못했다. 양어장 태생과 야생 사이에 부정적 연관성이 광범위하게 존재한다는 사실이 입증되고, 대체로 양어장 태생의 적합성이 상대적으로 낮다는 사실이 드러나면서 어장 관리인들은 물고기 보존 방법에 양어장을 포함할지 신중하게 따져봐야 한다."[34]

스네이크강으로 회유하는 왕연어를 25년 동안 연구하고, 양어장 때문에 야생 개체군이 파괴되는 현상을 기록한 글이 〈멸종으로 향하는 길은 좋은 의도로 포장되어 있다The Road to Extinction is Paved with Good Intentions〉라는 통렬한 제목으로 발표됐다.[35] 하지만 이러한 원칙이 알래스카에 적용되는지는 여전히 불확실하다. 이를 둘러싸고 격렬한 논쟁이 예상된다. 모든 사람이 해답을 원하고 있으며, 과학센터는 알래스카주 의회, 해당 지역 소재 수산 기업, 양어장 소유주에게 자금을 지원받아 연구를 수행하고 있다.

많은 사람이 알래스카에 양어장이 들어서는 이유를 의아해한다. 목재 산업이 강을 망가뜨린 케치칸 같은 몇몇 지역에서만 연어 서식지가 악화하는 문제가 발생했기 때문이다. 아마도 알래스카 다른 지역에 양어장을 세우는 주된 동기는 자연이 제공하는 수준 이상으로 연어 회유량을 증가하려는 것으로 보인다.

이러한 현상은 생태계가 유지할 수 있는 물고기 개체수를 뜻하는 환경수용력에 문제를 일으킨다. 개체군의 환경수용력을 정상 아래로 끌어내리는 댐이나 관개 시설을 철거하면 물고기 회유량을 복구할 수 있다. 하지만 서식지 훼손, 진입 방지 장벽이 없으면 환경수용력만큼의 개체수를 유지할 텐데 여기에 물고기를 더 공급하는 것은 잠재적으로 위험하다.

개체수가 환경수용력 이상으로 늘어나면 생태계가 지속 가능한 수준까지 잉여 개체가 깔끔하게 사멸하지 못할 가능성이 크다. 또 생존경쟁이 일어나면서 개체 크기가 더욱 작아지거나, 생태계 붕괴로 매우 많은 물고기가 죽을 것이다.

알래스카 관리들이 환경수용력에 관한 선행 연구 없이 양어장 건립을 승인했을 것이라는 점은 양어장 운영 방식에 대해 많은 시사점을 준다. 비로소 최근에서야 알래스카는 환경수용력을 연구하는 데 힘쓰고 있다.

워싱턴과 오리건, 아이다호에서 잡히는 물고기의 80퍼센트는 양어장 태생이다. 알래스카, 태평양 북서부, 일본(이곳에서 잡히는 물고기의 95퍼센트는 최소한 부분적으로 양어장 출생이다), 러시아 사이 태평양에는 매년 약 50억 마리의 양어장 연어가 방류된다.[36] 60억 마리에 이른다고도 추정한다. 양어장 물고기가 열등하지 않다고 양어장 옹호자들이 주장하더라도 그 수가 수십억 마리에 이른다면 야생 개체들이 극렬한 생존경쟁에 휘말리게 되는 것은 분명하다.

양어장의 운영 방향은 잘못됐다. 야생 물고기를 잃은 만큼 양어장 개체가 그 부족분을 항상 상쇄할 수 있다고 여기기 때문이다. 하지만 오늘날 바다의 환경수용력은 역사상 최고치에 달했던 예전만 못하다. 브리스톨만으로 회유한 홍연어의 크기가 점점 작아지는 것이 한 가지 징후다. 일부 연구자들은 아시아에서 양어장 물고기를 방류하기 때문이라고 비난한다. 알래스카주에서 실시한 연구에 따르면 기후 변화가 주범이다.[37] 이 연구들은 사실상 한 곳으로 수렴한다. 기후 변화 때문에 바다는 환경수용력을 상실했고 더 이상 새로 등장한 대량의 양어장 개체들을 수용할 수 없게 된 것이다.

사람들은 간단한 일이라고 생각했다. 알과 정자를 수정시켜 방류하면 연어를 무한히 공급할 수 있을 것이라 여겼다. 19세기 관찰자들은 한껏 흥분했다. 화가이자 어류 작가인 스콧은 1875년에 이렇게 감탄했다. "어업 문화는 성공적이다. 지금까지는 무용지물이었지만 같은 면적의 땅에 쏟을 노동력으로 비교할 때, 물에서는 10분의 1의 힘도 들이지 않고 100배의 이익을 거둘 수 있다."[38] 그러나 어설프게 자연 질서를 건드리는 것은 곤란하고, 불확실하며, 위험천만한 일이라는 것이 밝혀졌다.

10장

바다 가축

무지는 지식보다 빈번하게 확신을 낳는다.

—다윈, 《인간의 유래》

물고기 양식과 부화장은 역사상 다른 관점에서 파생된, 매우 다르지만 모두 과대평가된 개념이다. 부화장은 인간이 자연을 능가할 수 있다는 믿음에 뿌리내린 산업혁명의 산물이다. 물고기 양식은 약 1만 년 전 농업혁명에서 비롯되었고 부화장보다 훨씬 오래된 개념이다. 천연물을 취해서 통제가 가능하고 먹을 수 있는 인조품으로 재설계할 수 있다는 믿음에서 농업은 싹텄다. 부화장이 상업성을 띤다면 당연히 알을 팔고 싶을 것이다. 물고기 양식은 성어를 판매하기 때문에 알 판매보다 수익이 훨씬 더 큰 산업이다. 하지만 엄청난 문제들이 덮쳐온다.

들풀은 사람이 재배하는 곡류가 되고, 천연 에머emmer는 밀이 됐다. 천연 과일은 크기가 더 크고, 당도가 더 높고, 구하기 더 쉬운 방향으로 길러졌다. 야생의 양과 영양, 염소는 농장을 차지한 가축이 됐다. 멧돼지는 돼지가, 거대하고 사나운 동물인 오로크스aurochs는 유순한 소가 됐다.

물고기 양식은 가축 사육보다 좀 늦은 시기인 5000여 년 전 돼지 사육과 마찬가지로 중국에서 출발했다. 요리법의 측면에서 보면 사냥한 고기가 사육한 고기로 바뀌는 과정은 물고기에도 비슷하게 일어났다. 사냥한 고기는 평범하고, 사육한 고기는 진기하고 특별하다는 인식이 오래 유지됐다. 미국인들은 19세기까지 대부분 사냥한 고기를 먹었다. 그러다가 더 저렴하고 쉽게 구할 수 있는 사육 고기가 점점 큰 비중을 차지하기 시작했다. 야생동물 개체수가 급감하면서 사냥은 법으로 제한됐다. 사육한 고기가 점차 흔해지면서 사람들의 입맛도 달라졌다. 사냥한 고기는 더 질기고 지방은 적다. 소비자들은 더 부드럽고 지방이 풍부한 사육 고기를 더 좋아하기 시작했다. 그러면서 사냥한 고기는 미식가들이나 먹는 비싼 식재료가 되었다.

연어는 육류 소비 발달의 마지막 단계에 막 들어섰다. 자연산 연어는 비싸고 점점 구하기 어려운 반면, 양식 연어는 언제나 구할 수 있다. 현재 전 세계적으로 자연산보다 양식산이 훨씬 많다. 미식가들은 자연산이 두말없이 더 맛있다고 주장하고, 환경론자들은 소고기 사육과 마찬가지로 연어 양식을 비난하고, 소비자들은 양식 연어 맛에 점차 익숙해지고 있다. 자신이 먹는 연어가 양식산이라는 사실조차 모르는 사람도 많다. 나는 유행의 첨단인 맨해튼의 시장에서 스코틀랜드산 연어와 노르웨이산 연어를 둘러싸고 벌어지는 논쟁을 들었다. 두 종류 모두 양식산이었고, 그것도 같은 노르웨이 회사 출신일 가능성이 높다는 것을 아무도 모르는 눈치였다. 부드럽고 지방이 많아서 양식 연어를 더 좋아하는 소비자들이 점점 늘어나고 있다.

역사학자에 따라서는 물고기 양식이 기원전 3000년경 중국에서 시작했다고도, 그로부터 1000년 후에야 시작했다고도 주장한다. 이렇듯 양식이 시작된 시기를 놓고 의견이 분분한 것은 부분적으로는 개념 정의 때문이다. 기원전 3500년경 몬순 홍수 후에 잉어가 연못에 갇혔다.[1] 양식 분야는 기생충을 피하고 세심하게 사료를 개발하는 등의 정교한 기술을 발달시켰다(양어장 양식은 훨씬 늦게 발달했다. 양어장 물고기에게는 죽은 동물의 고기, 내장, 말과 소의 심장 같은 부스러기를 먹였다.[2] 균형 잡힌 사료를 만들려고 하지 않았고, 사료는 물에서 분해되어 용존산소량을 줄였다. 1950년대 들어서서야 양어장 소유주들이 치어에게 이상적인 수준의 영양분을 압착한 알갱이를 먹이기 시작했다). 기원전 475년경 부유한 정치가이자 사업가였던 범려范蠡는 때로 "물고기 양식의 기술"로 번역된 첫 책《어업 문화의 고전》에서 물고기 양식 기술을 설명했다. 이집트인들은 나일강에 관개 시설을 설치하면서 생긴 연못에서 틸라피아를 양식했다. 그들이 물고기 양식을 시작한 시기에 대해 알려진 것은 없지만 아마도 중국보다 늦었을 것이다. 기원전 2500년경 악티헵Aktihep의 무덤에 틸라피아를 양식하는 모습이 담긴 부조가 새겨져 있다.

고대 그리스인은 기원전 1세기 로마인들과 마찬가지로 장어를 양식했다. 나폴리에서 굴 양식으로 성공한 세르지우스 오라타Sergius Orata는 도미를 양식해 자신이 키우는 굴에 사료로 주기 시작했다.[3] 도미가 이탈리아어로 오라타Orata인 이유다. 또 향락적인 연회에서 전시용으로 사용하기 위해 숭어를 엄청나게 부자연스러운 크기로 양식했다. 플리니우스Pliny*는 어떤 소리에 반응하는지를 설명하지는 않았지만, 숭어가 청력이 뛰어나 부르면 온다고 말했다. 로마인은 대저택에 종종 민물고기 양식 탱크를 장식용으로 갖췄다. 또 풍부한 양의 양식 물고기를 자랑하기 위해 나폴리만을 따라 석조 해안 연못인 피시내piscinae를 종종 조각상과 더불어 조성했다.

하와이안들은 13세기 초 운하에 문을 달아 물고기를 양식했다. 광대한 양식장은 높은 지위를 상징했고 족장의 위상을 나타냈다.

중세 유럽에서는 수도원과 성에 물고기 양식장이 있어서 스튜stew라고 알려진 연못에서 주로 잉어를 키웠다. 주 목적은 성스러운 날에 먹을 생선을 꾸준히 공급하기 위해서였지만, 아시아처럼 장식용으로 사용하는 것이었다.

18세기 초에 장바티스트 뒤 알드Jean-Baptiste Du Halde라는 예수회 신부는 중국 관련 권위자였다. 그는 중국에 한 번도 가본 적이 없었지만 선교사들이 남긴 자료를 모아 정리했다. 뒤 알드 신부는 이렇게 기록했다. "큰 강인 양쯔강(세계에서 세 번째로 큰 강)에는

* 《박물지Naturalis Historia》를 쓴 고대 로마 학자이자 정치가.

특정 시즌이 되면 많은 배가 모여들어 물고기 알을 실어 나른다." 알을 거래하는 상인들은 알을 수정시키지 않고, 이미 수정된 알을 그물로 퍼 올렸다. 시내나 연못에서 물고기를 기르고 싶어 하는 손님들에게 수정란이 든 뿌연 액체를 항아리에 담아 팔았다. 수정란이 며칠 내로 부화하면 치어와 함께 팔렸다. 뒤 알드의 설명에 따르면, 이 물고기들은 거의 예외 없이 초식 종이었고, 육식 종보다 번식이 쉬웠다. 하나는 바다토끼로 불렸는데, 아마도 오늘날 중국과 서양에서 해조류를 먹고 사는 바다달팽이로 알려진 아나스피데아Anaspidea와 관계가 있을 수 있다. 뒤 알드는 이것이 **100배**의 수익을 거두는 엄청나게 수익성 높은 사업이라고 주장했다.

현대 연어 양식이 시작된 곳은 오래되고 강력한 연어 전통을 지닌 노르웨이였다. 1970년대 노르웨이인은 스코틀랜드 서부 고지대처럼 주로 경제적으로 낙후된 지역에 연어 양식을 도입했다. 1980년대 스코틀랜드 연어 양식이 점점 성공을 거두는 과정을 지켜본 셰틀랜더인들은 노르웨이에 가서 양식 기술을 배우고 1982년 양식을 시작했다. 거대한 규모로 성장하고 있는 연어 양식 산업을 시작하기 위해 1980년 노르웨이 악바포르스크에서 생산한 연어알을 페로제도에 가져왔다.

송어를 양식하는 전통을 지닌 스코틀랜드는 노르웨이의 연어 양식 기술을 적절하게 수용했다. 정부는 일자리를 창출할 뿐 아니라 수요가 많고 가치 있는 수출품을 생산한다는 뜻에서 연어 양식을 열성적으로 지원했다. 또 연어 양식은 연어가 전통 음식인 나라의 수요를 감당했다. 자연산 연어가 부족해지자 상업적 어획을 금지하고, 심지어 스포츠 낚시로 잡은 물고기는 다시 강으로 돌려보내도록 규제했다. 또 대부분의 스코틀랜드인은 양식 연어만 먹었다. 개인이 연어를 가져갈 수 있는 강이라 하더라도, 어쩌다 운 좋게 귀한 연어를 건졌어도 팔 수 없었다. 판매는 엄격하게 금지됐다. 따라서 수산 시장과 레스토랑에서 구할 수 있는 연어는 양식산뿐이었다.

1980년대 노르웨이 연어 양식이 메인주에 진출했다. 또 노바스코샤, 뉴브런즈윅, 메인 사이에 있는 캐나다 연해주와 펀디만에도 진출했다. 그 후 태평양 북서부와 브리티시컬럼비아로도 퍼졌다. 노르웨이인들은 브리티시컬럼비아 해안을 따라 대서양 연어를 양식하기 위해 어장을 만들었다.[5] 노르웨이 연어 양식은 연어의 자연 서식 범위를 넘어서서 남아프리카, 오스트레일리아, 뉴질랜드, 칠레로 확산됐다. 심지어 태평양에서도 연어 양식의 대상은 대부분 대서양연어다. 물론 예외는 있다. 칠레는 대서양 연어뿐 아니라 은연어와 스틸헤드도 양식한다.

1997년 양식 연어와 양식 송어의 생산량이 소리 소문 없이 처음으로 야생 물고기 어획량을 넘어섰다.[6] 오늘날 시장에서 거래되는 연어의 약 60퍼센트는 양식 연어이고, 노르웨이·칠레·영국이 주요 생산국이다. 캐나다, 미국, 아일랜드, 아이슬란드, 페로제도 또한 그렇다. 양식 연어를 생산하는 기업의 다수는 노르웨이 다국적 기업 소유다. 양식 연어가 시장을 점유하는 현상을 모든 사람이 부정적으로 생각하지는 않는다. 소비자가 양식 연어에 만족한다면 야생 연어의 생존을 위협하는 상황이 주는 엄청난 압박감을 양식 연어를 통해 경감할 수 있다. 하지만 이러한 인식은 문제를 최소화하는 동시에 해결책을 찾으려는 노력을 방해한다. 세계에서 양식 연어를 가장 많이 수입하는 일본에서 자연산 홍연어와 마수연어는 막대한 양의 칠레산 양식 은연어와 심지어 양식 대서양연어에게도 시장점유율에서 밀리는 처지다.

1854년 티퍼러리의 윌리엄 조슈아 펜넬William Joshua Ffennell이 최초로 바다에 가두리를 설치하고 시장에 판매할 수 있는 규모로 연어 양식을 시도했다고 아일랜드인들은 주장한다.[7] 펜넬이 설치한 것부터 그 뒤를 이은 어떤 가두리도 제대로 성공하지 못했으므로 아일랜드인들의 이러한 주장은 진위가 의심스럽다. 사실 연어 양식을 비판하는 사람들은 최대 불만 사항으로 대부분 가두리를 꼽는다. 가두리는 연어 양식의 부정적인 영향을 결집할 뿐 아니라 개방형 그물 가두리에서 기르는 연어는 탈출할 수도 있다.

노르웨이인들은 스스로 문제를 해결해왔다는 자부심을 갖고 있다. 유럽에서는 산업이 유발한 산성비 때문에 50곳에 이르는 강에 연어가 서식할 수 없게 되었다. 그러자 노르웨이인들은 석회로 산을 중화하는 방법을 배웠다. 양식 관행도 주요 문젯거리였지만 어쨌거나 노르웨이인들은 문제를 해결할 방법을 찾아냈다. 하지만 노르웨이자연연구소 소속 에바 소스타드Eva Thorstad는 오늘날 노르웨이 야생 연어가 직면한 최대 문제는 노르웨이에서 생산하는 4억 마리의 양식 연어라고 주장한다. 4억 마리는 노르웨이에서 생산하는 다른 사육 동물을 모두 합한 수의 네 배다.[8]

노르웨이의 깎아지른 곡벽 사이를 지나는 웅장한 피오르, 섬이 산재한 강 하구, 스코틀랜드 산에 있는 호수를 지나는 관광객들은 양어장의 존재를 쉽게 알아차리지 못할 수 있다. 수면으로 약 4피트(약 1.2미터) 정도 튀어나온 금속 기둥, 수면에 떠 있는 나무 보도 위로 친 그물 정도를 제외하고는 별로 눈에 띄는 것이 없다. 호수 건너편에서는 보이지 않지만 물 밑 양어장에는 연어 100만 마리가 서식한다. 호수에 바싹 다가가보면 연어가 물에서 뛰어오르는 광경을 볼 수 있을지도 모른다. 연어에게는 쉬지 않고 뛰어오르는 습성이 있기 때문인데, 심지어 양어장에 있는 프라이도 뛰어오른다.

하지만 무심코 지나가는 사람들은 이러한 광경을 대부분 놓친다. 먹이를 공급하는 튜브 몇 개를 제외하고 약 164피트(약 50미터) 깊이까지 내려가는 가두리의 맨 위 테두리를 포함해 양어장은 대부분 수면 아래 깊은 물속에 떠 있기 때문이다. 가두리는 바닥에 닿으면 안 되고 아래로 100피트(약 30미터) 이상 떨어뜨려야 하고 빠른 해류가 통과해야 한다. 또 20여만 마리를 수용할 정도로 크면서, 일부 반대자들이 지적하듯 물고기가 빼곡히 들어차 있다. 물고기 자체는 많이 몰려 있어야 안전하다고 느끼므로 가두리가 붐빈다고 하더라도 일반적으로 개의치 않는다. 이처럼 물고기가 빼곡히 들어차 있는 가두리에도 붐비는 곳이 있는가 하면 한산한 곳도 있다.

양어가 커다란 사업인 노르웨이에서는 양어장마다 가두리가 8~10개 있을 수 있고, 전 세계에 분포한 야생 대서양연어보다 많은 물고기를 수용한다. 원래 노르웨이 양어장들은 이 정도로 크지 않았다. 농부는 일반 농업의 연장으로 연어 양식을 시작했고, 농장에서 최대한 가까운 바다에 가두리를 설치하면서 가두리마다 면허를 취득해야 했다. 하지만 물고기를 양식하려면 자본이 많이 필요하다는 사실을 깨달은 농부들은 대부분 포기했다. 반면에 자본이 충분해서 대규모로 양식을 할 수 있다면 엄청난 수익을 거두리라는 인식이 형성됐다. 따라서 대기업들이 양식에 실패한 어장에서 면허를 사들이기 시작하면서 물고기 양식은 대규모 사업으로 발전했다. 면허를 하나 소유한 양어장도 여전히 소수 존재하지만, 대부분의 양어장은 다국적 대기업 소유다.

연어 양식에 대해 가장 먼저 불거진 불만은 오염을 유발한다는 점이다. 물고기 20만 마리를 키우는 가두리에서는 엄청난 양의 배설물이 배출된다. 동물의 배설물은 자연에 해롭지 않고 실제로는 유익한 경우가 많다. 하지만 고농도 배설물은 파괴적인 영향을 미칠 수 있다. 따라서 야생 물고기가 헤엄치고 다니며 배출하는 배설물과 달리, 물고기 수십만 마리가 같은 장소에 머물며 배출하는 배설물은 환경을 해친다.

연어 양식장을 인수한 대기업들은 강한 물살로 배설물을 바다 쪽으로 운반해서 분산하는 곳이 필요하다고 생각했다. 세계에서 조류가 가장 강한 펀디만 같은 곳이 이상적이었다. 하지만 수심이 얕거나 유속이 느린 어장도 여전히 운영 중이다. 그린피스 같은 환경 단체는 느슨한 규제와 열악한 장소에 입지한 어장에 주목하면서 특히 칠레를 자주 거론한다.

물고기 양식 기업은 물고기의 탈출이라는 골치 아픈 문제를 해결해야 한다. 양어장이 대서양에 있다면 탈출한 양식 물고기가 야생 물고기와 섞인다. 거칠고 종종 격렬한 산란 과정에서 양식 수컷은 야생 수컷과 경쟁할 만큼 강하지 않으므로 대부분 죽는다. 그래서 양식 암컷이 산란하면 야생 수컷이 와서 수정한다. 양식 물고기의 탈출은 빈번하고, 야생 대서양연어 서식지 근처에서 대서양연어를 양식하면 둘이 뒤섞인다. 따라서 노르웨이, 스코틀랜드, 영국, 아일랜드의 강에 서식하는 야생 연어에게서 양식산의 게놈이 나타난다. 양식 연어의 게놈은 노바스코샤, 뉴브런즈윅, 메인에 서식하는 야생 연어의 유전자에도 나타난다. 페로제도에서 잡은 야생 연어의 3분의 1 이상은 실제로 양어장에서 탈출한 것이다.[9] 상업적 어획물을 대상으로 DNA 검사를 실시한 결과, 정직한 상인들이 판매하는 이른바 **자연산** 연어의 일부도 양식산으로 밝혀졌다.

양식 연어는 가두리마다 크게 다르지 않다. 주요 장점은 빠른 성장이지만 야생 연어의 특별한 생존 기술을 모두 갖추고 있지는 않다. 단기간에 빨리 자라기 때문에 더 느리게 성장하는 야생 연어의 크기에는 도달하지 못한다. 몸집이 더 큰 야생 연어보다 번식률이 떨어지는 원인이기도 하다. 부모 세대, 심지어 그 윗세대가 양식산이지만 야생에서 사는 연어는 바다에서 생존할 확률이 훨씬 떨어진다. 실제로 양식 연어의 바다 생존율은 감소하는 추세다.

심지어 양식업자들도 이것이 우려할 만한 원인이라고 이구동성으로 말한다. 노르웨이에는 약 4억 마리의 양식 물고기와 50만 마리의 야생 물고기가 서식한다. 노르웨이 양식 대기업인 그리그시푸드에서 사료와 영양 담당 이사로 활동하는 토르 에이릭 홈메Tor Eirik Homme는 "양식업자들이 느끼는 두려움을 이해한다"라고 말했다.[10]

사람들은 탈출한 양식 대서양연어가 야생 연어 개체수가 압도적인 태평양에서 어떤 위험에 처할지 온전히 이해하지 못한다. 속이 다른 동물끼리는 교배하지 않으므로 대서양연어와 태평양연어는 짝짓기하지 않을 것이다. 양식 대서양연어끼리 교배하더라도 새끼가 무사히 부화해 바다로 나갈 수 있으리라는 보장이 없다. 결국 대서양에서 양식을 추진하는 계획에 반대하는 사람들은 양식 물고기가 생존 기술이 부족하다는 점을 큰 이유로 내세운다.

2017년 여름 워싱턴주에 있는 대서양연어 양식장 여덟 곳 중 한 곳이 사고로 파괴되었다. 한 캐나다 기업이 운영하는 가두리가 해체되면서 양식 대서양연어 25만 마리가 야생으로 방류되었다. 이들은 퓨젓사운드로 헤엄쳐 나갔다가 강으로 들어갔다.[11] 이 이방 물고기들이 자연에 어떤 영향을 끼쳤는지는 미지수다. 이러한 종류의 사고는 자연에 엄청난 피해를 안기겠지만 가두리를 탈출한 연어는 대부분 몇 달 안에 죽고 사라졌을 것이라 추측한다.[12] 당시 사고를 계기로 워싱턴주에서 연어 양식이 금지되리라는 두려움이 퍼졌다. 워싱턴주는 모든 연어 양식장을 2025년까지 단계적으로 폐쇄할 예정이다.

바다표범이 종종 그물을 찢을 수도 있다. 하지만 가두리 탈출은 단순 사고, 특히 인간의 실수 때문이다. 워싱턴주를 예로 들면 가두리를 적절하게 관리하지 못해서 홍합을 비롯한 해양 생물이 쌓이면 가두리가 쉽게 파괴된다. 장비 때문에 그물이 뚫리는 일도 생긴다. 또 폭풍이 휩쓸고 지나가면서 손상된 그물 사이로 물고기가 탈출하기도 한다. 기후 변화의 영향으로 격렬한 폭풍우가 점점 더 자주 발생하는 시대이므로 양식 물고기 탈출은 앞으로 훨씬 더 큰 문제가 될지도 모른다. 가두리는 꽤 질긴 케블라 kevlar* 로 만든다. "기술이 발전하고 있습니다." 홈메는 말했다. "초창기 일부 스몰트는 그물코 크기보다 작습니다. 한 마리라도 탈출한다면 엄청난 수가 빠져나갈 가능성이 있다는 뜻입니다."

* 미국 듀퐁사가 황산용액에서 액정 방사해 만든 고강도 섬유.

지금까지 물고기 양식 산업은 탈출 문제에 대해 임시 처방에 주로 의존했다. 문제를 개선하려면 가두리를 포기하고 폐쇄 설비를 사용하거나, 바다에서 작업하는 것까지도 내려놔야 할 것이다. 가장 큰 이유는 추가 비용이겠지만 양식업자들이 이러한 대안을 택하지 못하고 망설이는 이유는 많다. 그러나 훨씬 더 어려운 문제, 즉 바다물이sea lice 때문에 가만히 있을 수는 없을 것이다.

바다에 서식하는 갑각류인 바다물이는 크기가 손톱보다 작지만 선명하게 눈에 띈다. 서른일곱 개 속이 있는데 모두 기생충이며, 그중에서 두 속이 연어를 표적으로 삼는다. 양식장이 생기기 전에는 딱히 심각한 문제거리는 아니었다. 물고기 개체군 중에서 소수인 연어를 찾아 바다를 그저 돌아다니는 정도였기 때문이다. 연어는 기생충 한두 마리가 붙더라도 강으로 돌아갈 때까지 함께 살아간다. 바다물이는 민물에서 오래 살 수 없어서 연어가 강에 다다르면 떨어져나가 죽는다. 사실 낚시인들은 바다물이가 한두 마리 붙은 연어를 잡으면 무척 좋아한다. 최근에 강으로 들어와 여전히 매우 건강한 상태라는 뜻이기 때문이다.

양식을 하기 전까지는 자신들의 먹이가 되어줄 거대한 연어 떼를 바다물이는 발견하지 못했다. 하지만 수십만, 심지어 백만 마리가 넘는 먹을거리가 한 곳에 갇힌 양식장을 발견했다. 홈메가 말한 대로 "이제부터 파티 타임이다."

바다물이는 연어의 피부를 먹는다. 비늘은 뚫기 어려워서 머리와 목을 공격한다. 바다물이에게 두피가 완전히 벗겨진 연어는 머릿속이 노출되며 죽는다. 가두리 바닥에 두피가 벗겨진 채

죽은 연어가 쌓인다. 가두리 연어의 4분의 1이 죽는 현상도 드물지 않다. 바다물이는 스몰트도 공격한다. 성어 한 마리를 죽이려면 50마리 넘게 달라붙어야 하지만 스몰트 한 마리를 죽이는 데는 10마리 정도면 충분하다. 곱사연어 스몰트 한 마리를 죽이는 데는 세 마리면 된다. 결과적으로 바다물이는 양식업자의 돈을 마구 갉아먹는 셈이다.

바다물이는 양식장을 기반으로 쉽게 전파하면서 인근의 야생 연어를 공격할 수도 있다. 회유하는 지역 근처에 양식장이 있으면 야생 연어가 바다물이에 감염된다. 야생 연어 개체수가 양식 연어보다 여전히 많은 태평양에서는 바다물이가 일으키는 문제가 덜 심각한 편이다. 하지만 태평양 연안의 야생 연어 서식지에서도 근처에 양식장이 있으면 야생 연어는 바다물이에 거의 속수무책으로 당한다. 생물학자들은 대서양에 서식하는 일부 연어는 바다물이를 떼어내기 위해 강으로 더 일찍 회유한다고 믿는다. 하지만 연어 입장에서는 위험한 전략이다. 일주일 일찍 바다를 떠난다면 산란의 여정을 완수하기 위해 몸집을 키우고 튼튼해지는 데 필요한 고품질 먹이를 그만큼 더 먹지 못한다는 뜻이기 때문이다.

하천 관리자와 생물학자, 환경 운동가, 자연보호론자는 양식장을 봉쇄하거나, 연어가 회유하는 장소에서 먼 곳으로 이전하거나, 바다에서 끌어내 육지로 옮겨야 한다고 주장해왔다. 이러한 방법은 양식 연어의 탈출에 따른 문제를 해결하는 방안으로도 제시되고 있다.

연어 양식장 몇 군데는 내륙에 있다. 어떻게 내륙 연어 사육이 육우 사육보다 환경에 더 나은가? 더 이상 바다의 자연적인 힘을 사용해 물을 순환하지 않고, 에너지를 태워 물을 퍼 올리는 것이 환경에 이로운가? 이 또한 생산비가 많이 드는 방법이므로 양식 연어를 더 이상 저렴한 가격에 공급하기는 어렵다. 바다에 설치하는 개방형 그물 가두리는 매우 값싸게 제작해 운영할 수 있다. 마린하베스트* 스코틀랜드 지사 경영 이사인 벤 하트필드Ben Hatfield는 이렇게 반문했다. "탄소 효율성이 낮은 단백질을 육지로 옮겨서 탄소 발자국carbon footprint을 증가시키고 싶은가요? 고기 사육은 너무 비효율적이라 그 방법을 어류 양식에 적용하고 싶지 않습니다."

양어장에서 폐쇄형 컨테이너를 사용하면 물고기 폐기물에서 자체적으로 에너지 생산이 가능하다는 방안이 제시되고 있다. 이 기술은 현재 사용 가능하며, 폐쇄형 물고기 양식을 더욱 구미 당기는 방법으로 만들 수 있다.

하지만 그리그시푸드의 홈메는 이렇게 말했다. "땅 기반 양식은 비용도 문제지만 땅이 많이 필요합니다. 바다에는 이용 가능한 공간이 많으므로 바다에서 식량을 생산해야 합니다."

* 노르웨이의 세계 최대 연어 생산 기업인 모위Mowi의 전신.

이렇듯 잠재적 대안들을 선택하는 경우에는 비용이 많이 들뿐더러 환경에 영향을 미칠 가능성도 배제할 수 없기 때문에 양어업자들은 우선 다른 방법을 거의 모두 시도해보고 싶어 한다. 우선 바다물이에 내성을 갖춘 물고기를 번식시키려고 노력하고 있다. 설사 그 수준까지 미치지 못하더라도 우선 물고기를 씻기고 솔질하고 20초 동안 물을 덥힌다. 하지만 이러한 방법을 사용하면 물고기도 일부 죽을 것이다. 양어업자들은 본질적으로 갑각류를 죽이는 독을 사용하는 화학적인 방법으로 바다물이를 박멸하려고 노력해왔다. 독을 쓰면 바다물이를 죽일 수 있겠지만 새우나 가재도 죽일 가능성이 있다. 21세기 초반에 펀디만에서 바닷가재 어부들이 대규모로 항의하는 사건이 벌어졌다. 어부들은 양어업자들이 사용하는 화학물질이 바닷가재를 죽이고 있다고 주장했다. 바다에서 연어와 많은 다른 물고기에게 매우 중요한 갑각류 먹이인 크릴에 이러한 화학물질이 퍼지는 경우에는 파괴적인 영향을 미칠 것이다. 또 이러한 화학물질을 사용해 기른 연어를 먹는 것에 대한 의문이 제기되고 있다. 어떤 경우이든 양어업자들은 시간이 경과하면 바다물이에 항체가 형성되므로 이러한 화학물질의 사용을 중단해야 할 것이다.

그러면서 양어업자들은 살충제가 발명되기 전에 곤충에 대항할 때 사용했던 오랜 아이디어로 눈길을 돌렸다. 생물학적 방제 수단으로 알려진 이 아이디어는 원치 않는 해충을 파괴할 생물을 찾는 것이다. 양어업자는 두 종류의 노르웨이 토종 물고기인 참놀래기와 도치를 발견했다.

자그맣고 동그란 도치는 가두리 주변에서 지느러미를 매우 요란하게 떨고 곤충과 비슷하면서 배에 있는 빨판을 사용해 표면에 달라붙는다. 참놀래기는 작은 농어 크기만 하고 피부색이 약간 푸르며 여러 색의 반점을 가지고 있다. 참놀래기가 도치보다 효율적으로 바다물이를 죽이지만, 노르웨이 북부의 물이 참놀래기가 서식하기에는 지나치게 차갑기 때문에 북부 어장에는 도치가 필요하다. 도치도 참놀래기도 바다물이만 먹으며 살 수는 없지만, 먹이를 잘 먹고 관리를 잘 받으면 연어에 붙어 기생하는 바다물이를 간식으로 더 먹을 수 있다.

노르웨이수의학연구소에서 어류 건강 담당 부책임자로 일하는 브릿 헬트네스Brit Hjeltness는 이러한 물고기들을 어장에 풀어놓는 방법이 매우 위험하다고 경고한다. 야생동물을 양식 동물에 접촉시키면 언제나 새로운 질병을 감염시킬 위험성이 따르기 때문이다.

하지만 질병 감염 위험성보다 우선해서 등장하는 문제가 있다. 양어업자들은 연어를 보호하기 위해 바다물이에 대항하는 참놀래기와 도치를 남획해 그 개체수를 파괴한다. 참놀래기는 수명이 25년이고, 생애 주기 후반에 성적 성숙기에 도달하므로 우발적으로 남획당하기 쉽다.

양어업자들은 어쨌거나 물고기를 만드는 방법을 알고 있는 사람들이므로 다른 아이디어를 생각해냈다.

2009년 연어 양식 거대 기업인 마린하베스트가 베르겐에서 참놀래기를 양식하기 시작했다. 참놀래기는 도치보다 양식하기 어려운 어종으로 알려져 있지만 현재 성공적으로 양식 중이다. 참놀래기는 신기한 동물이다. 노르웨이와 스페인에서는 스튜나 수프에 넣기도 하지만 참놀래기를 먹는 사람은 거의 없다. 유럽 전역에 분포하지만 차가운 물을 싫어하고, 겨울에는 바닥에서 동면한다. 양어장의 불을 끄면 탱크 바닥으로 가라앉아 잠을 잔다. 바다물이를 즐겨 먹는데도 의외로 편식이 상당히 심하다. 몸집에 비해 매우 작은 알을 낳는데 알은 대부분 죽는다. 처음에는 모두 암컷으로 태어나지만 산란기에 일부가 수컷으로 바뀐다.

베르겐 소재 마린하베스트는 2018년 참놀래기 100만 마리를 생산할 준비를 갖췄지만 현재 목표 생산량은 450만 마리다. 노르웨이와 영국, 대서양 방면 캐나다, 칠레가 참놀래기를 취급한다. 하지만 마린하베스트가 운영하는 참놀래기 양식장에서 프로젝트 책임자로 일하는 에스펜 그뢰탄Espen Grøtan은 이것이 일시적인 조치라고 생각한다. "저는 연어 양식이 폐쇄형 컨테이너를 사용하는 방식으로 옮겨가리라 생각합니다. 하지만 오래된 양식장을 바꾸려면 시간이 걸리겠죠."

개방형 가두리가 아니라 폐쇄형 컨테이너에서 양식하면 몇 가지 문제가 발생하겠지만 탈출, 바다물이, 질병 확산 등의 문제는 해결할 수 있다. 질병 확산을 우려하는 목소리가 많기는 하다.

많은 동물이 서로 가까이 붙어 서식하는 환경은 위험한 병원균을 키우는 일종의 페트리 접시 같다고 해도 지나친 말이 아니다. 양어업자들은 인간이 전염병에 대항하는 방식으로 물고기가 병원균에 감염되는 사태를 막으려고 노력한다. 물고기에게 백신을 섭종하는 것이다. 연어가 스몰트일 때 수조에서 마취를 한 상태로 배에 주사를 놓는다.[13] 기본 백신은 일곱 가지 성분으로 조제하지만 새 병원균이 발견되면 추가 백신을 개발한다. 양어업자들은 상당히 성공적으로 박테리아를 박멸하고 있지만, 새로 발견하는 바이러스의 수가 점점 많아지고 있다. 만약 가두리에서 통제할 수 없는 경우에 이러한 질병은 야생 개체군에까지 확산할 가능성이 있다.

박테리아와 바이러스, 곰팡이를 퇴치할 목적으로 다양한 항균제를 사용하는 것도 소비자가 우려해야 하는 일이다. 소고기, 우유, 기타 농장 제품에도 같은 문제가 발생한다. 알려진 모든 약물에 대해 저항성이나 내성을 지닌 위험한 곰팡이, 박테리아, 바이러스가 등장해 급속하게 퍼지고 있다. 위험한 곰팡이인 **칸디다속 진균**Candida auris은 일본에서 처음 발견되고 나서 10년 안에 미국을 포함한 30개국으로 전파되었다. 이러한 **슈퍼버그**는 보건 문제에서 우려 대상으로 부상하고 있으며, 과학자들은 항균제를 포함한 약물을 남용하는 사회 관행 때문에 슈퍼버그가 발생한다고 믿는다. 또 일부 과학자는 연어를 포함한 사육 동물에게 약물을 주입하면 인간이 음식을 통해 약물에 과도하게 노출되면서 문제가 악화된다고 믿는다.

양식장에 퍼진 질병에 전염되어 야생 물고기가 죽어간다는 추측은 합리적이지만, 대부분의 사체가 포식자에게 먹혀 없어졌으니 입증하기가 극도로 어렵다. 퓨젓사운드에서 탈출한 연어에서 수많은 바이러스를 발견했지만 야생 물고기를 위협하는 것으로 생각되는 바이러스는 없었다.[14] 설사 눈으로 확인할 수 있는 증거가 없더라도 양어장에서 발생한 질병이 확산하는 것은 일촉즉발의 문제다.

브리티시컬럼비아는 질병을 예방하기 위해 노르웨이산 알을 철저히 선별하고 검사한다. 이 지역 양어 산업은 빠르게 성장해서 양어장은 1984년 10곳, 1986년에는 40곳이었다. 이후 성장을 거듭하면서 2003년에 이르자 이웃인 워싱턴 주에는 9곳에 불과한 양어장이 브리티시컬럼비아에는 121곳이었다.[15] 하지만 선택한 장소가 브리티시컬럼비아에서 가장 중요한 야생 연어 회유지와 매우 가까운 탓에 양어장의 수와 더불어 대중에게 큰 우려를 사고 있다.

21세기 들어 첫 10년 동안 야생 연어 개체수, 특히 브리티시컬럼비아에서 가장 유명한 프레이저강을 찾아오는 홍연어 수가 정체불명의 원인으로 급격히 감소했다. 그러던 중 2011년 캐나다 정부 소속 과학자인 크리스티 밀러Kristi Miller가 《사이언스》에 발표한 논문에서 프레이저강의 홍연어가 양어장에서 발생한 바이러스에 감염되어 죽어가고 있다고 주장했다.[16] 밀러의 연구 결과는 많은 과학자에게 확증을 받지는 못했지만, 보수주의 캐나다 정부가 논문을 은폐하려고 시도하면서 한동안 유명한 쟁점으로 부각했다. 연어 양식장에서 파생되는 문제는 이외에도 많다. 예를 들어 가두리에서 그물을 찢어 연어를 해방시키는 바다표범을 쫓아내려고 음향 장비를 사용하는데, 이때 나는 소리를 듣고 태평양 북서부 고래들이 멀리 달아나고 있다.[17]

물고기 양식에 대해 처음 불거져 나온 불평에는 지속 가능하지 않다는 점도 있다. 저렴한 물고기를 지속적으로 공급할 방법을 개발했다고 즐겨 주장하는 상업적 어업계는 이 불평에 황당하다는 입장을 취한다. 하트필드는 이렇게 말했다. "내게는 커다란 고민거리가 두 가지 있어요. 하나는 바다물이, 나머지 하나는 물고기 양식이 과연 단백질을 생성하는 효율적이고 지속 가능한 방법이냐는 것입니다." 이것은 아마도 진심에서 우러난 우려일 것이다. 하지만 마린하베스트를 비롯한 연어 양식 기업은 막대한 수익을 거두고 있다. 마린하베스트가 스코틀랜드에서 거두는 수익만 따져보더라도 실적이 좋은 분기에는 7500만 달러에 이른다.

연어는 육식동물이어서 다른 물고기를 먹는다. 양식 초기에는 물고기를 분쇄해서 가루로 만든 후에 개 사료처럼 알갱이로 압착해 사용했다. 이러한 어분 알갱이에는 건조 중량을 적용한다. 양어업자가 따지는 공식에 따르면 양식 연어를 1파운드 키우는 데는 사료 1파운드가 필요하다.[18] 양식 물고기를 10파운드(습윤 중량) 키우려면 야생 물고기가 10파운드(건조 중량) 필요하다는 뜻이다. 그렇다면 대체 이익은 무엇일까? 야생 물고기도 다른 물고기를 잡아먹지만, 거대한 공장식 저인망 어선은 어분용 물고기를 퍼 올려서 낭비가 매우 심한 어업 행태를 보이고 있다.

지속 가능하지 않다는 비판은 어분 가격 상승 문제로 고민하는 마린하베스트 같은 기업들의 정곡을 찔렀을 수 있다. 양어 비용의 40퍼센트는 사료값으로 들어간다.[19] 양어 기업은 연어를 채식 동물로 바꿔서 사료비용을 줄이고 싶겠지만, 연어의 내장은 육류를 소화하기에 적합하도록 짧은 터라 채식은 어렵다. 과거에 물고기로만 만들었던 사료를 요즈음 만들려면 엄청나게 비쌀 것이다. 현재 양식 연어의 식단에서 어분이 차지하는 비중을 5퍼센트까지 낮출 수 있지만 대개 37퍼센트 정도이고 이보다 높을 때도 있다. 요즘 어분을 구성하는 주요 성분은 콩이다. 원래는 날콩을 사용했지만 지금은 단백질 농축액으로 대체했다. 단백질은 연어에게 필요한 성분이며, 콩을 어떤 식으로 가공하든 콩 단백질은 어분에 함유된 단백질의 70퍼센트에 미치지 못한다. 미국 소재 거대 다국적 기업인 카길은 가격대가 다른 사료들을 제조한다. 어분이 차지하는 비중이 클수록 사료 가격은 비싸다. 하지만 비싼 사료라도 장기적으로는 가격이 더 저렴해질 수 있다. 연어가 시장에서 판매될 수 있는 크기까지 더욱 빨리 자라기 때문이다.

목표는 어분을 더 적게 투입하면서도 단백질을 더 많이 얻는 것이다. 그래서 고단백질 식물을 찾고 있지만 대부분 귀하고 값도 비싸다. 전 세계 양식 연어의 23퍼센트를 생산하는 마린하베스트는 어분 14퍼센트, 어유 8퍼센트, 유채씨 기름 20퍼센트, 절반 이상은 콩·옥수수·밀 글루텐을 배합한 사료를 사용한다.[20] 하지만 곡물을 재배해서 가축을 먹이는 것이 소고기를 생산하는 지속 가능한 방법이 아니듯, 콩 재배도 물고기를 생산하는 지속 가능한 방법이 아니라는 인식이 확산되고 있다. 그러면서 콩이 차지하는 비중이 줄어들기를 희망한다. 요즘에는 식물을 발효시켜 키운 해조류에서 단백질을 생산하는 연구가 진행 중이다. 또 단백질을 생산하기 위해 동애등에black soldier fly에 해초를 먹여서 탄수화물을 단백질로 바꾸는 일부 곤충들의 능력을 조사하는 연구도 있다. 동애등에 애벌레는 이미 일부 동물 사료에 단백질로 사용되고 있다.

양식 물고기가 어분을 먹지 않는다면 독을 퍼뜨리는 경향도 줄어든다.[21] 야생 물고기는 바다에서 오염 물질을 먹는데, 그중 많은 양이 어분 원료로 쓰이는 소형 종들이 서식하는 차가운 북쪽바다에 집중되어 있다. 하지만 식물 사료와 독은 상충 관계에 있다. 양식 연어가 식물을 더 많이 먹는다면 중금속과 폴리염화바이페닐 때문에 피해를 입을 위험성은 줄어들지만 살충제 위험성은 커진다.

물고기 양식에 반대하는 대중 사이에는 양식 연어 살이 붉은색으로 착색되어 있다는 잘못된 인식이 널리 퍼져 있다. 붉은색 식용 색소로 물들인다고 말하는 사람들까지 있다. 리처드 클라크Richard Clark는 할렘의 아비시니아침례교회가 소장하고 있는 요리법 가운데 훌륭한 양념 연어 요리를 《영혼을 위한 음식Food for the Soul》에 소개하면서 이렇게 덧붙였다. "양식 연어에는 식용 색소를 사용해 물들이는 방법을 흔히 사용한다. 하지만 이는 피하는 편이 좋다."

어째서 연어 살이 붉은지, 어째서 산란을 마치고 나서 죽어 가는 물고기와 여전히 살아남아 있는 켈트의 살이 옅은지를 둘러싸고 궁금증이 사라지지 않고 있다. 데이비 경은 착색 기름 때문이라는 결론을 내리면서 이는 알코올로 추출해서 확인할 수 있다고 설명했다.

데이비 경이 도달한 결론은 정답에 가깝다. 야생이든 양식이든 연어 살의 색은 카로테노이드라는 천연 색소에서 나온다. 자연에 600여 종이 있는 카로테노이드는 새 깃털을 밝은색으로 물들이고, 당근을 주황색으로 만든다. 실제로 17세기 네덜란드인들이 카로테노이드를 사용한 품종 개량 방법을 생각해낼 때까지 원래 당근은 흰색이었다. 그렇다고 당근이 "착색되었다"고 말하는 사람은 없다. 연어에 함유된 카로테노이드는 아스타잔틴으로 불리며 갑각류에 들어 있다. 연어는 갑각류를 먹음으로써 색소를 흡수한다. 살의 색이 옅어지는 것은 강에서 오랫동안 금식을 하다가 산란하기 때문이다. 양식 연어는 갑각류를 먹지 않으므로 살이 옅은 상태를 유지한다. 그래서 노르웨이인들은 연어 양식을 시작했을 때 자신들이 양식하는 물고기를 **상아색 연어**로 선전했다.

사람들이 음식을 선택하는 데 주로 작용하는 요소가 색깔이라고 입증하는 연구가 많다. 상아색 연어를 원하는 사람이 없었으므로 양어업자들은 효모와 박테리아에서 아스타잔틴을 추출하는 방법을 배웠고, 그다음에는 아스타잔틴을 산업화하는 방법을 배웠다. 아스타잔틴은 연어 사료를 구성하는 원료 중에서 지금까지도 가장 비싼 성분이다.

가장 비싼 양식 연어로 자리를 굳힌 **유기농 연어**를 소비하는 시장이 발달했다. 유기농 연어를 생산하려면 모든 사료가 유기농이어야 하고, 색소도 자연에서 추출해야 한다. 화학자들이 "화합물은 화합물이다"라고 말하듯 자연에서 추출한 색소와 산업적으로 생산한 색소는 거의 차이가 없다.[22] 자연에서 불순물 없이 추출한 적합한 원소를 정확하게 조합하면 산업적으로 생산한 색소와 모든 측면에서 같은 색소를 생산할 수 있다.

상당 부분이 지속 가능하지 않다고 여겨지는 토지 기반 농업을 둘러싸고 논란이 존재한다. 순수 해양 활동에서 멀어지는 경우에 연어 양식에서도 마찬가지다. **유기농** 문제를 둘러싼 논란이 한 가지 예다. 가축에게 풀을 먹이는 경우와 같이 연어에게 식물을 먹이는 경우에도 유전자 변형 생물이 쟁점이다. 유럽의 반GMO 정서를 만족시키기 위해 노르웨이 농부들은 희귀한 비GMO 콩을 찾아 세계를 뒤져서 결국 브라질에서 찾아냈다.

물고기 양식은 연어 말고 다른 물고기도 생산한다. 실제로 연어보다 틸라피아와 새우, 잉어를 더 많이 양식한다. 하지만 연어가 해결책의 일부일 수 있다. 증가하는 세계 인구를 부양하려면 훨씬 많은 단백질을 생산해야 한다는 인식이 유엔식량농업기구를 중심으로 확산되고 있다. 유엔식량농업기구는 농업용 경작지로 활용할 만한 땅이 별로 남아 있지 않으므로 바다에서 더 많은 단백질을 추출해야 한다고 믿는다. 야생 물고기만으로는 이 목적을 달성할 수 없을 것이 확실하므로 바다를 생산적으로 활용하는 방법의 하나는 물고기 양식이다. 하지만 그러려면 양식 방식을 수정해야 한다.

1980년대 아이슬란드 환경론자인 오리 뷔프손Orri Vigfússon은 북대서양에서 상업적 어획을 멈추려는 계획을 세웠다. 그는 지금 대부분의 북대서양 국가들이 수용하고 있는 이 계획을 실행하기 위해 반드시 필요한 요소로 **시장에서 양식 연어의 형태로 야생 연어를 대체할 수 있는 양질의 믿을 만한 상품**을 꼽았다. 그러면서도 탈출한 양식 연어가 야생 연어 개체군에 미치는 영향을 두려워했다.[23]

일자리와 수익, 물고기를 원하는 사람이 많아서 수요가 충분하므로 연어 양식업은 살아남을 가능성이 크지만 여전히 많은 산을 넘어야 한다. 2015년 11월 19일 미국식품의약국은 유전자 변형 연어가 인간이 소비하기에 적합한 식품이라고 판정함으로써 일부에게는 공포를, 일부에게는 흥분을 안겼다.[24] 여기에 머물지 않고 유전자를 변형했다는 꼬리표도 붙일 필요가 없다는 결정을 내림으로써 유전자 변형 생물에 대한 논란에 불을 지폈다. 이처럼 연어는 섬뜩한 신세계로 향하는 길을 이끌고 있다. 연어는 유전자 변형 동물로는 처음으로 시판을 승인받은 것이다. 매사추세츠주 소재 중소기업인 아쿠아바운티는 이를 위해 지금까지 거의 20년 동안 싸워왔다. 이따금씩 불리듯 괴물 물고기를 뜻하는 이 '프랑켄피쉬Frankenfish'가 야생 개체군과 섞인다면 아마도 다른 양식 연어보다 훨씬 파멸적인 영향을 미칠지 모른다. 미국식품의약국의 승인이 떨어지자 즉시 법적 소송이 시작됐다.

유전자 변형 연어는 일반 양식 연어를 기를 때 걸리는 시간의 절반이면 시장에 판매 가능한 크기로 자란다. 그렇다면 유전자 변형 연어가 미래의 양식 연어일까? 유전자 변형 양식 개념의 핵심은 야생 연어에 노출되는 정도를 최소화하기 위해 연어를 밀폐된 탱크에 넣어 내륙에서 양식하는 것이다. 만약 유전자 변형 연어가 성공적으로 생산된다면 다른 양식 연어는 경쟁하기 어려울 수 있다. 아니면 오래된 유형의 양식 연어에게 특별한 인증이 주어질 수 있다. 만약 탄소 발자국을 적게 남기고, 바다 양식 물고기와 달리 야생 물고기를 해치지 않는다고 주장하면서 유전자 변형 물고기를 내륙에서 대규모로 생산할 수 있다면 연어 양식 산업 전체를 해안에서 멀리 떨어뜨려 놓을 수 있다.

11장

방류

연어를 잡는 것과 잡으려고 밤새 애쓰는 것은
별개라는 말을 들은 사람들 앞에서는
결코 이루어지지 않는 성취가 있기 마련이다.
_앤서니 트롤럽

레저 낚시인과 어부 사이에는 자연스러운 반감이 존재한다. 전자가 플라이 낚시인이라면 특히 그렇다. 역사적으로 플라이 낚시인은 대개 상류층 출신이다. 노동자계급인 어부들이 물고기를 최대한 많이 잡으려고 분투하는 반면에 플라이 낚시인들은 되도록 어렵게 낚으려고 한다. 플라이 낚시는 분명히 부자들이 즐기는 게임이다. 플라이 낚시인에게는 생선이 필요 없다. 인공 플라이는 물고기를 유인할 가능성이 가장 낮다. 일단 낚싯바늘에 물고기가 걸리면 플라이 낚시인은 강하고 영리한 물고기가 낚싯줄을 끊고 탈출할 수 있을 정도로 가벼운 도구를 사용하려 한다.

심지어 레저 낚시인은 물고기를 **잡은 후에 놓아준다**고 알려져 있다. 어째서 놓아줄까? 먹으려는 것이 아니라 물고기 잡는 기술을 시험할 뿐이기 때문이다.

이러한 행위에 대한 반응은 다양하다. 정부는 낚시 허가증을 발급하고, 부유한 낚시인들을 겨냥한 관광 세금을 부과하는 등 플라이 낚시인 유치를 돈 버는 방법으로 생각한다. 어업 관리자와 다수의 환경보호 운동가는 이런 낚시가 물고기를 고갈시키지 않으리라고 인식하고 있다. 동물권 운동가는 잡은 후에 놓아주는 행위가 불필요한 물고기 학대라며 비난한다. 낚싯바늘이 얼마나 큰 고통을 주는지를 둘러싼 논쟁의 역사는 길다. 생물학자들은 물고기 입 주변에 신경 수용체가 특히나 잘 발달해 있다는 사실을 지적한다. 비록 물고기가 엄청난 고통을 겪지 않는다고 하더라도 설사 죽임을 당할 때만큼은 아니더라도 방류될 때 엄청난 스트레스를 겪는 것만은 확실하다. 따라서 '어떻게 하는 것이 좋을까?'라는 질문이 끊임없이 제기된다. 조지 고든 바이런George Gordon Byron 경은 자신이 쓴 시 〈돈 후안Don Juan〉에서 위대한 낚시 옹호자인 아이작 월턴Izaak Walton을 비웃었다.

> 월턴이 뭐라고 읊조리든 말하든
> 낚시는 홀로 행하는 악습이다.
> 별나고 늙고 잔인하며 우쭐대는 작자의 목구멍에
> 낚싯바늘과 그것을 잡아당길 작은 송어 하나가 들어 있어야 한다.

일부 어부들은 미늘 없는 낚싯바늘을 사용하는 방식으로 이러한 비난에 대응해왔다. 미늘은 낚싯바늘 반대 방향으로 뻗은 날카로운 갈고리다. 미늘이 있으면 물고기가 탈출하기는 더 어렵다. 또 탈출하려다가, 아니면 낚시인들이 잡은 후에 놓아주려고 낚싯바늘을 빼다가 상처 입을 가능성이 크다. 반면에 미늘이 없으면 물고기가 잡혀 올라오기 전에 탈출할 가능성이 훨씬 커진다. 낚시인은 물고기가 달아나지 않도록 낚싯줄을 완벽하게 팽팽히 유지해야 한다. 플라이 낚시의 개념이나 전통을 온전히 따르는 경우에는 물고기를 잡기가 더욱 어려워진다. 이는 낚시에 새로 등장한 개념들이 어떻게 오래된 기술로 자주 방향을 트는지를 보여주는 예다. 기원전 1878년경 이집트인들이 미늘 달린 구리 낚싯바늘을 사용하기 전까지 수천 년 동안 미늘 없는 낚싯바늘이 사용됐다.[1]

아메리카 원주민은 물고기를 잡은 후에 놓아주는 관행과 플라이 낚시도 일반적으로 명예롭지 못한 행동이라 생각한다. 물고기를 먹지 않으면서 취미로만 물고기를 잡아서는 안 된다. 또 잡아야 한다면 가장 빠르고 효과적인 방법을 사용해야 하고, 물고기를 장난감으로 다뤄서는 안 된다. 다른 한편으로 플라이 낚시 가이드는 전통적인 낚시 관행에 대한 지식을 습득하며 성장한 젊은 원주민들에게 매우 적합하고 훌륭한, 고소득의 직업인 것은 분명하다.

대니얼 스틱먼Danielle Stickman은 알래스카 브리스톨만의 논달턴에 뿌리를 내리고 있는 데나이나족이다. 연어에 생존을 의존하는 몇 안 되는 부족이며, 그들은 유럽인이 북아메리카에 오기 오래전부터 다른 많은 부족과 마찬가지로 제철에 연어를 잡아서 나머지 기간에 먹기 위해 건조한다. "제 조부모님은 연어를 사고 팔면 안 된다고 말씀하셨어요"라고 스틱먼은 설명했다. 또 "필요 이상 연어를 잡는 것은 탐욕스럽고 불명예스러운 짓이고, 그러면 연어는 돌아오지 않을 것이라고 제게 가르치셨죠."

스틱먼은 사람들이 어째서 플라이 낚시를 하는지 전혀 이해하지 못했다. "저는 그물로 연어를 잡으며 자랐습니다. 음식으로 먹으려고요. 그물로 100마리를 잡을 수 있는데 낚싯대로 한 마리를 잡겠다고 몇 시간을 소비하는 것은 말이 안 되죠."

스틱먼은 말을 이었다. "저는 먹기 위해서가 아니라면 연어를 잡지 않습니다. 수치스러운 일이거든요." 하지만 자신이 사는 지역에서 몇 안 되는 좋은 직업이므로 플라이 낚시 가이드로 일하고 싶다는 마음을 털어놓았다. "가난에서 벗어나고 페블광산에서 일하지 않을 수 있다면 플라이 낚시 가이드가 되고 싶어요." 페블광산은 개발 계획이 상정되어 있는 캐나다 금광이며, 브리스톨만으로 회유하는 연어의 생존을 위협한다. 알래스카에서 데나이나족과 다른 대부분의 원주민 집단은 페블광산 개발에 단호하게 반대한다.

스틱먼은 플라이 낚시 가이드를 양성하는 학교에 다녔고, 다른 사람들이 플라이 낚시를 하는 광경을 상당히 즐기며 보았지만 정작 자신은 2주 동안 연어를 한 마리도 못 잡았다고 했다. 이는 플라이 낚시인에게 이따금씩 일어나는 일이다. 하지만 스틱먼은 이렇게 말했다. "저는 낚싯대가 아니라 예인망을 쓰는데도 못 잡은 겁니다."

어부들은 정부가 시행하는 어업 규제에 숨겨진 진짜 의도는 자신들을 고립시키고 부유한 스포츠 낚시인들에게 물고기를 모두 넘겨주려는 것이라고 오랫동안 의심해왔다. 뉴잉글랜드에서 대구나 해덕, 메를루사, 도다리, 넙치 등 바다 밑바닥에 서식하는 물고기를 잡는 경우를 생각하더라도 이것은 터무니없는 편집증적 각본이다. 레저 낚시인은 해저 물고기를 낚는 데 관심이 없다. 그들이 가장 원하는 표적은 연어다.

오늘날 스포츠 낚시인 대부분은 대서양연어를 잡는다. 현재 캐나다·아이슬란드·아일랜드·스코틀랜드·영국·웨일스·노르웨이는 상업적 연어 어업보다 플라이 낚시로 더 많은 돈을 벌고, 어부가 그물을 쳐서 잡는 연어 수보다 레저 낚시인들이 낚싯대로 잡는 수가 더 많다. 이 국가들은 어부들이 늘 우려하듯 스포츠 낚시인들이 잡을 수 있도록 연어를 남겨두는 것이 더 이익이라는 결론을 내렸다.

플라이 낚시를 지탱하는 근본 개념은 곤충처럼 보이도록 장식한 낚싯바늘을 손으로 매우 능숙하게 다뤄 식충성 물고기가 낚싯바늘을 물려고 덤벼들게 만드는 것이다. 플라이 낚시가 언제 어떻게 시작했는지는 정확히 알 수 없지만 몇몇 고대 문헌에 언급되어 있다. 일부 주장에 따르면 플라이 낚시를 처음 언급한 사람은 1세기 로마의 짧고 재치 있는 시를 쓰고 낚시광으로도 잘 알려진 마샬Martial이었다. 그는 다음과 같은 시를 남겼다.[2]

> 눈으로 보지 않았나?
> 스카러스[*] 가 뛰어 오르고
> 플라이의 꾐에 넘어가 죽임을 당하는 광경을.

서기 2세기 로마인 클라우디우스 아엘리아누스Claudius Aelianus는 《다양한 역사》에서 영리한 마케도니아 어부를 묘사했다. 어부들은 붉은 양모를 "갈고리 주변에 걸고 수탉의 턱볏 아래에서 자라는 밀랍 색깔의 깃털 두 개를 양모에 붙였다. 이 낚싯대는 길이가 6피트(약 1.8미터)고 줄의 길이도 같다. 어부들이 올가미를 던지면 색깔에 이끌려 흥분한 물고기가 아름다운 광경에 현혹되면서 맛있는 먹이를 한입 가득 물 수 있으리라 생각하고 곧장 올가미로 달려든다. 하지만 물고기가 턱을 벌리면 갈고리에 걸리고 포획되어 쓰디쓴 먹이를 먹는다."[3]

플라이 낚시는 명맥을 유지했고, 중세 유럽 가장 빈번하게는 독일에서 여러 문서에 기록됐다.[4] 플라이 낚시가 나중에 영국인과 많이 얽히기는 하지만 1486년 《낚시에 관한 논문Treatyse of Fisshynge wyth an Angle》이라는 제목으로 책이 출간되기 전까지 영국

[*] 지중해산 비늘돔과의 물고기로, 고대 로마인들이 귀중하게 여겼다.

에서 플라이 낚시에 관한 기록은 거의 없었다. 이 책은 저자 미상이었지만 나중에 출간된 책의 저자는 줄리아나 버너스Juliana Berners였고, 훨씬 나중에 출간된 책의 저자는 줄리아나 바네스Juliana Barnes로 알려졌다.

얼핏 생각하면 **플라이 낚시에 관한 최초의 책**을 여성이 썼다는 사실이 흥미롭다. 실제 이야기는 훨씬 더 흥미진진하다. 바네스는 귀족 출신의 수녀였다. 16세기 영국 교회 전기 작가인 존 베일John Bale은 "바네스는 뛰어난 여성이고, 정신적으로나 신체적으로나 우월한 자질을 타고났다"라고 말하면서 야외 스포츠에도 조예가 깊다고 찬사를 보냈다.[5]

애석하게도 많은 역사학자가 상세히 조사하고 나서 바네스가 실존 인물이 아니라는 결론을 내렸다.[6] 어느 누구도 실제 저자가 누구인지, 어째서 가공의 수녀를 저자로 내세우고 그러한 제목을 붙였는지에 관해 어떤 단서도 포착하지 못했다. 교회를 대변했던 베일은 이 책이 발표되고 63년 후인 1559년에 이 신화를 최초로 홍보했는데, 아마도 수도원과 수녀원을 폐지한 헨리 8세에 대한 반발이었을 수 있다.[7]

그때까지 스포츠 사냥에 관해 수많은 책이 나왔고, 그 문체를 의도적으로 모방하기는 했지만 스포츠 낚시를 다룬 첫 책이라는 점이 중요하다.[8]

버너스의 책은 스포츠 낚시를 장려하면서 "낚시는 사람을 부자로 만들어주기 때문에 유익하다"라고 주장했다. 수백 년 동안 낚싯대로 잡은 연어가 상업용 그물로 잡았을 때보다 몇 배로 비싼 가격에 팔리기는 했지만, 이러한 주장은 역사에서 여러 차례 번복되었다. 상류층 독자를 겨냥해 쓴 것이 분명한데도 이 책은 이익을 추구하는 낚시를 그만두라고 권고한다. "물고기는 물질적인 이익이 아니라 몸과 영혼의 위안과 건강을 위해 잡아야 한다." 그러면서 매우 중요한 조언을 한다. "물고기를 지나치게 많이 잡아서는 안 된다."

이 책은 연어에게 특별한 경의를 표한다. "연어는 인간이 민물에서 낚을 수 있는 최고급 물고기다." 그러면서 미끼는 특별히 벌레를 사용하라고 적었다. 이처럼 살아 있는 미끼는 이것을 먹지 않는 물고기에게 거의 관심 밖일 것이다. 하지만 연어가 어떤 미끼를 물지는 알기 힘들다. 연어가 뛰어오른다면 인공 플라이가 낚시에 효과적이라고들 말한다. 하지만 이것은 연어와 송어를 혼동해서 나온 말이다. 뛰어오르는 송어는 벌레를 먹지만, 뛰어오르는 연어는 그렇지 않다. 또 이 책은 특정 달에 특정 플라이를 사용하는 방법을 설명함으로써 현대적인 플라이에 대해 최초로 기록했다. 여기에 적힌 많은 플라이는 현대 낚시인들에게도 흥미로운 대상일 것이다. 예를 들어 4월에는 스톤플라이the stone fly를 추천했는데, 로키산맥에서 타인강으로 이어지는 강둑 대부분에 강도래stonefly가 나타날 때다.

> 스톤플라이: 몸통은 검은 양모로 감고, 낚싯바늘의 날개와 꼬리 아래는 노란 양모를 붙인다. 5월 초에 좋은 플라이: 몸통에는 붉은 양모를 붙이고 검은 비단으로 주변을 감는다. 낚싯바늘의 날

개에는 수탉의 붉은 깃털을 붙인다.

버너스가 책을 발표한 후인 1653년 월턴은 《조어대전The Compleat Angler》을 발표했다. 월턴이 쓴 책은 최초로 플라이 낚시를 다룬 책으로 자주 잘못 언급되고 있으며, 영국에서는 두 책이 출간된 사이에 낚시 기술을 다룬 책 다섯 권이 출간되었다.[9] 월턴은 연어가 자신이 태어난 강으로 회유한다는 사실을 밝히는 데 중요한 기여를 했다. 하지만 《조어대전》은 낚시 지침을 제공하기보다는 작가가 되고 싶어 하는 저자의 야심을 반영한 측면이 강하다. 버너스 책이 그렇듯 월턴이 사용한 문체는 나중에 어부들 사이에 오가는 대화인 **어부의 목가**piscatory eclogue로 알려졌다.[10] 이 작품은 양치기 사이에 오가는 대화를 다뤘던 이전 작품을 모방한 것이다. 월턴은 다음과 같은 유쾌한 시를 즐겨 썼다.

내면의 사랑이 외면의 말을 낳듯,
어떤 이는 사냥개를 칭찬하고, 어떤 이는 매를 칭찬한다.
어떤 이는 사적인 놀이에 더욱 만족한다.
정구를 치기도 하고, 연애를 하기도 한다.
하지만 그들이 누리는 기쁨을 나는 바라지 않는다.
내가 자유롭게 낚시하는 동안에는 조금도 부럽지 않다.

월턴은 친하게 지냈던 시인 존 던John Donne 같은 작가가 되고 싶었다. 그가 쓴 책 중에서 다섯 권은 모두 전기였고, 그중에서 생전에 가장 인기를 끌었던 작품은 던의 전기였다. 낚시에 관해 쓴 책도 실제로는 문학 작품이었다. 월턴은 시와 이야기를 가미해 책을 썼고, 적어도 말년에는 그가 낚시를 했다고 역사가들은 확신하고 있지만 책을 읽는 독자에게는 저자가 과연 낚시를 했는지 의심할 여지를 남겼다. 플라이 낚시에 관한 내용은 친구인 토머스 바커Thomas Barker가 썼고, 인공 플라이를 만드는 방법에 관한 조언은 역시 친구인 찰스 코튼Charles Cotton이 나중 판본에 썼다. 월턴이 쓴 책은 고전으로 남았지만 플라이 낚시인들에게는 특별히 유익하다는 평가를 받지 못했다. 작가인 딘 세이지Dean Sage는 1888년 뉴브런즈윅에 있는 리스티구슈강의 플라이 낚시에 관해 이렇게 썼다.[11]

> 확실히 월턴과 코튼의 작품에 대해서는 누구나 들어봤을 것이고, 대체로 《조어대전》은 훌륭하고 매력적인 책이라는 평가를 듣는다. 신사라면 누구나 제프리 초서Geoffrey Chaucer, 토머스 모어Thomas More, 데이비드 흄David Hume의 책처럼 특별히 읽기 위해서는 아니더라도 서재에 보기 좋은 장정본을 하나쯤 소장해야 한다.

1657년 바커는 《낚시의 기술The Art of Angling》을 쓰고 플라이 낚시에 대한 지침을 더 많이 수록했다. 영국에서 플라이 낚시가 유행한 것은 이 시기에 관련 서적이 많이 출간되었기 때문이다. 하나는 1662년 로버트 베너블스Robert Venables가 인공 플라이를 던지는 까다로운 기술을 다룬 《숙련된 낚시인The Experienced Angler》

또는 《낚시의 향상Angling Improved》이었다. 올리버 크롬웰Oliver Cromwell이 지휘하는 군대에서 싸웠던 리처드 프랭크Richard Franck는 《북부의 회고록Northern Memoir》을 집필하면서 1655년 스코틀랜드에서 겪은 낚시 여행에 관해 썼다. 최초로 연어 낚시에 관한 구체적인 서술을 담은 이 책을 출간한 때는 1694년이다. 책을 집필하겠다는 영감을 받은 여행을 마친 지 39년이, 월턴의 책이 낚시 서적이라는 장르에 영감을 준 지 41년이 지난 후였다.

월턴이 쓴 책은 읽어보면 엉뚱하고 약간 우스꽝스럽다는 인상을 주면서 요즈음 플라이 낚시인에게는 거의 공감을 얻지 못한다. 하지만 두 세기 동안 플라이 낚시에 대한 글에 분명히 영향을 미쳤다. 18세기 시인이자 극작가인 존 게이John Gay는 1713년 자신의 초기 작품인 《전원에서 즐기는 유희Rural Sports》에서 플라이 낚시를 묘사했다.

곤충이 떨어지면
빙빙 도는 물결에서 곤충을 살며시 건져내고
조심스러운 눈빛으로 형태를
화려한 색깔, 날개, 뿔, 크기를 꼼꼼히 살핀다.
그런 다음 갈고리에 어울리는 털을 감는다.
그러고 모든 부위의 속성에 맞추어
뒤에 얼룩덜룩한 깃털을 묶는다.
그러면 자연의 손길조차도 예술로 되살아난다.

버너스에 얽힌 신화는 계속 명맥을 유지했다. 런던의 변호사이자 새뮤얼 존슨Samuel Johnson의 친구인 존 호킨스John Hawkins는 20세기까지 표준이었던 월턴의 편집본을 재발행했다. 여기에는 상상 속 인물인 버너스를 향한 찬사가 가득하다. "세인트앨번스 인근 솝웰수녀원의 공주이자 귀족 가문의 숙녀로서 학식과 업적으로 칭송을 받았다."[12]

데이비 경은 연어 플라이 낚시를 워낙 좋아해서 1828년 이에 대한 논문인 〈살모니아〉를 쓰기 위해 탁월한 과학적 업적을 포기하지 않을 수 없었다. 대신에 버너스와 월턴과 마찬가지로 어부의 목가 형식으로 글을 썼다. 이 방식이 당시에는 타당해 보였을지 모르지만, 이전에 발표된 작품들보다 훨씬 깊이 있고 좀 더 나은 통찰력을 보여주는 이 논문을 직설적인 문체로 썼더라면 현대에 더욱 가치를 인정받았을 것이다. 진정한 플라이 낚시인이었던 데이비 경은 미끼를 사용하는 낚시인을 비난했다. 또 미끼용 개구리를 낚싯바늘에 꿰는 과정을 묘사한 월턴의 잔인성에 의문을 제기했다.[13]

플라이 낚시인들은 좀 더 손쉬운 방법을 선택한 미끼 낚시인들을 향해 자주 경멸을 드러낸다. 데이비 경은 플라이 낚시인이라면 물고기, 곤충, 날씨, 전반적인 자연에 깊은 지식을 습득해야 한다고 지적했다. 또 인공 플라이로 연어나 송어를 잡는 사람들은 **상류층 사람 혹은 지식인**이라고 썼다.

연어 낚시는 플라이 송어 낚시와 확연히 다르다. 좋은 송어 낚시인이라도 연어를 잘 잡지 못하리라는 말이 있다. 플라이 낚시로 송어를 잡을 때 낚시인은 어떤 수생 곤충이 강에서 부화하는지, 송어가 무엇을 먹는지 관찰한 후에 그것과 닮은 플라이를 사용해야 한다. 물고기는 수면 아래 있으면서 하늘을 배경으로 플라이가 날아가는 광경을 보므로 플라이 낚시를 할 때는 물의 색깔뿐 아니라 심지어 하늘빛도 고려해야 한다.

산란하려고 강으로 회유하는 성숙한 연어는 금식하기 때문에 곤충에는 전혀 관심이 없을 텐데 어째서 인공 플라이를 물까? 이 질문에 만족할 만한 대답을 할 수 있는 사람은 없다. 송어는 곤충을 먹으려고 강물에서 뛰어오른다. 하지만 연어는 어째서 뛰어오를까? 많은 과학자가 연어를 수없이 해부해왔지만 배는 늘 비어 있다.

연어는 연어이기 때문에 뛰어오르며, 뛰어오를 수밖에 없다는 것이 일반적인 견해다. 연어가 폭포나 기타 장애물을 뛰어넘어야 하는 경우를 대비해 몸 상태를 유지하는 방식이라고 생각하는 사람들도 있다. 모든 생애 단계에서 대서양연어도 태평양연어도 뛰어오른다. 먹이가 날지 않고 그 알갱이가 떠다니는 양어장 수조의 작은 프라이도 끊임없이 뛰어오른다.

깰 수 없는 습관이므로 연어가 플라이를 무는 것이라는 견해도 있다. 글렌다 파웰Glenda Powell은 아일랜드의 코크카운티에 있는 넓고 물이 콸콸 흐르는 블랙워터강에서 전문 가이드로 일한다. 친근하고 커다란 얼굴에, 따뜻하고 넉넉한 몸집, 사람을 만나면 으레 덥석 껴안으며 인사하는 아일랜드 사람 파웰은 다음과 같은 이론을 내세웠다. "이것은 저에게 다이어트를 시키면서 초콜

릿을 먹지 말라고 말하는 것과 같아요. 저는 초콜릿 한 조각을 보면 얼른 입속에 넣으면서 '오, 이러면 안 되는데'라고 말하거든요."

연어는 이따금씩 플라이 말고 다른 것들도 입에 문다. 곤충을 물거나 나뭇잎을 먹을 수도 있다. 바머The Bomber는 떠다니는 시가cigar처럼 보이도록 고안한 인기 있는 연어 낚시용 플라이다. 연어가 시가를 삼키는 광경이 목격되었기 때문에 만들어졌다. 바머는 다람쥐 꼬리와 사슴 털로 만든다. 아마도 요즘에는 강에 떠다니는 시가 꽁초가 훨씬 적겠지만 그렇다고 해서 사람들이 연어에 관심이 없다는 뜻은 아니다.

낚시인은 송어가 먹이를 보고 있다는 착각을 심어주려 한다. 하지만 연어를 낚을 때는 관심을 끌어서 짜증을 유도해내는 것을 목표로 삼는다. 이론은 여럿이지만 법칙은 모두 변하기 마련이다. 흔히 연어는 찬물에서는 커다란 플라이를, 좀 더 따뜻한 물에서는 작은 플라이를 쫓는다고 말한다. 하지만 정반대로 움직이는 연어들도 있다. 더 큰 연어를 잡을 때는 더 큰 플라이를 쓰는 낚시인이 많지만, 연어가 크다고 항상 큰 플라이를 선호하지는 않는다는 것이 일반적인 견해다.

맑은 물에서는 밝은 색깔이, 좀 탁한 물에서는 좀 더 짙은 색깔이 눈길을 끈다는 말도 있다. 맑은 물에서는 노란색·초록색, 탁한 물에서는 갈색·적자색·심홍색이 눈길을 끈다는 뜻이다. 하지만 색깔이 전혀 중요하지 않다거나, 크기가 결정적이라고 주장하는 사람도 있다. 또 연어가 플라이를 물고 싶다고 느끼는 경우라면 어떤 플라이라도 물 것이라고 믿기도 한다.

과거 몇 세기 동안 사용했던 플라이는 요즈음 것과는 매우 달랐지만 모두 효과적이었다. 따라서 플라이를 계속 바꾼 것은 연어 때문이 아니라 확실히 낚시인 때문이다.

18세기와 19세기 대영제국은 전 세계에 분포한 이국적인 동물에게서 매우 다양한 깃털과 털을 입수해 공급할 수 있었다. 송어 낚시용 플라이와 전혀 다르게 연어 낚시용 플라이는 소재도 매우 다양하고, 디자인도 복잡하며, 갈고리는 더 커서 대체로 크고 화려하고 다채로웠다. 모습이 매우 호화로워서 시선을 끌었으므로 벽에 걸려 제국의 승리를 과시하는 용도로도 쓰였다.

가장 유명한 아일랜드산 연어 낚시용 플라이 가운데 최소한 1820년으로 거슬러 올라가는 밸리섀넌이 있다. 재료는 다음과 같다.

타원형 은과 푸른색 명주실
황금색 꿩의 볏
인도 까마귀의 털
검은색 타조 털
주홍색 명주실
심홍색 수탉 깃털
밝은 청록색 수탉 깃털
짙고 끝부분이 연한 회색인 칠면조 꼬리
느시 깃털
황금색 꿩 꼬리

붉은색, 노란색, 푸른색 깃털
구릿빛 청둥오리
멧닭의 깃털

이 재료들을 몸통, 꼬리, 손잡이, 깃털, 목, 앞날개, 뒷날개, 옆구리, 볼, 볏, 뿔로 알려진 부위에 묶으려면 당연히 상당한 솜씨가 필요하다. 연어가 무엇을 원하는지 확실히 알 수 없으므로 플라이 장인은 자신의 창의적인 상상력과 재주를 쏟아넣어 아름다운 예술 작품을 만들어야 한다고 생각한 것 같다. 솜씨 좋은 플라이 장인은 옛날부터 내려온 형태로 만들어두지만, 나름의 재주를 불어넣어 새로운 플라이를 만들기도 한다. 스코틀랜드인이자 20세기 가장 유명한 플라이 장인인 매건 보이드Megan Boyd는 스코틀랜드 고지대에 나무를 대충 다듬어 지은 오두막에 평생 살면서 엄청나게 멋있는 중간 크기의 연어 낚시용 플라이를 만들었다. 낚시를 하지 않는데도 어째서 플라이를 만드느냐는 질문을 받자 보이드는 **아름답기** 때문이라고 대답했다. 보이드는 2001년 여든여섯 살로 세상을 떠났고, 그녀가 만든 플라이는 현재 개당 300달러 이상의 가치를 인정받지만 실제 낚시에는 더 이상 사용되지 않는다.

송어와 연어는 각기 다른 이유로 플라이를 물기 때문에 무는 방식도 다르다. 물고기는 인공 플라이를 물고 나면 언제나 실망하면서 뱉어내고 싶어 하는 경향을 보인다. 하지만 송어는 먹이를 사냥하다가 무는 순간 폭발적인 힘을 발휘한다. 기회를 호시

담담 노리던 낚시인은 송어의 입안에 낚싯바늘을 단단히 박으려고 낚싯대를 위로 힘껏 홱 채 올린다.

반면 어떤 속이든 연어는 먹이를 공격하지 않는다. 연어가 플라이를 매우 부드럽게 물기 때문에 낚시인은 무슨 일이 일어났는지 선뜻 알아차리지 못할 때도 있다. 송어를 잡는 데 익숙한 낚시인이라면 재빨리 낚싯대를 홱 잡아챌 것이다. 하지만 이렇게 하면 플라이가 입에서 튀어나오면서 연어를 놓치고 만다. 낚시인은 이때 오히려 잠시 기다려야 한다. 아일랜드에서 그리고 아마도 영국에서 낚시인들은 속으로 "신이여, 여왕을 지켜주소서"라고 빨리 말하는 동안만큼은 기다리라고 말한다. 그런 다음 낚싯대를 홱 잡아당기지 말고, 희망하기로는 물고기가 헤엄치는 반대 방향으로 세게 잡아당기라고 한다. 이 순간에는 야생동물을 끈으로 묶으려고 힘을 쓰는 것처럼 느껴진다. 만약 헤엄쳐갈 만큼 낚싯줄이 길지 않다면 연어는 입에서 갈고리를 떼어낼 것이다. 낚시인은 연어가 쉬려 할 때마다 발에 힘을 주고 버티면서 연어를 지치게 만들어야 한다. 연어는 공중으로 뛰어올라 한 방향으로 돌진하고는 이내 낚시인의 주의를 시험하는 듯 다른 방향으로 몸을 돌린다.

20세기까지도 플라이 낚시 도구는 무겁고 다루기 불편했다. 나무로 된 낚싯대는 요즈음 것에 비해 유연성과 가동성이 떨어졌다. 액션action을 증폭하기 위해 낚싯대는 꽤 길었고 따라서 더 무거웠다. 버너스는 개암나무 혹은 물푸레나무, 버드나무로 몸통을 만들고 부속 재료로는 좀 더 작은 개암나무 조각을 사용하라고 자신의 글에서 제안했다. 낚싯대 맨 윗부분으로는 **야생 자두나무와 돌능금나무, 서양모과, 향나무**를 추천했다. 이후에는 단단하지만 무거운 열대성 나무인 녹심목을 사용하기도 했다. 부분적으로 놋쇠 부품을 써서 훨씬 더 무게를 주었다. 낚싯줄은 말털을 꼬아 만들어서 바람에 휩쓸리지 않으면서도 미풍을 탈 수 있게 제작했다. 릴은 5세기 중국 삽화에 등장하지만 유럽에서는 18세기까지 사용되지 않았다.

19세기에는 말 털이 아니라 비단을 꼬아 낚싯줄로 만들었다. 이 낚싯줄은 매우 가늘어서 약할 수 있었다. 플라이 낚시용으로 쓰려면 낚싯줄은 던지기 쉽고 강물을 따라 잘 떠내려갈 수 있어야 한다. 동물 창자로 만든 목줄은 실제로 창자라고 불렸다.

이 무거운 낚시 도구를 사용하려면 두 손을 써야 했으며, 오늘날 유럽에서는 양손잡이 낚싯대를 여전히 일반적으로 사용한다. 허벅지까지 오는 낚시용 긴 장화는 1838년 미국 기업인 호지먼Hodgman이 발명했지만 20세기 들어 고무를 사용해 더욱 가볍고 부드러워지기 전까지는 널리 사용되지 않았다. 따라서 그때까지 플라이 낚시인들은 강둑에서 낚싯줄을 던졌다.

영국에서 플라이 낚시는 계속 상류층 스포츠였다가 귀족 태생이 아니어도 무관한 기업가 계급이 산업혁명으로 인해 새로 생겨나면서 일종의 스포츠로 즐기기 시작했다.

영국식 연어 낚시는 스코틀랜드 왕실에서 시작하면서 크게 부흥했다. 1910년 왕위에 오른 조지 5세George V는 열렬한 플라이 낚시인이었으며 디강을 좋아했다. 스코틀랜드에서 플라이 낚시는 왕실 전통으로 정착했다. 찰스Charles 왕자는 보이드가 만든 플라이를 매우 좋아해서 보이드가 사는 오두막을 정기적으로 찾아가 플라이에 대해 의논하고 플라이를 구입했다.

스코틀랜드 고지대 마을에는 수수하고 짙은색의 석조 주택들이 길을 따라 늘어서 있다. 이 주택들은 근접하기 힘들고 차가운 느낌을 주어서 이 지역 사람들이 과연 쾌활한 재미를 느끼면서 살아갈지 상상하기가 어렵기는 하다. 하지만 그 유명한 위스키를 발명한 이곳의 문화를 과소평가한다면 그것은 분명 실수일 것이다.

스코틀랜드의 역사는 반란과 전쟁으로 얼룩져 있지만 적어도 플라이 낚시의 관점에서는 귀족계급이 거의 완전히 장악했다. 플라이 낚시는 특권층에서 시작했고 그들의 스포츠라는 인식이 퍼져 있다. 강에서 낚시할 권리는 거래 가능한 재산이다. 또 영국과 달리 스코틀랜드에서 이 권리는 강둑에 있는 땅의 소유주와 완전히 별개다. 비록 많은 강 소유주들이 땅은 갖고 있지만 그렇다고 해서 그 강에서 낚시할 권리까지 소유하는 것은 아니다. 강에서 낚시할 권리는 사고팔 수 있다. 영국과 스코틀랜드를 관통하는 트위드강은 스코틀랜드 법을 따른다. 강 소유주들은 강을 통제하고, 사람들을 고용해 강을 유지하고 관리하며, 강에 관한 모든 결정을 내린다.

강 하나에 소유주는 10여 명일 수도 있고 던비스강처럼 단 한 명일 수도 있다. 지역 술집에서 개방적이고 친근한 인물로 알려진 부유한 영국 사업가인 터시어스 머레이스라이플랜트Tertius Murray-Threipland가 열악한 상태에 놓인 던비스성을 미국인에게 헐값에 사들였다. 생물학자가 **죽었다**고 이미 선언했던 던비스강에 대한 권리는 무가치하다는 뜻이었으므로 무상으로 받았다. 머레이스라이플랜트는 양식장을 이용해 강을 살렸다. 하지만 매년 약간의 물고기를 돌아오게 만들었을 뿐, 주요 연어 강으로서 명맥을 살린 것은 아니다. 그는 자신이 소유한 강을 부자 친구들만 누리게 하지 않고 지역 낚시인들에게 개방하고 있다며 자랑스러워한다. "정말 좋은 일 아닌가요?"라고 그는 반문했다. 강에 매기는 등급은 세 가지인데, 던비스강은 3급이어서 소유자가 자유롭게 규칙을 정할 수 있다. 머레이스라이플랜트는 처음 잡은 연어는 집에 가져갈 수 있지만 그 후에 잡는 연어는 강으로 돌려보내야 한다는 규칙을 적용하고 있다.

강에 따라서 잡은 연어를 집에 가져가도록 허용하기도 하고, 모두 놓아주라고 요구하기도 한다. 합당한 강에서 낚시를 하지 않으면 다시는 야생 연어를 먹지 못할 가능성이 있고, 설사 합당한 강에서 낚시를 하더라도 자주 먹지는 못할 것이다.

부유층에게 플라이 낚시 서비스를 제공하는 것이 상업적 어업에 필적하는 수입원이 될 수 있다는 사실을 가장 먼저 깨달은 국가는 노르웨이였다. 노르웨이 국토는 경작을 거의 할 수 없었으므로 산업화 이전에 경제 주축은 어업이었다. 심지어 중세 시대에도 연어 어업에 부과한 세금이 주요 정부 수입원이었다.[14] 노르웨이에서는 1820년대에 이르자 자루그물을 사용한 연어 어획이 주요 산업으로 부상했고, 19세기 내내 상업적 연어 어업이 경제의 중심을 형성했다. 이처럼 노르웨이는 대구와 연어를 잡아먹고 살았으며, 연어 개체수는 계속 줄어들고 있었다.

영국 귀족인 하이드 파커Hyde Parker 경은 스웨덴에서 낚시를 경험한 후에 1828년 노르웨이 알타강에서 낚시를 시작했다. 파커가 대단히 큰 물고기를 낚는다는 소식이 영국에 퍼지자 부유한 영국인 플라이 낚시광들이 노르웨이 강들을 임대하기 시작했고, 1830년대에 들어서자 알타강과 타나강, 남센강 등을 찾았다.

이러한 노르웨이 강들은 "큰 강에는 큰 물고기가 있다"라는 오랜 격언을 입증하는 넓고 긴 강들이었다. 무게가 51파운드(약 23킬로그램)짜리 이상인 연어, 세계에서 가장 큰 대서양연어도 드물지 않게 볼 수 있었다. 연어를 잡은 후에 놓아주는 정책이 이곳에서는 실시되지 않았고, 외국에서 온 낚시인들은 연어를 보존하는 일에 거의 관심이 없었다. 1837년 파커가 앞서 낚시했던 남센강에서 윌리엄 벨턴William Belton은 30일 동안 1172파운드(약 532킬

로그램)의 연어를 잡았다.[15]

'귀족나리'라고도 알려진 방문 낚시인들은 자기 소유의 요트를 타고 노르웨이에 상륙했다. 자신들이 노르웨이에서 구매할 마차에 사용할 마구도 가져오고 때로는 마부까지 데려왔다. 방문 낚시인들은 노르웨이어를 거의 못했고, 고용한 낚시 가이드는 영어를 못했지만 양측은 어떻게든 의사소통을 했다.

강 주위에 거주하는 주민들은 강에서 물고기를 상업적으로 어획할 때보다 외국인 플라이 낚시인에게 강을 임대할 때 거두는 이익이 더 크다는 사실을 이해하기 시작했다. 부유한 외국인 낚시인들은 강에서 낚시하는 권리와 가이드를 구하기 위해 큰돈을 지불했고, 자신들이 체류하는 봄이나 여름의 몇 주 동안 편안히 지낼 수 있도록 방이 많은 저택을 지었다. 방은 색이 짙고 화려한 빅토리아풍으로 꾸몄고, 벽은 그동안 잡은 대어들의 스케치로 장식했다. 현지 주민들은 낚시철을 제외하고는 저택을 마음대로 사용할 수 있었다. 일부 저택은 노르웨이인들에게 상속되어 지금도 사용 중이고, 오래된 낚시 사진과 낚시 도구도 일부 전시한다. 이 밖의 저택들은 버려져서 허물어지고 있다.

영국 낚시인들은 남센강처럼 지나치게 넓지 않은 강에서는 대개 강둑에서 낚시를 했다. 그 후에는 배에서 낚시를 했다. 따라서 당시에 바닥을 쓸고 다니는 드레스를 늘 입어야 했던 여성들도 낚시를 할 수 있었다. 1863년 퍼시벌 햄브로Percival Hambro와 어거스터스 스튜어트Augustus Stewart가 스티에르달강에서 부부 동반으로 낚시를 했는데, 이때 두 아내가 아마도 노르웨이 강에서 낚시한 최초의 여성이었을 것이다. 옷을 잘 차려입은 여성들이 자작나무와 딱총나무가 울창한 강둑 비탈에 서서 급류가 흐르고 강물이 돌진하듯 콸콸 떨어지는 곳 옆에 있는 거울같이 잔잔한 웅덩이로 낚싯줄을 던져 연어를 잡았다. 이후 낚시를 하는 여성들은 점점 늘어났다.

영국인은 넓고 구불구불한 남센강에서 어떤 원칙주의자도 플라이 낚시로 인정하지 않을 견지낚시harling라는 기술을 사용했다. 일부 노르웨이인은 견지낚시가 영국에서 시작했다고 말하지만 토착민인 사미족에서 비롯했을 가능성이 있다. 어부들은 강에서 움직일 수 있도록 얕은 물에 뜨는 동시에 배의 꼬리 부분은 낮고 배의 머리 부분은 더 높은 소형 나무배를 만들었다. 이 배는 선미가 낮으므로 현지 가이드가 배를 급선회할 때 쉽게 작동할 수 있었다. 가이드는 남센강에서 엄청나게 센 물살을 가르며 노를 저어 한 웅덩이에서 다음 웅덩이로 이동한다. 이렇게 거친 물살을 거슬러 노를 저으려면 힘센 사람이라도 이동하는 데 몇 시간이 걸린다. 선미에 있는 낚시인은 인공 플라이를 매달거나 발사목을 손으로 다듬어 색칠한 미끼를 낚싯대 세 개에 매달아 물에 드리운다. 연어가 걸려들면 낚싯줄이 서로 엉키지 않도록 나머지를 재빨리 거둬들이고, 걸린 낚싯대를 잡아당긴다. 때로는 낚싯대 두 개나 심지어 세 개에 연어가 걸리기도 한다. 하지만 한 번에 한 마리 이상을 잡는 데 성공하기는 쉽지 않다.

어부들은 남센강에서 낚시를 하려고 지금도 선미가 낮은 소형 배를 만들고, 가이드들은 견지낚시를 하기 위해 찾아온 관광객들을 싣고 잔잔한 웅덩이를 노를 저어 지나간다.

이 무렵 상업적 어업에 종사하는 것보다 부유한 낚시인들을 유치하는 편이 수익 면에서 나을 수 있다는 개념이 아이슬란드에 확산하면서 영국 낚시인들이 모여들기 시작했다. 1944년 덴마크에서 독립한 아이슬란드는 모든 어업에서 경영과 이익을 극대화하기로 결정하고 연어 낚시에 부과하는 요금을 꾸준히 인상했다.

아이슬란드와 노르웨이를 찾는 낚시인은 영국인 비중이 줄어들고 최종적으로는 미국인들로 대체됐다. 1964년 한 부유한 미국인이 노르웨이에서 플라이 낚시로 가장 유명한 알타강 전체를 6월 24일부터 7월 24일까지 3만 5000달러(현재 시세로 28만 달러)에 임대하기도 했다.[16]

스칸디나비아에서는 지역 주민들도 낚시 허가증을 매입하고 강가에 방을 빌려 플라이 낚시 휴가를 즐긴다. 노르웨이에서는 5월 31일을 중요한 휴일로 지키는 사람들이 있다. 6월 1일에 낚시 시즌이 공식적으로 시작하므로 전날 친구들과 강둑에서 캠핑을 하면서 자정까지 술을 마시고 소풍을 즐긴다. 그러고 나서도 힘이 남으면 어둠을 벗 삼아 플라이 낚시를 한다.

미국에서 플라이 낚시, 특히 연어 낚시는 19세기 말까지 인기를 끌지 못했다. 그 이유로 몇 가지가 거론된다. 하나는 뉴잉글랜드강에서 연어가 사라졌기 때문이다. 또 하나는 레저 낚시를 경멸하는 청교도식 윤리관 때문이다.[17] 낚시하는 목적은 음식을 얻는 것이어야 한다. 하지만 세일럼의 마녀재판을 다룬 책을 썼고 평판이 나빴던 청교도 목사 코튼 매더Cotton Mather는 일기에 **기분을 전환하려고 유명한 물고기 웅덩이에** 친구들과 한 번 이상 갔다고 적었다. 이 사실도 물에 빠져 익사할 뻔했던 일화를 이야기하느라 언급했을 뿐이다. 그러면서 낚시는 "내가 거의 하지 않는 일이다"라고 말했다.[18] 나중에 쓴 글에서는 "미끼를 매달고 기다리면서 정작 물고기는 거의 잡지 못한다"라며 낚싯대 낚시를 비난했다.

1733년 뉴햄프셔주 킹스턴에서 목사로 활동하는 조지프 세컴Joseph Seccombe은 낚시를 주제로 설교했다. 세컴은 **상업적 어업과 레저 낚시**를 구분하면서 후자는 허용하지 말아야 한다고 강조했다. "하류 피조물들이 겪는 고통과 죽어가는 괴로움에서 기쁨을 느끼는 사람은 어리석고 천박한 영혼이거나 마음으로 살인을 저지르는 사람이다."[19]

1830년대 들어 많은 플라이 낚시인들이 페놉스코트강에서 연어를 잡았다. 하지만 1880년대까지 메인주 주민 대부분은 인공 플라이로 연어를 잡을 수 있으리라 생각했던 것 같지 않다. 1885년 뱅고어 주민인 프레드 에이어Fred Ayer는 연어들이 페놉스코트강의 뱅고어댐을 뛰어넘으려고 모여 있던 뱅고어 웅덩이에서 연어 여섯 마리를 잡았다. 이 무렵 페놉스코트강의 연어 플라이 낚시를 다룬 기사가 스포츠 잡지에 등장하기 시작했다.[20] 일부 기사에서 겉으로는 물고기가 풍부해 보이자 그 공을 새로 세운 양어장으로 돌렸고, 양어장이 수익성 있는 스포츠 낚시의 장을 형성할 수 있으리라는 개념이 서서히 자리 잡았다.

페놉스코트강은 지리적으로 캐나다보다 더 가까웠으므로 보스턴과 뉴욕시에 거주하는 많은 남녀 플라이 낚시인들에게 인기를 끌었다. 메인주에서는 플라이 낚시가 대중화하면서 지역 주민이 합류했다. 양복을 입은 남성들이 점심시간에, 아이들은 방과 후에 낚시를 했다. 기다란 치마를 입은 여성들은 낚싯대를 던질 때 방해가 되지 않도록 챙 넓은 화려한 모자를 벗었다. 하지만 플라이 낚시가 대중화하기 시작하자 오염을 비롯한 피해들이 발생하면서 연어의 회유를 파괴하기 시작할 것이었다.

캐나다나 북부 식민지는 언제나 영국 성향이 더 강했으므로 플라이 낚시를 향한 영국인의 열정을 더욱 빨리 받아들였다. 18세기 캐나다에서 강 낚시를 묘사한 그림이 지금까지 많이 남아 있고, 심지어 인공 플라이에 대한 글도 있다. 미국에서 플라이 낚시가 인기를 끌기 시작할 무렵 뉴잉글랜드에는 잡을 수 있는 연어가 거의 없었다. 미국인은 연어 대신 송어를 낚거나 아니면 캐나다로 갔다. 19세기 뉴잉글랜드에서 캐나다를 가려면 장시간 기차나 배를 타야 했고, 연어를 낚시할 지점까지 상당 시간 카누를 타고 들어가야 했으므로 도착하는 데만 한 달 이상 걸렸다. 이렇게 할 수 있는 사람이 거의 없었으므로 캐나다에 있는 전설적인 연어 강들은 이국적인 원시 상태에 머물렀다.

캐나다에서 카누는 플라이 낚시를 할 때 필요한 특별한 물건으로 여겨졌다. 세이지에 따르면 아메리카 원주민은 카누 제작 기술을 신에게 받은 선물로 생각했고, 자신들이 만드는 카누는 최초의 카누를 정확하게 복제한 것이라고 믿었다.[21] 세이지는 이렇게 썼다. "나무껍질로 만드는 카누는 물에 떠다니는 모든 배 중에서 가장 우아하고 그림같이 아름답다. 믹맥족 같은 지역 주민은 카누를 타고 다니며 연어를 잡았으며, 카누는 캐나다 어업에 없어서는 안 될 부분이 되었다."

물고기를 주제로 글을 쓰는 앤서니 넷보이Anthony Netboy는 1950년대 캐나다 강 222곳에서 플라이 낚시에 적합한 대서양연어들이 서식했다고 추정했다.[22]

리스티구슈강과 그랜드카스카페디아강을 포함한 일부 강은 해당 지역에서 가장 가치 있는 자원으로 인정받으면서 플라이 낚시를 하기에 세계 최고의 연어 강이라는 명성을 유지했다.

19세기 중반 스콧은 캐나다 쪽 국경에서 실시하는 낚시에 관해 이렇게 썼다. "이쪽에서 잡은 물고기가 훨씬 크다. 평균적으로 풍경이 더 장엄하고 강은 더 웅장하다."[23]

19세기 후반 플라이 낚시는 메인주에서 서서히 인기를 끄는 사이에 대륙 전체로 보급됐다. 스포츠 낚시인들은 플라이 낚시가 상류층의 취미 활동이 아니라고 반박했다. 대표적인 낚시 저자인 존 브라운John Brown은 1851년에 《낚시인 연감Angler's Almanac》을 펴내고 이렇게 보고했다.[24]

> 4월과 5월에 델라웨어강에서 온 뗏목 사공과 벌목공은 뉴욕산 낚시 도구를 살펴보고, 수목이 울창한 펜실베이니아주의 강에서 놀라운 효과를 내는 빨간색, 검은색, 회색 플라이를 예술가의 안목으로 고른다.

하지만 이러한 내용은 대개 송어 낚시를 언급한 것이었다. 연어가 과연 플라이를 물 것인가에 관해서는 상당한 회의론이 여전히 존재했다. 당시에는 연어의 생애 주기는 물론이고 서식지조차 거의 파악하지 못했다. 브라운은 연어가 미시시피강에 있다고 권위를 실어 주장했지만 결코 사실이 아니었다. 19세기 중반 캘리포니아에서 행했던 연어 플라이 낚시에 관해 설명한 글이 많이 남아 있다. 대개 영국 저자들이 남긴 글이며, 플라이 낚시인들은 군인이나 관광객, 사업자 신분의 영국인이었다.

그러나 그 후 플라이 낚시에 혁명을 일으킨 제품이 발명되면서 미국인들이 주요 낚시인으로 급부상했다. 18세기 영국 군인들이 인도에서 죽창을 선물로 들여오기 시작했던 것이다.[25] 누구인지는 알려지지 않았지만 한 재치 있는 군인이 이 과거 전쟁 기념품에 줄을 묶은 후에 강으로 가져가 물고기를 낚아 보았다.

초기에 영국인이 사용한 방법보다 훨씬 튼튼하고 유연한 낚싯대를 만들기 위해 대나무 줄기를 사용한 것은 미국인이었다. 미국인이 더욱 가벼운 대나무 줄기를 사용해 낚싯대를 만든 데는 한 손으로 쓸 수 있도록 개량하려는 목적도 있었다. 요즈음에는 유리섬유나 탄소섬유로 만든 것도 있지만, 소수의 미국 장인들은 식견 있는 플라이 낚시인을 겨냥해 가볍고, 유연하고, 탄력성 있는 대나무 낚싯대를 여전히 제작하고 있다. 일부 열성적인 낚시인들은 손수 낚싯대를 만든다. 이것은 예전의 뻣뻣하고 무거운 낚싯대보다 낚시인들이 **액션**이라고 말하는 요소를 더 많이 갖추고 있다.

대나무 낚싯대를 최초로 만든 사람이 누구인지는 확실하지 않다.[26] 많은 사람이 펜실베니아주 이스턴에 사는 새뮤얼 필리프Samuel Philippe를 꼽는다. 적어도 1870년대 초 필리프는 쪼갠 대나무 다섯 줄기로 낚싯대를 만들고 있었다. 하지만 표준으로 인정받는 여섯 줄기짜리 낚싯대를 필리프가 처음 만들었을까? 하이럼 레너드Hiram Leonard라는 말도 있다. 하지만 1871년 레너드가 여전히 녹심목·물푸레나무·창나무로 낚싯대를 만들고 있을 때, 모두 뉴어크 출신인 에베네저 그린Ebenezer Green과 찰스 머피Charles Murphy가 뉴저지에서 대나무로 낚싯대를 만들고 있었다. 레너드는 초고가의 대나무 낚싯대를 생산하는 공장을 발전시켰다. 1856년 이후 버몬트주에서 줄곧 낚싯대를 만들었던 찰스 오비스Charles Orvis는 레너드보다 저렴한 가격으로 낚싯대를 생산하기 시작했으며 오비스The Orvis Company는 지금도 플라이 낚시 도구 분야에서 판매를 선도하고 있다.

19세기에는 품질을 더욱 개선한 미국산 릴과 영국산 가는 비단 낚싯줄 등 낚시 도구의 품질이 계속 개선됐다. 플라이 낚시 도구는 로드 버트butt of the rod* 부터 팁tip**, 가이드guide***까지 점차 가늘어지도록 설계되었으므로 한 팔을 사용해 인공 플라이를 강에 곧장 던져 물에 띄울 수 있었다. 노먼 맥클린Norman Maclean이 발표한 자전적 소설 《흐르는 강물처럼》에서 아버지가 간결하게 말했듯 이것은 간단한 문제였다. "이것은 10시 방향과 2시 방향 사이에 일어나는 네 박자 리듬에 맞추는 예술이야." 1976년에 발표한 이 소설은 20세기 초 몬태나주 작은 마을에서 플라이 낚시를 하는, 귀족이 아닌 중산층 미국인 가족을 중심으로 펼쳐지는 이야기를 담고 있다. 몬태나에는 19세기 개척 준주frontier territory 시대 이후 플라이 낚시에 대한 기록이 남아 있다.

누가 처음으로 태평양연어를 플라이 낚시로 잡았는지는 확실하지 않다.[27] 1949년 연어 낚시를 하기 위해 휴가를 냈다는 한 금광 탐사자에 대한 이야기가 전해지지만 사실 여부는 알 수 없다. 심지어 1845년 영국과 미국이 오리건준주의 운명을 놓고 협상을 벌이는 동안, 영국의 존 고든John Gordon 선장이 브리티시컬럼비아주 포트빅토리아를 방문해 현지 연어를 대접받은 자리에서 낚시를 하고 싶다는 뜻을 밝혔다는 미심쩍은 이야기도 있다. 북서부의 연어가 플라이를 물지 않으리라는 말을 들은 고든은

* 손잡이 바로 윗부분으로 낚싯대의 힘을 결정한다.

** 낚싯대 몸통의 앞쪽 끝부분.

*** 릴에서 나온 낚싯줄이 통과하는 고리와 같은 부품.

지신의 낚싯비늘에 미끼를 달았다고 했다. 고든은 연어 몇 마리를 잡았지만 이러한 물고기를 보유한 나라에 대한 경멸을 서슴지 않았고, 귀국해서는 연어가 플라이조차 물지 않기 때문에 북서부는 가치가 없다고 위원회에 보고했다. 한때 널리 떠돌기는 했지만 분명히 거짓일 이야기에 따르면 영국은 고든의 보고를 듣고 오리건준주를 미국에 넘겼다.

미국 서부에서 플라이 낚시는 19세기 중후반에 인기를 끌기 시작했다. 1879년 미국 해군 함장인 레스터 비어드슬리Lester Beardslee는 USS 제임스타운을 몰고 알래스카까지 항해한 후에 시트카항구에 정박했다. 비어드슬리는 상당량의 플라이 낚시 도구를 가져갔는데, 여기에는 오비스 제품이 많았다. 그는 그 후 2년 동안 알래스카에서 최대한 많은 시간을 플라이 낚시를 하며 보내고, 관련 글을 쓰고, 알래스카를 플라이 낚시 지도에 등재했다. 영국인들이 서부 해안을 여행할 때 첫 번째 목적지였던 브리티시컬럼비아는 20세기 초 영국인들 사이에 플라이 낚시를 할 수 있는 최종 목적지로 명성을 구축했다.

대부분의 유럽 국가에서 그랬듯 미국 서부에서도 플라이 낚시는 지방 사람이 아닌 도시 사람 덕택에 발달했다. 마을과 도시를 건설하기 위해 황무지를 파괴하고, 이렇게 세운 마을과 도시에 거주하는 사람들이 자연을 보존하는 위대한 투사로 부각되는 현실에는 위선의 요소가 담겨 있다. 오리건과 워싱턴 등의 주에서 연어 회유를 복구하자고 가장 요란하게 주장하는 사람 중에는 도시 플라이 낚시인들이 있었다.

20세기까지 플라이 낚시인과 그들이 결성한 조직은 상업적 어업이 축소되고 스포츠 낚시 관광 사업이 경제적으로 더욱 중요한 비중을 차지하기 시작하면서 상당한 정치적 영향력을 획득했다. 도시 낚시 클럽은 강에 대한 통제권을 얻고, 때로 낚싯대를 이용한 낚시용으로만 강을 독점하기도 했다. 또 강에서는 플라이 낚시만 허용하고, 미끼 사용을 금지하기도 했다.

현대 과학에서는 스틸헤드를 연어로 간주하지만, 낚시인들은 송어라고 주장했다. 송어를 상업적 어획이 아니라 스포츠 낚시의 대상으로 여겼기 때문이다. 이러한 주장에 편승해서 1925년 낚시인들은 워싱턴주 의회에 스틸헤드의 판매를 금지하는 법을 제정하라고 로비를 벌였다.[28] 3년 후 오리건주 의회는 스틸헤드의 판매를 제한했지만 1975년까지는 완전히 금지하지 않았다.

스틸헤드 낚시는 태평양 북서부로 관광객을 끌어들이는 중요한 상품이 되었다. 연어용 플라이는 제작자들이 **가볍게 옷을 입는다**고 말하듯 점차 작아지고 소박해진 반면에, 스틸헤드용 플라이는 반대 경향을 보였다. 플라이 가게에서 크고 밝고 화려하고 심지어 과도하게 장식한 플라이를 판매하는 구역은 스틸헤드용이다. 플라이를 선택하는 비과학적인 세계에서는 어쨌거나 스틸헤드가 이러한 종류의 플라이를 좋아한다고 생각한다.

알타강과 리스티구슈강이 대서양연어로, 프레이저강은 홍연어로 유명한 반면에 로그강은 스틸헤드로 유명하다. 오리건주의 로그강은 험준한 캐스케이드산맥에서 태평양까지 200마일(약 322킬로미터) 이상을 힘차게 흐른다. 열성적인 낚시인이자 베스트셀러 모험 작가인 제인 그레이Zane Grey는 1920년대 스틸헤드를 낚아서 로그강에 명성을 보탰다. 하지만 워싱턴에서는 스카짓강, 스틸라쿠아미시강, 특히 스틸헤드를 낚는 플라이 낚시인에게 **스카이**라고 친근하게 불리는 스카이코미시강도 스틸헤드를 낚을 수 있는 강으로 큰 인기를 누렸다. 아이다호에는 새먼강이 있었다.

플라이 낚시는 지역의 취미 활동이 되었지만, 상업적 연어 어업에서 거두는 수익은 감소하는 반면에 서부 주를 찾아오는 낚시인 관광객들에게서 거두는 수익은 증가했다. 그들을 위한 오두막, 가이드, 도구 상점, 기타 서비스가 창출한 수익이 경제 호황에 기여했다. 주 정부의 어업과 수렵 기관들도 이러한 어업 경제의 일부였다. 1865년 매사추세츠주에 최초의 주 기관이 들어섰다. 모든 주에 하나둘씩 세워지기 시작한 이 기관들은 주로 야생동물 보존을 목적으로 설립됐다. 이러한 기관들의 운영 예산은 대부분 사냥과 낚시 허가증의 판매에서 나온다. 좋든 싫든 해당 기관들이 사냥과 낚시를 장려하기 위해, 특히 다른 주에 사는 사냥꾼과 낚시인을 유치하기 위해 적극적으로 움직이리라는 뜻이다.

허가증 요금은 법 규정에 따라 지역 주민에게는 낮게, 방문객에게는 높게 책정되기 시작했다. 1909년 오리건주 최초의 허가증 요금은 주민에게 2달러, 방문객에게는 5달러였다. 또 남녀 모두 낚시를 하러 왔지만 여성 플라이 낚시인을 무시하는 경향이 존재했다. 예를 들어 오리건주에서 여성은 1923년까지 낚시 허가를 받지 못했다.[29]

주 정부 소속 어업과 수렵 부처들은 어부들의 열망에 맞서서 스포츠 낚시인과 손을 잡았다. 1920년대 클래머스강에서 스포츠 낚시인과 캘리포니아주 어업과 수렵 부처들이 맺은 동맹 등이 강력한 정치 세력으로 부상했다.[30]

미국 대통령 중에도 플라이 낚시인이 있었다.[31] 체스터 아서Chester Arthur는 퀘벡에 있는 카스카페디아강에서 세계적 기록의 23킬로그램짜리 대서양연어를 잡았다. 열정적인 야외 스포츠광으로 알려진 그로버 클리블랜드Grover Cleveland는 신혼여행을 갈 때 플라이 낚싯대를 가져갔다고 전해진다. 후버는 1928년 대통령 선거운동 기간에 잠시 휴가를 내고 로그강과 클래머스강에서 스틸헤드 플라이 낚시를 했다. 그러면서도 캐나다 동부가 연어 낚시 지역으로는 최고라고 입버릇처럼 강조했다.[32] 조지 허버트 워커 부시George Herbert Walker Bush는 **스틸헤드를 잡기 위해 오리건주 몇 개의 강에서** 낚시를 했지만 한 마리도 잡지 못했다고 말했다.

클리블랜드를 제외하고 백악관에 거주했던 대통령 중에서 낚시에 가장 열성적이었던 사람은 지미 카터Jimmy Carter였지만 공직에서 물러날 때까지 연어를 한 마리도 잡지 못했다. 그는 기후가 너무 더워서 연어과 물고기가 살 수 없는 조지아주 남부 시골에서 낚시를 하며 성장했다. 그러다가 주지사로 선출되어 애틀랜타로 이사하면서 플라이 낚시를 배웠다. 카터는 어디서든 낚시를 즐겼다.[33] 펜실베이니아와 캠프 데이비드로 플라이 낚시 여행을 간 것은 그가 대통령직을 수행하는 동안 비밀로 지켜졌다. 나중에 카터는 알래스카에서 스틸헤드를 잡았고, 퀘벡에 있는 카우삽스칼강에서 29.5파운드(약 13킬로그램)짜리 첫 대서양연어를 잡았다.

스포츠 낚시인들은 1960년대까지 태평양 북서부에서 상업형 어부들보다 많은 연어를 잡았다. 이러한 현상은 어부들이 물고기를 모두 잡아들이고, 레저 낚시인들은 물고기를 구조하려고 노력한다는 낚시인들의 오랜 주장에 배치되었다. 19세기 영국 플라이 낚시인들은 노르웨이에 있는 강들에서 발견한 그물들을 불태웠다. 하지만 어부들은 게으르고 독선적인 부유층 레저 낚시인들이 자신들보다 더 많은 물고기를 잡는다고 늘 주장해왔다. 상업적 어업이 기울자 이는 사실로 드러나기 시작했다.

환경보호에 신경을 쓰는 스포츠 낚시인들은 자신들은 물고기를 잡고 싶을 뿐이고 그 후에는 놓아줄 수 있다고 대응했다. 20세기 매우 인기 있는 플라이 낚시 작가이면서 물고기 방류 운동을 강력하게 옹호한 리 울프Lee Wulff는 이렇게 말했다. "취미용으로 잡는 물고기는 한 번만 잡기에는 가치가 너무나 크다."

낚시인들은 강 낚시를 통제하기 위해 정치적 영향력을 행사했지만 연어를 구하지 못했다. 어선에 장착된 엔진의 성능이 크게 향상되면서 어부들은 바다에 나가서 그물로 더 많은 물고기를 잡을 수 있었다. 연어가 출생지와 상관없이 바다에서 잡히면 어획량의 규모와 영향을 관리하기가 불가능해지므로 이것은 참담한 현상이다.

여기에는 아이러니가 숨어 있다. 몇 세기 동안 스포츠 낚시인들은 피해가 너무나 명백하게 드러난다고 주장하면서 강에 그물을 치는 행위를 비난해왔다. 어부들은 엔진의 성능이 향상되어 바다에서 조업할 수 있게 되면서 강에서 모습을 감췄다. 오래 지나지 않아서 상업형 어업이 초래하는 피해가 드러나기 시작했다. 강이 완전히 죽어갔던 것이다. 스포츠 낚시인들은 바다에서 그물을 사용하는 행위가 연어에게 주요한 적이라는 사실을 처음으로 깨닫기 시작한 사람들이었다. 말년에 울프는(1991년 소형 비행기를 타고 가다가 추락사했다) 어부들에 맞서 싸웠다.

> 만약 낚시인들에게 자신들이 잡은 산란 가능한 물고기의 전부나 대부분을 놓아주라고 강요한다면 애당초 그물을 써서 문제를 유발한 어부들도 연어를 구하기 위해 비슷한 희생을 치러야 한다.

그러면서 울프는 커다란 연어가 그물에 아가미를 걸리지 않고 자유롭게 돌아 그물에서 멀어질 수 있도록 올이 촘촘한 그물 자루를 사용하자고 제안했다. 하지만 일부 어부들은 그렇다고 문제가 해결되지 않으며 오히려 낚시인들이 자신들의 밥줄을 끊고 물고기를 독차지할 것이라고 주장했다.

러시아는 플라이 낚시에서 엄청난 상업적 가치를 보았다. 대부분 북극권에 있는 콜라반도는 소비에트의 핵 해군 기지였다. 핵폐기물에서 비롯하는 환경 문제가 많지만, 군대가 주민들을 모두 반노 밖으로 멀리 소개했으므로 좀 더 먼 지역에서 연어 조업이 엄청나게 활발히 이루어지고 있다. 러시아는 플라이 낚시를 다시 귀족용 스포츠로 되돌리고 있다. 플라이 낚시인은 1만 5000달러 이상이나 종종 2만 달러 이상의 거액을 지불하면 호화스러운 오두막에 머물면서 헬리콥터나 제트 보트를 타고 매일 강을 옮겨 다니며 낚시할 수 있다. 또 캄차카반도에서 태평양연어와 무지개송어를 낚을 수 있는 약간 더 저렴한 상품도 제공한다.

남반구 특히 뉴질랜드, 오스트레일리아, 아르헨티나, 칠레도 송어와 연어를 인공적으로 이식하는 정책을 펼치면서 플라이 낚시 관광 산업을 크게 번성시키는 결과를 낳았다. 하지만 연어와 송어처럼 식욕이 왕성한 침입종을 도입하는 것은 자연 질서를 불안정하게 흔들고, 많은 토착종을 위협하며, 토착종을 멸종시켜 다른 부정적인 결과를 초래할 것이다.

전 세계적으로 부유한 낚시인들에게서 벌어들이는 수익이 크다 보니 연어가 오로지 취미용 물고기로만 남는 세상을 향해 우리가 나아가고 있는 것은 아닌지 의문을 품을 수밖에 없다.

4부

위험한 미래

12장

대서양을 위한 애가

이 모든 것에도 자연은 결코 고갈되지 않는다네.

가장 고귀한 신선함이 사물 깊이 살아 숨 쉬니.

_제라드 홉킨스, 〈신의 장엄한 영광〉

과학자들은 전 세계에 남아 있는 대서양연어가 150만 마리라고 추측한다. 이러한 비극적인 사실을 균형 잡힌 관점으로 파악하기 위해 객관적 사실을 제시하자면, 2018년 7월 브리스톨만으로 회유한 홍연어의 수는 6230만 마리라는 기록을 세웠지만 일반적인 해조차도 4000만 마리 이상이었다. 개체수가 150만 마리에 불과한 종은 생존하지 못할 가능성이 크다. 찰스 다윈이 《종의 기원》에서 한 말을 상기해보자.

> 적의 개체수와 비교했을 때 같은 종에 속한 개체수가 많은 것은 종을 보존하는 데 절대적으로 필요한 조건이다.

이것은 자연의 기본 법칙이다. 인간은 대서양연어를 위협하는 위험한 적의 하나이므로 포식자인 인간을 제거하면 대서양연어의 생존율을 크게 올릴 수 있다는 것이 논리적 추론이다. 이러한 현상은 대부분 실현되고 있다. 오늘날 대서양연어를 잡으려는 어부들은 상대적으로 적기 때문이다. 하지만 여전히 소름 끼치는 현실은 그럼에도 불구하고 종의 개체수가 늘어나지 않을뿐더러 일부 감소하고 있다는 것이다.

21세기 들어 유럽은 상업적 그물 어업을 금지하기 시작했다. 유럽연합은 아일랜드 서부 해안에서 유자망 조업을 금지했다. 스코틀랜드, 영국, 노르웨이는 그물 사용을 축소했다.

최대 문제는 그린란드 밖에서 이루어지는 덴마크 연어 어업이었다. 그린란드는 연어를 생산하지 않지만, 북대서양에 서식하는 상당히 많은 연어가 이 근처의 풍부하고 차가운 수역에서 먹이를 취한다. 이 물고기들은 주로 미국, 캐나다, 스코틀랜드에서 온 것이다. 뷔프손은 이 문제에 대해 해결책을 제시하면서 첫 성과를 거뒀다. 고향인 아이슬란드에서 가족이 상업적 청어잡이 배를 운영했던 뷔프손은 대부분의 정부 관리들과 환경보호론자들과 다른 방식으로 어부들과 대화하는 법을 알고 있었다. 뷔프손이 이해한 바에 따르면, 어부들은 가치 있는 자산과 돈을 벌 권리가 자신들에게 있다고 믿었다. 따라서 그린란드인들은 자신들의 영토에서 몸집을 키운 연어에 대해 소유권을 일부 갖고 있다고 주장했다.

이 밖에도 뷔프손은 모금하는 재능을 발휘해서 물고기를 잡지 않는 조건으로 그린란드인에게 지불할 만큼 충분한 자금을 모았다. 실제로 그린란드인에게는 외국산 연어가 자국 영토에서 먹이를 먹도록 허용하는 대가로 일종의 **방목비**를 지불했다. 또 대체 어업을 개발할 수 있도록 지원했다. 1993년 체결한 협정은 몇 차례 재협상을 거쳐야 했지만 유지되었다. 그는 페로제도에서 조업하는 어부하고도 비슷한 협정을 맺었다.

작은 체구의 뷔프손은 비행기와 헬리콥터, 버스, 보트까지 타고 북대서양을 끊임없이 누빈 무한한 에너지의 소유자였고, 가능한 한 많은 어부와 어업 관리자와 인맥을 형성했다. 현지 어부부터 러시아 대통령인 블라디미르 푸틴Vladimir Putin(푸틴은 뷔프손을 만나고 나서 플라이 낚시를 하는 사진을 찍기 위해 포즈를 취했다)까지 많은 사람을 만났다.

뷔프손이 레이캬비크 소재의 수수한 사무실에서 운영한 북대서양연어기금은 북대서양 전역을 대상으로 하는 어업 논의에서 중요한 존재감을 나타냈다. 2017년 일흔네 살에 암으로 사망한 후에도 그가 결성한 조직은 계속 운영되고 있다. 북대서양연어기금은 그린란드에서 마지막 상업적 연어 어업을 중단하고 페로제도에서 협정 기간을 연장하는 데 합의했다.

하지만 대서양연어 개체수를 과거 수준으로 풍부하게 복구하겠다던 뷔프손의 목표는 거의 달성되지 못하고 있다. 대신에 실질적으로 상업적 어업을 없앰으로써 대서양연어가 멸종을 면했을 뿐이다. 그물 사용을 중단한 1990년대 이후 바다에서 강으로 돌아오는 연어의 개체수는 감소하고 있는데, 아무도 정확한 원인을 알지 못한다.

불량한 해양 생존 현상이 대서양 양쪽의 연어들을 강타했다.

얼마나 산란에 성공했든, 얼마나 많이 바다로 나갔든 상관없이 연어의 회유율은 회복되지 않고 있다. 북쪽으로 갈수록 연어의 생존율은 높아지고, 유럽 쪽 생존율은 미국 쪽보다 높다. 이 모든 현상으로 미루어 뉴잉글랜드에서 연어 생존율은 최악이라는 사실을 짐작할 수 있다.

강으로 회유하는 연어가 줄어드는 원인을 설명하는 주요 이론 중 하나는 열빙어에서 파생하는 에너지 부족 현상이다.[2] 열빙어는 연어의 주요 해양 먹이인 작은 물고기다. 또 대구에게도 중요한 먹이인데, 일부 과학자들은 열빙어가 대구 개체수의 복구를 둔화시킨다고 생각한다. 만약 열빙어가 제공하는 에너지가 감소한다면 연어는 동등한 에너지를 얻기 위해 더 많은 열빙어를 섭취해야 하고, 그러려면 더 많은 에너지를 써야 한다. 때로 이 공식이 작동하지 않을 수 있으며, 이 경우 연어는 강으로 돌아갈 수 없다. 대서양 청어에게도 에너지 감소 현상이 눈에 띈다.

어째서 이러한 현상이 일어날까? 일부 생물학자들은 어장을 이따금씩 뒤흔드는 날씨 변화의 결과이기를 희망한다. 북대서양진동으로 불리는 기상 현상은 항상 있었다. 북대서양진동이 강한 기간에는 좀 더 작은 미끼용 물고기가 쫓겨나고, 약한 기간에는 어획량이 비정상적으로 많았다. 그래서 풍부했던 청어가 갑자기 사라지는 것이다. 중세 시대 사람들은 청어가 사라지는 것은 마을에 간통이 발생했기 때문이라고 말했지만 지금까지 밝혀진 사실에 따르면 모두 진동 때문이고, 진동이 약한 시기가 돌아오면 마을에 어떤 일이 발생했든 상관없이 청어는 풍부해질 것이다.

21세기 초는 북대서양진동이 강한 시기였지만 일부 생물학자들은 진동으로 설명할 수 없는 이례적인 현상이 일어나고 있다고 믿는다.

미국 국립해양대기청 소속이자 매사추세츠주 소재 우즈홀 연구소의 생물학자인 티모시 시한Timothy Sheehan은 기후 변화가 발생하면서 빙하를 녹여서 해양 염도를 낮추고, 동물성 플랑크톤을 감소하고, 열빙어 같은 중요한 물고기 먹이의 퇴화를 부추겨 태평양연어와 대서양연어의 해양 생존율을 떨어뜨린다고 주장한다. 바다에서 지배적인 비중을 차지하던 고에너지의 대형 동물성 플랑크톤이 점점 더 희귀해지고 작아지면서 저에너지 동물성 플랑크톤이 그 빈자리를 메우고 있다.

연어는 어업 강국인 스웨덴, 러시아, 핀란드가 있는 발트해에서 생존하기 위해 계속 고군분투하고 있다. 덴마크와 독일은 과거부터 발트해에서 연어를 잡아왔고, 소량은 폴란드 어부들이 차지한다. 발트해 연어는 별도의 종으로서 아종에 가깝다고 볼 수 있으며, 주로 스웨덴이 잡아간다. 스웨덴에 있는 연어 강들은 댐 때문에 물길이 막혀 있다. 스웨덴은 20세기 들어 환경에 관심을 쏟으면서 화석연료와 원자력에서 얻은 에너지의 사용을 줄여나가고 수력발전 댐을 가동하려 부단히 노력했다. 오늘날에는

2100개의 수력발전 댐이 스웨덴 전역에서 사용하는 전력의 40퍼센트를 생산한다.[3]

최근 수십 년 동안 스웨덴은 재생 가능 에너지라는 새로운 아이디어에 더욱 관심을 쏟아왔고, 자국에 있는 많은 댐 중 일부에 물고기 통로를 건설하기 위해 노력하고 있다. 댐을 철거하는 비용이 상당히 크기는 하지만 물고기 통로를 만드는 비용보다 작다는 사실이 분명해지고 있다. 20세기 말 이후 낡고 생산성이 좋지 않은 소규모 댐들을 철거하자 과거에 사라졌던 강 서식지에 연어가 다시 찾아오고 있다. 일부 경우에는 댐이 들어서며 느려진 이주 흐름이 더욱 빨라지면서 자신을 노리는 포식자들에게 잡아먹힐 가능성이 줄어들었다.

연어는 언제나 스웨덴 요리에서 주류를 차지해왔다. 냉장 시대 이전에 대부분의 물고기, 특히 스칸디나비아반도에서 잡은 연어와 대구는 소금에 절여 판자처럼 딱딱하게 건조했다. 이런 방식으로 처리를 거치게 되면 거의 무한정 보존할 수 있었다. 노르웨이의 베르겐은 여러 세기 동안 유럽에서 염장 물고기 무역의 중심지였다. 소금에 절인 물고기는 요리하기 전에 24시간 이상 흐르는 물에 불려서 충분히 염분을 빼야 했다. 오늘날 연어 푸딩을 포함해 대부분의 연어 요리는 신선한 물고기로 만들지만, 1939년 잉가 노르베리Inga Norberg가 쓴 요리책 《훌륭한 스웨덴 음식》에 수록된 다음 요리법은 정통 방식으로 만든 스웨덴 연어 푸딩에 더 가깝다.

스웨덴 연어 푸딩

염장 연어 2컵

우유 1.5컵

달걀 3개

밀가루 2작은술

백후추 1/4작은술

잘게 다진 파슬리 1큰술

버터 1큰술

빵가루 2큰술

연어를 밤새 물에 담가둔 후 잘 말려서 얇게 썬다. 감자도 얇게 썬다. 버터를 바르고 빵가루를 담은 접시에 감자와 연어를 번갈아 깐다. 밀가루를 넣고 계란을 넣어 잘 풀고, 우유를 부으며 잘 저어준다. 후추로 간한다. 반죽을 베이킹 접시에 담는다. 파슬리를 뿌리고 화씨 385도(섭씨 196도)의 오븐에서 약 40분 동안 굽는다. 8인분을 만들고 녹인 버터를 곁들여 대접한다.

대서양연어에게 가장 중요한 서식지의 하나는 노르웨이다. 이곳에서 대서양연어의 개체수는 줄었지만 다른 지역에서는 훨씬 더 줄었다. 노르웨이의 강에서 매년 산란하는 대서양연어 50만 마리는 전 세계 대서양연어의 3분의 1이다.

노르웨이 국토는 길이가 길고 폭이 좁다. 해안선은 대부분 대서양과 맞닿아 있고 연어가 산란하는 강은 450개다. 이 강들은 높은 산간 지방을 지나며 물이 깊고 세차게 흘러내리고, 협만은 극적인 물길을 형성하며 섬과 가파른 산벽을 가른다. 차가운 북쪽 강들은 특히 핀란드와 러시아와 접경을 이루는 핀마르크 북부는 상당히 생산적인 지역이다.[5]

대부분의 강은 길이가 짧고 폭포와 급류로 이루어져 지형이 험하다. 연어는 산란장으로 올라가려면 물이 깊어야 하므로 눈이 녹아 적절한 수심에 도달할 때까지 협만에서 기다릴 것이다. 노르웨이 연어는 강으로 돌아가기 전에 5년 동안 바다에서 배를 채우므로 강으로 돌아갈 무렵이면 몸집이 크고 지방이 많다. 이들을 추적한 결과에 따르면 콜라반도 근처에서 온 러시아 연어보다 두 배 빠른 속도로 하루 60마일(약 97킬로미터)을 이동한다.[6] 이때 길을 잘못 들어서는 연어도 상당히 많아서 러시아 연어와 스코틀랜드 연어가 노르웨이의 강에 모습을 드러내기도 하고, 노르웨이 연어가 러시아와 스코틀랜드의 강에 모습을 드러내기도 한다.

노르웨이는 개체수가 줄어드는 연어를 보존하기 위해 수많은 문제에 직면하고 있다. 1989년 유자망 어업을 금지하면서 대부분의 상업적 어업을 중단했다. 하지만 세계에서 가장 긴 대서양연어 강의 하나인 타나강은 여전히 남획의 피해를 받고 있다. 남획이 발생하는 것은 부분적으로는 상업적 어업 때문이지만, 사미족의 어업권을 존중하려는 노력 때문이기도 하다.[7]

한 세기 동안 노르웨이는 상업적 연어 어획량을 줄이고 있다.

1908년에는 협만에서 그물로 물고기를 잡는 행위를 금지했다. 협만은 물이 일반적으로 몇 개의 강으로 들어가는 입구이므로 이것은 중요한 조치였다. 만약 협만에서 연어를 무작위로 잡는다면 전혀 손상을 입지 않는 강도 있겠지만 연어가 완전히 사라지는 강도 생겨날 수 있다. 어떤 강에 어떤 결과를 초래할지 알 길은 전혀 없었다. 노르웨이가 유자망 어업을 금지하고 입구가 하나인 자루그물을 허용하자 유자망을 대체하면서 자루그물의 사용이 증가했다. 하지만 다시 자루그물 사용을 제한했고 2018년에 이르자 조업하는 자루그물은 800개에 불과했다.[8]

하지만 대서양의 나머지 지역과 마찬가지로 바다에서 살아남아 산란하기 위해 노르웨이의 강으로 회유하는 연어의 수는 매년 줄어들고 있다. 심지어 상업적 어업이 거의 사라졌는데도 노르웨이에 서식하는 야생 연어의 수는 30년 전보다 50퍼센트 감소했다.

대서양에서 연어를 살리기 위해 분투하고 있다는 사실을 고려할 때, 대서양을 찾아오는 어떤 새로운 침입종도 환영받지 못한다. 유럽 강에는 이주 경로를 이탈해 다른 나라에서 들어오는 물고기들이 늘 있었지만 지금은 다른 바다에서 들어온 것들이다. 예를 들어 **온코린쿠스**속 태평양연어인 곱사연어가 노르웨이, 영국, 스코틀랜드의 강에 나타나고 있다.

이러한 물고기는 다른 속이어서 대서양연어와 교배하지 않지만, 공간과 먹이를 놓고 경쟁을 벌일 수 있다. 곱사연어는 연어 중에서 귀소본능이 가장 약하다. 아마도 자신이 태어난 강에서 보내는 시간이 매우 짧기 때문에 자주 길을 잃고 새로운 강을 찾아갈 것이다. 따라서 이식하기에 좋은 후보군이기는 하지만 새로 찾아간 강에 머물지도 않는다. 일부는 다른 새로운 강을 찾아가서 몇 세대 안에 그곳에 정착할 것이다.

1960년대 러시아, 당시의 소비에트는 대서양연어를 더 많이 소유하고 싶었다. 소비에트는 연어가 풍부한 태평양 연안부터 개체수가 줄어들어 고전하고 있는 대서양 연안까지 대륙 두 개 너비를 아우르고 있으므로 곱사연어를 오호츠크해의 마가단에서 가져다가 유럽 대륙 북쪽 해안에 있는 아르한겔스크에 이식하기로 결정했다. 곧 곱사연어는 아이슬란드에 나타났고, 대서양에 도달한 지 반세기가 지나자 아일랜드·영국·노르웨이뿐 아니라 스코틀랜드 소재 열여덟 개의 강에도 모습을 드러냈다.

모스크바 소재 연구소 소장인 미하일 글루보콥스키Mikhail Glubokovsky는 곱사연어를 더 들여오고 싶어 한다.[9] 곱사연어는 2년마다 산란하므로 물고기가 강을 찾아오지 않는 해에 이식을 추가하면 물고기가 매년 찾아올 것이기 때문이다. 다른 유럽 국가는 러시아의 이러한 계획을 우려의 눈초리로 바라보고 있다. 자국의 대서양연어가 이러한 환경에서 벌어지는 생존경쟁에서 이길 수 있을지 확신할 수 없기 때문이다.

스코틀랜드 네스강을 기반으로 활동하는 네스연어어업위

원회 이사인 크리스 콘로이Chris Conroy가 비디오를 제작했다.[10] 큰 혹이 달린 수컷 곱사연어와 암컷 곱사연어가 자갈 산란지에서 대서양연어를 쫓아낸 후에 알을 낳고 정액을 뿌리는 모습을 담았다. 곱사연어가 네스강에서 자갈 산란지를 짓는 모습도 촬영했다. 디강에서 책임자로 일했던 마크 빌스비Mark Bilsby도 곱사연어를 목격했다. "곱사연어는 정말 공격적입니다."

러시아산 태평양연어를 연구하는 생물학자 세르게이 코로스텔레프Sergei Korostelev는 유럽인이 불필요하게 걱정한다면서 이렇게 말했다. "곱사연어는 대서양연어에 위협이 되지 않습니다. 프라이가 강에서 먹이를 먹지 않으므로 대서양연어와 경쟁하지 않고, 바다에는 두 종 모두 먹을 만한 먹이가 충분하기 때문입니다." 하지만 대서양을 연구하는 생물학자의 주장을 들어보면 과연 바다에 두 종 모두 먹을 만한 먹이가 충분한지, 아니면 대서양연어가 먹을 양만이라도 있는지 전혀 확실하지 않다.

영국, 스코틀랜드, 웨일스로 형성되어 있고 역사적으로 커다란 연어 중심지인 그레이트브리튼섬에서는 상업적 연어 어업이 대부분 중단되었다. 야생 연어는 시장에도 거의 없고, 레스토랑에서도 찾아볼 수 없다. 거의 모든 낚시는 취미 활동이며, 낚시로 잡은 물고기를 판매하는 행위는 불법이다.

웨일스인들은 웨일스어로 메운 흘라이스mewn llaeth처럼 우유에 데친 연어, 켈트 전통에서 볼 수 있는 이오지 티비eog teifi처럼 버터에 담근 연어를 좋아한다. 연어 파이는 웨일스, 스코틀랜드, 영국에서 즐기는 전통 요리다. 데치는 것은 크림핑과 반대로 세련되지 못한 연어 조리법으로 여겨졌다. 크림핑할 때는 갓 잡은 연어를 찬물에 한 시간 동안 담근다. 살에 칼집을 두세 군데 깊이 낸다. 그런 다음 찬물에 소금과 식초를 넣고, 물을 데운 후에 물고기를 넣는다. 물고기를 빨리 가열했다가 꺼내 물기를 빼고 식히고, 다음 날 뜨거운 물에 살짝 담가 데운다.

영국에서는 지금도 연어를 준비하는 최선의 방법이 크림핑이라고 생각하지만 크림핑하든 데치든, 요리할 때 우유를 넣든 버터를 넣든, 파이로 굽든 거의 확실하게 양식 연어를 사용한다.

양식을 하면 여전히 연어를 먹을 수 있으므로 사람들이 자국 연어 어장의 부재를 받아들였다는 뷔프손의 주장은 옳았다. 물고기 양식이 유발하는 문제에 대해 상당한 분노가 존재하는데, 많은 양식업자가 외국 사람인 노르웨이인이기 때문에 특히 그렇다. 스코틀랜드 생물학자들은 이 경우에 노르웨이산 양식 물고기의 유전자를 지닌 스코틀랜드 물고기의 수가 증가하는 현상을 목격하면서 불안해한다.[11] 하지만 환경론자들과 생물학자들의 세상을 벗어나 일반인들이 구할 수 있는 연어가 양식산이기 때문에 이를 받아들이는 추세다. 실질적으로 연어가 모두 양식되므로 영국에서는 일반적으로 **양식**이라는 꼬리표조차 붙이지 않는다.

런던에 있는 빌링스게이트수산시장에서는 소량의 야생 연어가 거래되었다. 대부분은 밀어, 즉 어부들이 그물을 사용해 불법으로 잡은 연어였다. 규제 당국과 어업 조사관들은 밀어를 엄중하게 단속하고 있지만 중단시키기는 어렵다. 또 매각 조건을 받아들이지 않으려는 완고한 소유주들 때문에 정부가 폐쇄하지 못한 합법적인 어장도 몇 군데 존재했다.

이언 패터슨Ian Paterson도 이처럼 완고한 소유주의 하나였다. 한편 근면한 젊은이인 윌리 그랜트Willie Grant는 1980년대 스코틀랜드 북부 고지대 끝자락에 미끼 항아리를 설치하고 게와 바닷가재를 잡아 이럭저럭 생계를 꾸렸다. 패터슨은 아침마다 5마일(약 8킬로미터)을 자전거를 타고 부두에 오는 그랜트를 눈여겨보고 있다가 "자네는 바닷가재잡이에 미쳐 있군"이라며 말을 건넸다. 그러면서 자루그물을 사용해 연어를 잡을 생각이라면서 그랜트를 고용했다.[12] 자루그물 조업은 한때 고지대 어업의 주류였지만 1980년대 들어서면서 이미 퇴색하고 있었다. 하지만 그랜트는 진정한 어업에 진입할 절호의 기회라고 생각했다. 패터슨은 그랜트에게 새벽 5시에 조업을 시작한다고 말했다. 하지만 일하기 시작한 첫날 그랜트는 늦잠을 잤고 자전거를 타고 부두까지 5마일(약 8킬로미터)을 미친 듯이 달려갔으나 이미 배는 떠난 후였다.

어쨌거나 패터슨은 그랜트를 해고하지 않았다. **배**는 길이가 23피트(약 7미터)이고 바닥은 평평했으며, 브리스톨만에 있는 올슨의 정치망 배와 비슷하게 폭이 7피트(약 2미터)여서 갑판 공간이 넉넉했다. 끝을 해안에 고정하고, 양쪽 측면을 바다에 고정한 그물은 입구가 열려 있는 깔때기 모양이었다. 300피트(약 91미터)

길이의 리더leader는 한쪽을 자루그물 중앙에, 다른 쪽을 바다에 고정했다. 자루그물의 꼭대기에는 부표를 줄지어 매달았다. 수심이 10피트(약 3미터) 이상인 물에서 물고기는 그물 바닥 아래에서 헤엄칠 수 있었다. 하지만 썰물 때는 그물이 벽이 되므로 물고기는 그물을 따라가야 했고 결국 그물 안에 갇혔다. 그물은 하루에 두 번 거둬들여 비웠다. 그랜트는 이렇게 언급했다. "제가 기억하는 최고의 날에는 물고기를 400마리 잡았어요. 한 마리도 잡지 못하거나 5마리나 10마리, 50마리 정도 잡는 날도 많았죠."

패터슨과 선원들은 물고기를 최대한 조심스럽게 다뤘고, 비늘이 벗겨지지 않게 하려고 신경을 썼다. 시장은 1급 물고기들을 거래하고, 양어장은 보통 품질의 물고기를 공급했다. 그들은 갑판 위에 있는 물고기를 상자에 넣어 얼음 저장고로 운반했다.

패터슨 무리는 물고기 양식장과 바다물이 때문에 서해안 조업을 피했다. 그랜트는 이렇게 회상했다. "바다물이 100마리가 붙는 바람에 23파운드(약 10킬로그램)짜리 잘 빠진 물고기가 피투성이가 되는 광경을 본 적이 있어요. 바다물이가 몇 마리만 붙어 있으면 물고기를 팔 수 있어요. 하지만 어떤 물고기는 바다물이가 너무 많이 달라붙어 있어서 죽어갔죠."

"그물을 쳐서 물고기를 잡는 일은 고됐어요." 그랜트가 덧붙였다. "연어는 몸부림치면 자루그물에서 쉽게 빠져나갈 수 있어요. 자루그물을 향해 헤엄쳐 오다가도 바람의 방향이 바뀌면 몸을 돌려 달아나죠. 보트나 제트 스키가 요란하게 움직이거나 심지어 갈매기 한 마리가 꽥꽥거려도 다른 곳으로 가버립니다."

그랜트와 동료 선원들은 적은 기본 급여를 받고, 그날 잡은 물고기 100마리당 100파운드를 보너스로 받았다. 시즌에는 이렇게 받는 보너스가 약 200달러에 달했다. 큰 금액은 아니었지만 바닷가재를 잡는 것보다는 수입이 나았다. 자루그물로 물고기를 잡는 시기가 여름이므로 선원 중에는 대학생이 많았다. 시즌이 끝나면 그랜트는 연중 최대 수입을 거둘 수 있는 여름이 될 때까지 게, 바닷가재를 잡았다.

패터슨은 그물 어업에 종사하는 많은 다른 사람들처럼 사상 최대로 수입이 줄었는데도 여전히 선원들에게 임금을 지불해야 했으므로 매각 제의를 받았을 때 귀가 솔깃했어야 했다. 뷔프손은 어장을 매입할 자금을 북대서양연어기금에서 마련했다. 어부 중의 어부였던 뷔프손은 패터슨과 함께 앉아 협상을 시작했다. 이 자리에서 패터슨은 자루그물을 이용한 조업에 관한 복잡한 사항을 설명해서 과거 어부였던 뷔프손의 관심을 끌었다. 뷔프손은 패터슨에게 돈을 얼마나 받아야 조업을 중단하겠느냐고 질문하면서 몇 가지 가격을 제시했다. 하지만 패터슨은 19세기 초부터 고지대에서 집안 대대로 종사해온 어업을 포기할 수 없다고 설명했다. 이것은 뷔프손이 협상에 실패한 몇 안 되는 사례였다. 아마도 시기가 맞아떨어졌다면 뷔프손은 아마도 패터슨을 설득했을 것이다. 하지만 2015년 스코틀랜드 정부는 그물을 사용한 어업을 전면 금지했다.

그랜트에 따르면 이러한 금지 조치는 이제 물고기를 독차지하게 된 밀어꾼들에게 큰 이익이었다. 밀어꾼들은 사흘 동안 연어 800마리를 잡아서 3000파운드(2018년 기준으로 4000달러)를 벌 수 있었다. 밀어는 삶의 한 방식이었다. 밀어꾼들이 어두운 밤에 강에 가서 그물을 치면 하천 감시관들은 그물을 찾아내 끌어낼 것이다. 하지만 실제로 밀어꾼을 잡는 일은 좀 더 복잡했다. 브로라강가에서 곡선 모양의 흙 지붕에 잔디가 자라는 석조 주택에 살았던 집안에 내려오는 일화처럼 많은 이야기가 전해 내려온다. 밀어꾼들은 할머니 침대에 물고기를 숨기고, 할머니가 너무 아파서 움직일 수 없다고 하천 감시관에게 말했다고 했다. 하지만 최근 몇 년 동안 빌링스게이트는 불법 조업으로 잡은 물고기의 매입을 거부함으로써 밀어를 거의 없앴다.

그물 조업이 금지되자 그랜트는 바닷가재 잡는 일로 돌아갔고, 패터슨은 할라데일강의 감독관으로 일하기 시작했다.

90마일(약 145킬로미터)을 흐르는 디강은 스코틀랜드 축소판이라는 평가를 가끔 받는다. 디강은 넓은 들판, 목초지, 뇌조 사냥 보호구역을 이루는 밝은 야생화 언덕, 매우 유명한 싱글 몰트 위스키를 주조하는 가파른 산골짜기를 지나 해발 약 4000피트(약 1200미터)의 케언곰산맥을 타고 흘러내린다. 고지대에서 가장 아름다운 강들의 하나인 디강은 굽이굽이 돌며 콸콸 흐르고, 참나무·자작나무·스코틀랜드소나무·산벚나무가 얼기설기 들어찬 울창한 삼림지대가 드리우는 그늘을 지나가며 폭이 좁아지고 수심이 깊어진다. 그런 다음에 교외 지역을 관통하고, 강에서 이름을 따온 석유 항구 도시 애버딘으로 흘러든다.

1994년 디강은 스코틀랜드 주요 강으로는 최초로 낚시인들을 대상으로 물고기를 잡은 후에 놓아주라는 규칙이 시행됐다. 또 그물배를 사들였는데, 이것은 스코틀랜드가 새로 생각해낸 아이디어가 아니었다. 강 소유주들은 1850년대 이후로 상업용 연어 그물배를 꾸준히 매수하고 있다.

2005년까지 디강에는 양어장이 있어서 댐 지역으로 연어를 다시 불러들이려고 시도했다. 강에는 이미 쇠락한 목재 산업의 잔재인 낡은 댐 30개가 남아 있다. 댐은 통나무를 물에 띄워 애버딘으로 보낼 용도로 사용되면서 강을 파괴하고 있었다. 하지만 모든 작업이 중단됐고, 양어장은 실패했다. 디강의 책임자였던 마크 빌스비는 이렇게 언급했다. "우리가 무엇을 잘못했는지 모르겠어요. 어떤 조치도 그냥 효과가 없었습니다."

디강에서 가장 높은 댐의 높이는 15피트(약 4.6미터)다. 그리고 이 작은 댐들 위로 물고기 통로를 만드는 것이 실패한 양어장에 돈을 더 투입하는 것보다 분명히 효과적으로 보였다. 물고기 통로를 건설한 첫해에 연어가 댐을 넘어 250년 만에 처음으로 상류 지역에 들어오기 시작했다.

500년 전 스코틀랜드는 울창한 숲 지대였다. 하지만 오늘날 디강의 강둑 대부분과 고지대 대부분은 벌거벗었다. 적어도 1780년대 이후로 죽 그랬다. 나무가 없기는 하지만 대단히 아름답기도 해서 갖가지 야생화가 만발하고, 바위투성이 절벽까지 밝고 옅은 황록색 이끼로 덮여 있다.

하지만 원래 이래서는 안 된다. 어두운 숲에서 아름다운 색을 번뜩이며 몇 군데에서 여전히 자라고 있지만, 녹색 산림 개간지에는 야생화 덤불이 울창하게 자라고 있어야 했다. 고지대에는 참나무, 자작나무, 야생 체리 나무 등으로 우거진 숲이 아래쪽에 몇 군데 있을 뿐이다. 산 위쪽에는 몸통이 두껍고 가지는 옹이졌으며 구리빛을 띠면서 뒤틀려 있는 스코틀랜드 소나무가 거의 남아 있지 않다.

스코틀랜드 소나무는 현재 강에 부족한 나뭇잎과 솔잎, 벗겨진 나무껍질 등 영양분을 제공했다. 앞에서 언급했듯 둑에 숲이 우거지면서 강을 좁고 깊게 만들었다. 이제 삼림이 벌채된 지역에서 강은 넓고 얕다. 연어는 폭이 좁고 물이 깊은 강을 좋아한다.

강 관리의 방향은 강둑을 따라 토착 나무를 심고, 사슴과 양이 먹지 않도록 울타리를 치는 것이다. 그러면 20년 안에 강둑에 나무가 자라겠지만 숲이 우거지려면 50년은 더 기다려야 한다.

이처럼 나무를 다시 심는 노력은 들꿩의 일종인 뇌조를 사냥하는 사람들과 갈등을 일으킨다. 스코틀랜드에서 뇌조 사냥은 수백만 달러 상당의 매출을 일으키는 산업이다. 사냥꾼들은 뇌조 사냥을 위해 심지어 매우 호화로운 플라이 낚시보다 더 많은 돈을 지불한다. 뇌조 사냥은 하인을 거느리며 즐기는 취미라는 개념을 내포하며 플라이 낚시보다 훨씬 더 귀족적인 스포츠다.

사냥꾼은 깃발을 든 사람들이 헤더 관목 을 때려서 뇌조가 날아오를 때까지 기다렸다가 총으로 쏜다. 뇌조가 날아오르면 사냥꾼은 장전된 총을 조수에게 건네받고, 쏜 후에 다시 조수에게 넘겨주며 재장전시키는 동시에 장전된 다른 총을 건네받는다.

뇌조나 적어도 뇌조 사냥꾼들은 사방이 탁 트인 지형을 선호한다. 또 고지대에서는 거대한 면적을 개간해 뇌조 사냥용으로 개방된 상태를 유지하며 사용한다. 뇌조 사냥 관련 조직들이 이러한 땅을 사냥터로 소유하고 있다. 하지만 숲을 원하는 플라이 낚시인과 탁 트인 들판을 바라는 뇌조 사냥꾼 사이에는 실현 가능한 타협점이 있었다. 뇌조 사냥꾼들은 강 위에 있는 들판에만 관심이 있고, 나무가 산 위로 뻗어나가지 않는 한 강둑에 나무를 다시 심는 데 전혀 반대하지 않기 때문이다.

하지만 뇌조 사냥꾼들은 이탄 늪 이 형성되지 않도록 사냥 지역에서 물을 빼내고 있다. 이탄 늪은 유기물이 보존된 고인 물 지역이다(이탄 늪에서는 수천 년 동안 잘 보존된 사람 시체들이 발견되고 있다). 뇌조 사냥꾼들은 뇌조가 습한 지역이 아니라 건조한 지역을 좋아한다고 믿기 때문에 늪에서 물을 빼냈다. 하지만 정작 뇌조는 습기에 별로 구애받지 않는다고 밝혀지고 있다. 이탄 늪은 서서히 강으로 흘러들어서 물이 흐르는 속도를 늦춘다. 나무를 벌채한 지역에 전형적으로 나타나는, 디강이 겪어온 홍수와 가

연보랏빛 꽃이 피는, 뇌조에게 은신처를 제공하는 나무.

죽은 동물이나 식물이 켜켜이 쌓여 형성된 토양층으로, 고위도 지방의 춥고 습한 지역에서 주로 생성된다.

뭄의 악순환을 막는다.

빌스비는 이렇게 말했다. "우리는 강에 있는 물고기들에게 표식을 부착했어요. 그런데 70퍼센트가 하구에 도달하지 못했습니다. 강 어딘가에서 죽고 만 거죠. 하지만 지금껏 원인을 파악하지 못하고 있습니다."

디강의 물은 상당히 맑기 때문에 오염은 원인이 아니었다. 원인의 하나는 온난화다. 지난 20년 동안 디강의 수온은 평균 섭씨 2도 상승했다. 고지대 지방에는 예전만큼 눈이 내리지 않는다. 이탄 늪을 없앤 것도 원인이다. 과거에는 들판을 뒤덮었던 눈덩이가 녹으면서 차갑고 신선한 물을 꾸준히 공급했다. 하지만 수온이 섭씨 23도 이상으로 올라가면 연어는 허덕인다. 빌스비는 이렇게 설명했다. "수온이 일주일 동안 섭씨 27~30도를 유지하면 전체 연어의 절반을 잃을 수 있습니다. 따뜻한 물속에서 연어는 겨울을 나는 데 필요한 지방을 저장할 수 없거든요." 연구에 따르면 2080년까지 디강의 수온은 섭씨 6도 더 오를 것이다.

1922년 아일랜드는 영국에 대항해 독립을 쟁취했다. 아일랜드공화국의 전신인 아일랜드자유국이 탄생한 것은 아일랜드인에게는 좋았을지 모르나 아일랜드 연어에는 문제였다. 아일랜드는 전 국토에 전기를 보급하는 것을 포함해 빈곤한 땅을 발전시키는 데 전념했다. 이것은 수력발전 댐을 건설한다는, 특히 아일랜드에서 가장 긴 강인 섀넌강에 커다란 댐 세 개를 세운다는 뜻이었다. 아일랜드에는 수력발전 댐이 네 개뿐이지만, 대기근 때문에 굶주림과 이주가 시작되었던 1840년대 이전 인구의 절반인 400만 명에게 전기를 공급하기에는 충분했다.

1920년대 댐이 건설되던 당시에 특히 섀넌강의 연어 개체수가 심각하게 감소했다는 사실이 이미 밝혀졌다. 아일랜드는 산업에서 파생되는 문제에 익숙하지 않았다. 아일랜드내륙어업 선임 연구원인 패디 가간Paddy Gargan은 "아일랜드의 장점은 영국이 발전을 허락하지 않았다는 것입니다"라고 꼬집어 말할 정도였다. 어장 관리 책임을 맡았던 전력 회사는 댐 위로 물고기 통로를 설치하면서 상업적 어업을 자발적으로 축소해달라고 요구했다.

아일랜드는 강 단위로 연어 그물 어업을 규제했고, 지금도 규제하고 있다. 아일랜드에는 143개의 연어 강이 있다.[13] 소수 상업형 어부들은 지금도 그물로 연어를 잡는다. 잡은 물고기로 최대 수익을 거두는 통로는 훈제용으로 판매하는 것이다. 따라서 신선한 야생 아일랜드 연어는 어부, 어부의 친구와 가족 정도만 먹을 수 있는 귀한 음식이다. 스포츠 낚시 허가증을 받은 사람은 연어를 연간 10마리까지 잡을 수 있다.

정부는 강마다 산란 목표를 설정하고, 이를 달성한 강만 낚시를 허용한다. 각 강에서 산란하는 연어 개체군은 95퍼센트 야생으로 추정된다. 아일랜드에서 양어장은 파괴적인 영향을 미친다고 여겨져서 더 이상 존재하지 않는다.

골웨이에 있는 코리브강에서 잡히는 연어는 7500마리라고 집계되었지만 지금은 6200마리가 더 잡힌다. 블랙워터강에는 연어가 1만 2000마리 있고, 약 7600마리가 더 잡힐 가능성이 있다. 하지만 수력발전 댐이 세워진 강 네 곳을 포함해 일부 강들은 보존 한계량에 도달하지 못해서 연어 조업이 허용되지 않는다. 그리고 대부분 연어는 잡은 후에 놓아주어야 하고, 아일랜드에서 연어를 죽이는 것을 허용하는 강은 60곳에 불과하다.

20세기 아일랜드에서는 서부 해안을 따라 6마일(약 10킬로미터) 경계 안에서 그물 어업이 활발했다. 하지만 아일랜드 어업을 살리는 데 관심을 쏟는 사람들뿐 아니라 유럽연합에서도 그물 어업을 줄이라고 압박하는 목소리를 내고 있다. 유럽 국가들은 자국의 연어 강을 살리거나 복원하려는 노력의 일환으로 오염 감소에 더욱 적극적인 태도를 취하고 있다. 유럽연합에서 아일랜드의 그물 조업에 대한 불만이 가장 먼저 터져 나온 곳 중 하나는 영국에 있는 에이번강이었다.[14] 영국은 에이번강에서 연어를 구하려는 노력의 일환으로 미늘 없는 낚싯바늘을 사용하는 경우에만 플라이 낚시를 허용하겠다고 선언했다. 그러던 차에 역시 강을 복원하기 위해 노력하고 있던 프랑스는 연어에 표식을 달아 프랑스 물고기가 아일랜드 그물에도 잡힌다는 사실을 발견했다. 2003년 추정치에 따르면 유럽 연어의 절반 이상은 아일랜드에서 잡힌다. 연어가 사라지면서 자국의 귀중한 플라이 낚시 관광산업이 쇠퇴하고 있다는 사실을 깨달은 아일랜드 관리들, 유럽연합, 북대서양연어기금이 아일랜드 그물 어업을 축소하기 위해 손을 잡았다.

길이가 3.7마일(약 6킬로미터)에 불과한 코리브강은 물이 상당히 빠른 속도로 흐르며, 아일랜드에서 가장 연어가 많이 잡히기로 유명한 강 중의 하나다. 골웨이라는 마을을 지나면서 폭이 넓고 물이 세차게 흐르지만 물고기가 휴식하는 깊은 구멍을 제외하고 수심은 깊지 않다.

원래 골웨이는 노르만족 마을이었고, 중세에는 마을 입구에 있는 스페인아치에 모여 스페인 사람들이 가져온 와인을 곡물과 물고기와 교환했다. 골웨이에 남아 있는 어장 관련 기록은 당시 1대 얼스터 백작인 월터 데 부르고Walter de Burgo가 어장을 소유했던 1283년까지 거슬러 올라간다. 부르고 가문은 나중에 이름을 버크Burke로 바꿨다.

1400년대 린치Lynch라는 시장의 아들이 한 지역 여성을 사이에 놓고 다투다가 스페인 선원을 살해했다. 법을 엄중하게 지켰던 린치 시장은 밤새 아들과 대화하고 나서 아침에 2층 창문에 아들의 목을 매달았다. 이것이 **린치**lynch라는 단어의 어원이며, 당시 창문은 지금도 관광객에게 공개되고 있다. 후에 볼리비아에서 린치를 당했던 에르네스토 체 게바라Ernesto Che Guevara는 18세기 아르헨티나로 이주한 린치 가문의 후손이다.

코리브강 하구에는 수산 시장을 갖춘 어촌인 클라다가 있었다. 오늘날에는 대개 바닷가재와 새우를 취급하지만 과거에는 중요한 연어 시장이었다. 아일랜드에서는 연어를 잡을 때 전통적으로 예인망을 사용했다. 어부는 강 가장자리에서 기다렸다가 연어가 뛰어오르면 작은 배를 저어 가서 그물을 던졌다. 그리고 반원을 그리며 배를 움직여 물고기 떼를 가둔 후에 강둑으로 몰았다. 이러한 예인망 조업은 1978년 중단되었다.

마을에는 코리브강을 가로지르는 보가 있고, 그 가운데 물고기가 지나다니는 커다란 통로인 여왕의 구멍Queen's gap이 있다. 이 보는 12~13세기까지 거슬러 올라가 2~8월에 가동했지만 정부가 20세기 말 폐쇄했다. 아일랜드 정부는 보에 내주던 인가를 폐지하고, 3000만 유로에 해당하는 지원금을 조성해 어획량에 따라 각 어부에게 지불했다. 이것은 자발적이지는 않지만 일종의 매수 형태였다. 지금도 상업적 그물 어업이 약간 존재해서 시즌당 연어 8000~9000마리를 잡는다.

골웨이에 있는 코리브강에서는 한 번에 여섯 명만 플라이 낚시를 할 수 있는데, 스포츠 낚시인들은 이 짧은 강에서 연간 900여 마리의 연어를 잡는다. 북대서양의 나머지 지역과 마찬가지로 아일랜드가 직면한 최대 문제는 해양 생존이다. 2000년 이전에는 바다로 나간 스몰트의 15퍼센트가 산란하려고 강으로 돌아왔다. 하지만 그때 이후로 그 수가 감소하면서 2015년까지 5퍼센트로 감소했다. 2015년 이후 개선의 징후가 있는 것처럼 보이지만 확실하지는 않다. 가간은 이렇게 설명했다. "우리가 금어기를 갖고, 서식지를 개선하고, 낚시를 통제하는 등 가능한 모든 조치를 취할 수는 있겠죠. 하지만 연어가 바다로 나가고 나면 그때부터는 신의 손에 맡길 수밖에 없습니다."

21세기 들어서서 첫 10년이 끝날 무렵 유럽에서 가장 유명하고 오래전에 죽은 일부 연어 강에 희망의 가녀린 빛줄기가 비쳤다. 트위드강이 시험대였으며 오염이 제거되면서 다른 영국 강들에도 연어가 돌아오기 시작했다. 저명한 보수주의자인 마이클 헤슬타인Michael Heseltine은 리버풀 공해의 유명한 본산지인 머지강을 가리켜 **환경이 문명사회에 요구해야 하는 기준에 대한 모욕**이라고 선언했다. 머지강의 수질이 극적으로 개선되면서 바다표범과 돌고래뿐 아니라 물고기도 돌아오고 있다. 머지강에 출현한 연어는 옛날 머지강 태생 연어가 아니라 다른 곳에서 길을 잃고 지금 매력적인 조건을 갖춘 강으로 흘러 들어온 다른 종이다. 따라서 회유했다고는 말할 수 없지만 어쨌거나 연어가 강에 모습을 드러내고 있다. 이렇게 새로 유입되는 연어들은 아마도 잡종일 테고, 최종적으로는 머지강으로 회유하는 연어 개체군이 될 것이다. 2011년 연어가 다시 처음으로 모습을 드러낸 템스강에서도 비슷한 현상이 발생하고 있다.

영국 정부는 강에 댐을 건설하는 계획을 축소하고 싶어 하지만 여전히 수력발전을 에너지 계획의 일부로 추진 중이다. 그러면서 새로운 수력발전 사업 신청서를 매년 30~40건씩 받는다.[15]

라인강에 물고기를 복원하는 프로그램은 스위스·독일·프랑스에서 시작했고, 연어는 1990년 회유하기 시작해 그 수가 점점 늘어나고 있다.[16] 하지만 연어가 접근할 수 있는 강은 전체 강의

5분의 1 정도에 불과하다. 주요 지류의 하나인 모젤강은 여전히 댐으로 완전히 막혀 있다.

2018년 네덜란드는 스몰트가 바다에 들어갈 수 있도록 수문을 열기 시작했다. 또 라인강에 건설한 수많은 댐에 물고기 통로를 만든다. 하지만 가장 중요한 변화는 이제 연어가 살 수 있을 만큼 강이 깨끗해졌다는 것이다.

연어에 얽힌 슬픈 이야기에서 가장 마음 아픈 것은 내 고향을 관통해 흐르는 코네티컷강에 얽힌 사연이다. 어릴 적 기억조차도 1725년 주지사 로저 울컷Roger Wolcott이 코네티컷에서 첫 시집을 발표하며 묘사한 강의 모습과 완전히 다르다.[17]

강물은 산뜻하고 달콤하고, 여기서 헤엄치는 사람은
지친 몸뚱이를 회복하고 충전한다.
어부는 후릿그물, 항아리그물, 낚싯바늘, 삼중자망으로
즐겁게 물고기를 잡는다.
그물 안에서 연어, 철갑상어, 게, 뱀장어가 헤엄친다.
위에는 두루미, 거위, 오리, 왜가리, 쇠오리가 운다.
즐거움에 젖은 백조는 날갯짓하며
살아 있는 오랫동안 자주 찬가를 노래한다.

뉴잉글랜드에서 가장 크고 중요한 강인 코네티컷강에는 한때 북아메리카에서 대서양연어가 가장 많이 회유해서 식민지 시대 동안 연간 5만 마리가 찾아온 것으로 추정한다.[18] 하지만 코네티컷강 연어는 사람들의 기억에서 사라졌다. 뉴잉글랜드 해역에는 대구와 해덕, 메를루사, 넙치, 도다리, 황새치, 블루피시, 줄농어, 참치, 청어 등 다양한 어종이 풍부하게 서식한다. 물론 연어도 빠지지 않는다. 내가 자랄 때 연어는 수산 시장에도 없었고, 뉴잉글랜드 음식을 전문으로 선보이는 레스토랑에도 없었다. 코네티컷강 연어가 한때 뉴잉글랜드의 특산품이었다는 사실은 오래전에 잊혔다.

1990년대 연어가 시장과 레스토랑에 나타나기 시작했을 무렵 사람들은 코네티컷강을 어떻게 복원했는지에 관해 말했다. 시장에 등장한 것은 양식 연어였으므로 이것은 부질없는 일이었지만 어쨌거나 강의 복구에 대한 진지한 대화를 끌어냈다. 이 시점에서 대중의 관심에서 벗어나 있던 과학자들은 거의 30년 동안 작은 희망을 키웠다. 1967년 강에는 양어장 연어들이 수천 마리 있었다. 그중 많은 연어가 죽었고, 바다에 나갈 수 있었던 연어는 단 한 마리도 강으로 돌아오지 않았다.[19]

부화 기술이 향상하면서 과학자들은 메인주의 페놉스코트강처럼 더 가까운 강에서 구한 알을 사용하기 시작했다. 이때 알의 개체군은 달랐지만 과학자들이 그동안 사용했던 캐나다산 알보다 코네티컷강에 있던 원조 개체군의 알에 더 가까웠다. 1974년 성적으로 성숙한 첫 연어가 코네티컷강으로 돌아왔다고 기록되었다. 다음 10년 동안 연어는 매년 회유했다. 기록에 따르면 강으로 회유한 연어는 모두 977마리였고, 가장 좋은 성과를 거뒀던 1981년에는 529마리가 회유했다.[20] 이렇게 강으로 돌아온 연어는 대개 양식산이었고, 프라이와 스몰트를 수백만 마리 방류해서 수백 마리만 돌아오더라도 성과가 좋은 해라는 말을 들었다.

1990년대 초 연어의 회유는 건강하다고 말하기에는 여전히 미흡했지만 개체군은 늘어났고, 과학자들은 코네티컷강이 "기적적으로 회복했다"라고 언급했다. 하지만 21세기 초 코네티컷강은 아일랜드, 스코틀랜드, 노르웨이 소재의 강과 마찬가지로 낮은 해양 회유율이라는 문제를 겪었다.

하지만 코네티컷강은 회유하는 연어의 수가 워낙 적었으므로 유럽의 강들보다 문제가 훨씬 심각했다. 게다가 조지 W. 부시 George Walker Bush 행정부가 미국 어류 및 야생동물관리국에 책정하는 예산을 삭감하면서 자금 부족 현상이 악화했다. 코네티컷강으로 회유한 연어의 수는 2001년 40마리에 불과했고, 다음 해에는 단 44마리였다. 이러한 실정에 직면한 미국 어류 및 야생동물관리국은 예산이 축소된 상태에서 코네티컷강을 복구하는 데 연간 200만 달러를 지출하는 것이 과연 타당한지 의문을 제기하기 시작했다.

2012년 코네티컷강으로 회유한 연어는 54마리뿐이었고, 미국 어류 및 야생동물관리국은 강 복구 프로그램에서 손을 뗐다.[21] 뉴햄프셔, 버몬트, 매사추세츠도 연방 예산을 지원받지 못하면서 해당 프로그램을 포기했다. 코네티컷만 프로그램을 유지했지만 많은 목표를 달성할 만큼 예산이 충분하지는 못했다.

고전주의자들이 알다시피 영웅을 만들어내는 것은 비극이다. 연어가 영웅으로 묘사된다면 아마도 부분적으로는 연어가 불굴의 끈기를 발휘하기 때문일 것이다. 2015년 생물학자들은 코네티컷강 지류인 파밍턴강 하류에서 연어 다섯 마리를 발견했다. 그 후에 부화할 준비를 갖춘 알이 있는 자갈 산란지를 발견했다. 양어장 DNA를 가진 것이 틀림없지만 이것은 두 세기 만에 코네티컷에서 발견된 최초의 야생 연어알이었다. 정부는 코네티컷강을 복구하기 위해 2억 달러 이상을 썼지만 사실상 성과는 거의 없었다. 정부 지원을 받지 않고 연어 개체수를 늘리는 것이 가능하기는 할까? 다시 한 번 양어장의 효율성을 둘러싸고 의문이 제기됐다.

1849년 소로는 메리맥강이 거의 죽었다고 선언했다. 돌이켜 생각하면 뉴햄프셔주 어업과 수렵 부처가 메리맥강의 복원가능성을 타진하기 위해 초기에 연구를 실시하고 발표한 결과는 지나치게 낙관적이었던 것 같다. 5년 후 매사추세츠 어업과 수렵 부처는 매사추세츠주에 있는 메리맥강에 연어가 남아 있지 않으며, 수온이 지나치게 높아서 생존할 수 없다는 결론을 내렸다.[22] 그러나 1년 후 뉴햄프셔와 매사추세츠의 어업과 수렵 부처와 국립해양수산국의 북동부 지부는 메리맥강을 복구하기 위해 협력하기로 합의했다.

1975년 초 어린 연어를 강에 방류하기 시작해서 1980년까지 거의 80만 마리에 이르는 프라이와 파, 스몰트를 방류했다. 1982년부터 1989년까지 성체 연어 856마리가 강으로 돌아왔다. 또 돌아오려고 시도했던 연어의 절반가량은 그린란드 서부와 캐나다를 포함해 바다에서 여전히 조업 중인 어부들에게 잡혔다. 강으로 돌아온 연어는 대부분 양어장에서 사용할 알을 제공하는 용도로 쓰였다. 처음에는 소규모 레저 낚시가 허용되면서 스포츠 낚시인들은 1982년부터 1984년까지 연어 41마리를 잡았다. 하지만 이러한 정책은 지속 가능해 보이지 않았으므로 스포츠 낚시에 무거운 규제가 적용되었다.

1990년에는 전반적인 낙관론이 퍼져 있었다. 강 청어와 섀드 등 다른 소하성 어종을 복구하기 위한 프로그램이 얼마간 성공을 거뒀지만, 바다에서 좀 더 엄격한 생애 주기를 보내는 연어의 회유 수는 감소하기 시작했다. 2005년 메리맥강으로 회유한 연어의 수는 34마리에 불과했다. 2006년에는 여섯 마리가 돌아왔고, 다음 해에는 다섯 마리, 2018년에는 열 마리가 돌아왔다. 2013년 접어들면서 프로그램은 중단됐고, 기후 변화가 실패의 주요 원인으로 꼽혔다.[23]

뉴잉글랜드 연어를 구하기 위한 마지막 희망의 하나는 페놉스코트강이었다. 메인주에서 두 번째로 큰 강인 페놉스코트강은 노스우즈에서 시작해 메인주 중심지를 통과하고 페놉스코트만까지 흐른다. 오염을 정화하고, 일부 댐을 제거하고, 양어장을 사용하자 페놉스코트강에 연어가 다시 찾아오기 시작했다.

페놉스코트강은 오랫동안 뉴잉글랜드 최고의 연어 자원지로 여겨졌다. 일찍이 1864년부터 사람들은 쇠락해가는 다른 뉴잉글랜드 강들을 복원하기 위해 페놉스코트 암컷 연어에게서 알을 짜냈다.[24] 오염, 특히 목재 공장의 톱밥과 제지 공장에서 나오는 다이옥신이 물속에 있는 산소를 파괴했다. 19세기 말 페놉스코트강이 파괴되면서 조류와 물고기의 생존에 반드시 필요한 수생곤충, 메인만에 서식하는 해저 물고기는 물론 철갑상어와 줄농어 같은 이동성 어류와 연어에 영향을 미쳤다.

페놉스코트강에는 페놉스코트족이 1만 년 이상 살고 있었지만, 부족이 조약으로 보장받은 문화와 활동을 추구할 수 있을 만큼의 연어도 남지 않았다.

2004년 미국 국립과학아카데미는 연구를 실시하고 나서 강을 막고 있는 댐의 수를 감안할 때 페놉스코트강을 복구하는 것은 불가능하다는 의견을 내놓았다.[25]

페놉스코트강 복구 프로젝트는 메인주의 전기 출력량을 유지하면서 댐을 철거한다는 목표에 맞춰 설립됐다. 이 프로젝트는 공적, 사적 관심을 특이하게 조합한 예다. 주요 협력자는 일곱 개의 환경 단체, 수력발전 기업, 연방과 주 정부, 부족 정부 등이다.

뉴잉글랜드의 여러 댐에서 전력을 공급받았던 공장들은 이미 가동을 멈췄다. 코네티컷주만 하더라도 이렇게 사용되지 않는 댐이 4000개에 이른다.[26] 이러한 댐은 철거하는 편이 바람직하지만 철거 비용이 엄청나게 비싼 것이 문제다. 먼저 댐을 매입하는 등의 방법을 써서 어쨌거나 소유권을 획득해야 하는데, 19세기에 지어진 일부 민간 댐의 경우에는 그리 획득하는 것이 간단하지 않다.

메인주가 댐 철거 작업을 시작한 곳은 페놉스코트강이 아니었다. 1837년 이후 케네벡강을 막고 있던 에드워즈댐을 1999년 먼저 철거했다. 에드워즈댐은 원래 공장들에 전력을 공급하기 위해 건설되었지만 공장들은 없어진 후였고, 케네벡강에서 연어, 섀드, 에일와이프를 사라지게 하는 결과를 초래했다. 심지어 댐이 건설될 당시에 지역 주민들이 댐을 세우면 물고기가 사라진다며 항의했지만 당시에는 제재소와 제분소를 발달시키는 것이 더 중요하다고 여겨졌다.[27] 나중에 방직 공장을 가동하면서 일자리 800개가 생겨났지만 1980년대 말이 되자 댐은 무용지물로 바뀌었다.

댐을 철거한 후에 내무부 장관인 브루스 배빗Bruce Babbitt은 이렇게 말했다. "오늘 우리는 펜의 힘으로 몇 가지 신화를 무너뜨렸습니다. 신화는 바로 수력발전 댐은 깨끗하고 오염이 없는 에너지를 공급한다는 것, 수력발전은 우리가 사용하는 전기의 주요 공급원이라는 것, 댐은 피라미드만큼 오래 지속되어야 한다는 것, 댐을 어업 친화적으로 건설하려면 비용과 시간이 많이 든다는 것이었습니다."

해당 프로젝트는 2012년 그레이트웍스댐을, 다음 해에는 베아지댐을 성공적으로 인수해 철거했다. 두 댐은 페놉스코트강의 하구에 가장 가까이 있는 장애물들이었다. 상당한 면적의 강 서식지를 연어가 접근할 수 있도록 조성하는 작업도 진행했다. 다음 댐인 밀포드댐을 헤엄쳐 통과할 수 있도록 승강장을 건설하면서 물고기는 하울랜드댐에 가로막힐 때까지 40마일(약 64킬로미터)을 헤엄쳐갈 수 있게 되었다. 해당 프로젝트는 하울랜드댐도 철거하고 싶어 했지만 자금을 충분히 모금할 수 없었으므로 대신 강둑을 파서 물고기가 댐을 돌아 헤엄칠 수 있는 수로를 만들었다. 이것은 댐을 철거하는 것만큼 이상적인 해결책은 아니다. 강물의 흐름이 바뀔 때마다 예측하지 못한 결과가 발생할 위험이 따르기 때문이다. 하지만 단기적으로는 효과가 있어 보였다.

오염되었다가 정화된 다른 장소 여러 곳과 마찬가지로 댐을 철거한 곳에는 다이옥신, 중금속, PCB가 잔류한다. 많은 페놉스코트 사람들은 전통적인 어업이 복구되었더라도 페놉스코트 물고기를 먹지 말라고 조언한다.[28] 1982년 있었던 일로 미루어 짐작하면 백악관은 이 문제를 인식하지 못했던 것 같다. 수십 년 만에 처음으로 시즌 동안 잡힌 페놉스코트 연어가 백악관으로 보내져 레이건 대통령의 식탁에 올랐기 때문이다. 레이건이 집권하던 시기에 백악관은 일반적으로 환경문제에 민감하지 않았다.

페놉스코트강으로 돌아오는 대서양연어는 매년 1000여 마리에 이르러서 여러 해 동안 다른 어느 미국 강보다 회유 규모가 크다. 하지만 이러한 사실은 새로운 관점에서 고찰해야 한다. 성과이기는 하지만, 페놉스코트강만 한 크기의 건강한 강에 마땅한 회유 규모를 고려한다면 여전히 미흡하며, 산업화 이전에 있었던 회유 규모에는 훨씬 미치지 못한다. 상업적 어업을 뒷받침하기에도 충분하지 않을 뿐더러 취미로 잡은 후에 놓아주는 용도로도 부족하다.

하지만 이것이 시작이다.

만약 뉴잉글랜드 플라이 낚시인이 이 지역 토착종인 대서양연어를 잡고 싶다 치자. 낚시를 할 수 있는 가장 가까운 지역은 아마도 캐나다 연해주와 퀘벡, 뉴펀들랜드, 래브라도일 것이다. 산업화 정도가 더 작고 인구가 더 적어서 전기 사용량이 더 적은 이러한 지역들에서 연어 개체수는 감소하기는 했지만 사라지지 않았다.

캐나다 동부에 있는 1000개 이상의 강에는 대서양연어가 여전히 돌아온다.[29] 2000년 이후로 회유하는 대서양연어를 어획하는 상업적 어업이 금지됐다. 또 470개의 강에는 **보존 한도**가 설정됐다. 과학자들이 종의 지속 가능성을 보장하기에 필요한 산란 물고기 수를 계산하고, 일단 그 수를 넘기면 플라이 낚시인에게 강을 개방한다는 뜻이다. 대개는 연어를 잡은 후에 놓아주어야 하지만, 한도를 쉽게 달성할 수 있는 퀘벡은 예외다. 물고기 어획량은 시즌별로, 일별로 제한이 있다. 예를 들어 래브라도강에서는 연어 세 마리를 잡을 수 있고 그 후에는 모든 낚시를 중단해야 한다. 강에서 잡은 연어를 판매하는 행위도 엄격하게 금지된다.

캐나다 원주민인 퍼스트네이션은 어획량 제한 대상에서 제외된다. 그들도 연어를 판매하는 것은 금지되지만 조약 조건에 따라 먹기 위해 잡는 것은 허용된다.

상업적 어업이 사라지면 캐나다 대서양연어는 살아남을지 모른다. 캐나다 연어가 산란하려고 강으로 회유하는 수는 현저하게 많아서 전체의 약 11퍼센트로 추정되며 뉴잉글랜드강보다 훨씬 크다.[30] 회유 규모가 최대일 때 뉴브런즈윅의 미러미시강에서는 연어의 거의 3분의 1이 산란한 후에도 살아남아 다시 산란하기 위해 돌아온다.

13장

태평양을 위한 발라드

모든 최종적인 결정은

영속하지 못할 마음 상태에서 내려진다.

_마르셀 프루스트

아이작 스티븐스는 19세기 중반 아메리카 원주민을 조약으로 능숙하게 구속했다. 그는 자신이 결코 주권을 인정하지 않았던 원주민 국가들과 조약을 체결하는 과정에서 본인 스스로도 집행할 수 없다고 생각하는 보장 사항을 삽입함으로써 문서에 정통성을 부여하는 척 가장했다. 조약에 따르면 원주민은 빼앗긴 땅에 접근할 권리를 행사할 것이다. 따라서 더 이상 강둑을 지배하지는 않지만, 자신들이 전통적으로 다스리던 수역에서 물고기를 잡을 권리와 때로는 연어에 대해 일정 몫을 주장할 권리까지도 행사할 것이다.

하지만 이것은 문서에 기록된 문구에 불과했다. 아메리카 원주민이 살고 있는 땅을 통제하고 심지어 소유하는 권리까지 획득한 유럽계 미국인들에게는 애당초 원주민에게 땅에 접근할 권리를 허용할 의향도 물고기를 잡게 놔둘 의향도 없었다. 이것은 아메리카 원주민들이 맨해튼을 떠나지 않는 이유를 네덜란드인들이 궁금해하던 상황의 재현이었다.

보호구역을 떠난 일부 아메리카 원주민들은 자신들의 권리를 주장하기 위해 무기를 들었지만 뜻을 이루지 못했다. 조지프 추장이 총을 내려놓고 "더 이상 싸우지 않겠다"라고 맹세하는 순간 원주민들은 조약을 맺을 때 자신들이 보장받았던 권리를 주장할 수단을 잃었다. 하지만 20세기 들어서면서 새로운 무기, 즉 법원이 등장했다.

유럽계 미국인들은 아메리카 원주민들에게 백인의 법을 발 빠르게 가르쳤다. 1870년대 변호사들은 이미 원주민들에게 양도된 것처럼 보이는 땅을 훨씬 많이 차지하기 위해서 조약의 허점을 성공적으로 찾아냈다. 원래 조약에 따르면 원주민은 컬럼비아강에서 **평소 물고기를 잡던 익숙한 장소**에 접근할 권리를 보장받았다. 하지만 20세기 댐 건설 프로젝트를 실시하면서 셀릴로 폭포, 그랜드쿨리댐 때문에 범람했던 워싱턴주 소재 콜빌인디언 보호구역의 일부 지역 등 어업 지역을 폐쇄했다. 원주민들은 금전적인 보상을 받았고, 원래 조약의 전통에 따라 거래 조건을 받아들이거나 아니면 아무것도 얻을 수 없었다. 주 정부와 연방 정부는 태평양 북서부에 경제 발전을 달성할 계획을 세우고 원주민이 걸림돌로 작용하지 않게 할 작정이었다.

원주민 지도자들은 자신들에게 가해진 운명을 받아들이지 않고 강력하게 저항했다. 셀릴로폭포의 지도자인 와이암스족 톰슨은 자신이 태어난 1855년 체결된 왈라왈라조약을 단어 하나까지 속속들이 이해하고, 셀릴로폭포를 범람시킨 달레스댐에 반대해 10년 동안 투쟁했다. 하지만 사망하기 2년 전인 102세에 결국 폭포가 물에 잠기는 광경을 보고야 말았다.

원주민 어업이 직면한 문제는 컬럼비아강 연어가 줄어들면서 상당히 악화했다. 1880년대 정점에 도달했다가 줄어들기 시작한 어획량은 제1차 세계대전 동안 되살아났다가 그 후 꾸준히 감소했다.[2] 바다에서 남획이 횡행하고 댐을 건설한 것이 원인이었다. 하지만 이러한 활동을 축소할 수 없었던 강 관리자들은 강에서 행해지는 어업을 줄이려 노력했다. 그러자 아메리카 원주민들이 강에서 물고기를 잡는 것이 큰 문제라는 주장이 나왔다. 이것은 원주민들이 조약에 따라 자신들에게 어업권이 있다고 믿고 있는 어장을 폐쇄하겠다는 뜻이었다.

아메리카 원주민들은 조약에서 **평소에 물고기를 잡던 익숙한 장소**에서 연어를 잡을 수 있다는 조항을 인용하면서 정부의 법령을 무시했다.

1950년 워싱턴주 수산부는 마카족이 그물을 사용해 물고기를 잡는 호코강을 폐쇄했다. 하지만 원주민이 떠나자 스포츠 낚시인들에게 강을 개방했다.[3] 캐나다에서 태평양 쪽에 있는 후안데푸카해협 옆에 거주하던 마카족은 소송을 제기했고, 제9순회항소법원은 마카족에게 최초의 법정 승리를 안겼다.

하지만 주 정부는 아메리카 원주민들이 남획을 하고, 연어 회유를 합리적으로 관리하지 못하도록 위협한다고 주장하면서 전통적인 연어 어장을 계속 폐쇄해나갔다. 원주민들이 거두는 어획량이 전체의 6퍼센트에 불과하고, 스포츠 낚시인들이 거두는 어획량의 절반인 동시에 백인의 상업적 어업이 거두는 어획량보다 훨씬 적은데도 그렇게 주장했다. 주 정부는 비율이 낮은 것은 인정했지만 원주민들이 조업하는 지역을 찾는 연어 중에서 산란기 연어의 비율이 높다고 주장했다. 조약에서 원주민에게 부여한 어업권을 1966년 하급법원이 거부하면서 이 문제는 전국적인 반향을 일으켰다. 코미디언 딕 그레고리Dick Gregory와 영화배우 말런 브랜도Marlon Brando가 원주민들과 낚시를 하다가 체포되었다. 워싱턴주에서 상황은 점점 악화했고, 때로 폭력을 불사하며 양쪽 모두 물러서지 않았다.

결국 논란을 종식할 판결을 내릴 책임은 닉슨 대통령이 임명한 보수 성향 판사인 연방 법원의 조지 볼트George Boldt에게 돌아갔다. 볼트는 3년 동안 증언을 듣고 보고서를 읽었고, 심지어 인류학과 생물학 등 해당 지역에 관련된 다양한 주제의 연구를 의뢰하기까지 했다.

1974년 2월 12일 유명한 **볼트 판결**이 내려졌다. 볼트는 원주민이 **규제를 받지 않는** 어업을 실시해서 연어 수를 감소했다는 주 정부의 주장을 기각했다. 볼트는 판결문에 다음과 같이 적었다.[4]

3년 동안 재판에 대비해 철저하게 준비했는데도 어업 부서도 수렵 부서도 원고인 부족에 속한다고 명확하게 밝혀진 구성원이 보호조약에서 벗어난 권리를 행사해 어떤 종의 연어에게 어떤 식으로든 해를 끼쳤다는 신뢰성 있는 증거를 과거에도 최근에도 발견하지도 제시하지도 못했다.

볼트는 이러한 증거가 전혀 없다는 사실이 놀랍다고까지 말했다. 그러면서 **평소에 물고기를 잡던 익숙한 장소**에 접근하는 것을 보장한 조약 문구에 주목했다. 조약에 따르면 원주민은 비원주민과 **공동으로** 해당 장소에 대해 권리를 갖는다. **공동으로**라는 구절의 어원을 주의 깊게 검토한 볼트는 양측이 동일한 권리를 지닌 공동 관리자라는 뜻이라고 결론을 내렸다.

볼트 판결은 태평양 북서부 연어를 둘러싸고 형성된 원주민과 유럽계 미국인의 관계를 완전히 바꿨다. 초기 저항은 상당히 컸다. 워싱턴주는 판결을 시행하지 않겠다고 반발했다. 퓨젓사운드의 상업적 어장은 협력하지 않겠다고 나섰다. 경찰은 원주민 어부들을 체포하고 몽둥이로 구타하기까지 했다. 어쩔 수 없이 볼트가 어장 관리를 맡아야 했다. 하지만 이제 전례가 생겼으므로 법원은 원주민들의 어업권을 뒷받침하기 시작했다.

1980년 아이다호주가 래피드강에서 어업을 금지하자 네즈퍼스족이 주 정부의 명령을 무시하고 계속 물고기를 잡다가 총격전이 벌어질 뻔했다. 네즈퍼스족 어부를 향해 공중으로 몇 발이 발사됐다. 그런데도 어부들은 계속 물고기를 잡았고, 결국 1981년 벌어진 싸움으로 80명이 체포됐다. 네즈퍼스족은 조약에 따른 자신들의 어업권을 주장하면서 32차례 소송을 걸었다. 최종적으로 모든 사건은 아이다호주 법원의 조지 라인하트George Reinhardt

판사에게 배정됐다. 라인하트는 1855년 체결한 조약에 따라서 주 정부는 부족과 상의하지 않고 강을 폐쇄할 수 없다는 판결을 내리면서 네즈퍼스족에 관한 모든 협의를 기각했다.

역사학자들에 따르면 유럽인들이 도착하기 전에 룸미족은 태평양 북서부에서도 가장 생산적인 어장에서 특유의 암초그물을 사용해 조업했다.[6] 룸미족은 그물과 닻을 매년 다시 만들었는데, 이것은 가족과 부족 전체의 일이었다. 암초그물에 관한 통계 중에서 가장 오래되고 정확한 것은 19세기 말에 측정한 값으로, 물고기가 많이 잡히는 날에는 1000마리 이상이 잡혔다고 한다. 연어와 조개를 잡았으므로 룸미족은 허기지는 법이 없었다. 그래서인지 룸미족이 사용하는 샐리시어에는 굶주림이라는 단어가 없다.

1855년 룸미족은 스티븐스가 가장 초기에 체결한 포인트엘리엇조약에 서명했다. 룸미족과 퓨젓사운드의 여타 부족들은 배정받은 보호구역에 너무 실망해서 전쟁을 일으켰다. 미국 정부가 조약을 비준하자 룸미족은 어장을 잃고 농지에 배정되어 농부들에게서 **문명화된 직업**인 농사를 배워야 했다. 하지만 많은 룸미족은 농사를 짓지 않고 물고기를 잡겠다며 퓨젓사운드로 돌아왔다.

19세기 말 어부들은 거대한 물고기 덫을 설치했다. 해저에 말뚝을 박고, 그 사이에 철망을 쳤다. 이러한 덫이 회유하는 연어 전체를 효과적으로 잡아들이는 바람에 룸미족이 쳐놓은 암초그물에 걸리는 연어는 거의 없었다. 룸미족의 전통적인 고향인 룸미섬에 세워진 거대한 통조림 공장은 암초그물로 물고기를 잡던 룸미족 실업자들을 고용하지 않고 값싼 중국인 노동력을 들여왔다. 1935년 물고기 덫이 금지되자 어부들은 암초그물을 사용하기 시작한 반면에 룸미족은 예인망과 자망을 사용했다.

1905년부터 계속해서 룸미족은 많은 북서부 부족과 마찬가지로 어업권을 되찾기 위해 거의 끊임없이 법정에 섰다.[7] 하지만 볼트 판결 때까지 거의 성과를 거두지 못했다.

몇 세대 동안 예인망과 자망을 사용해 조업해온 룸미족은 이제 암초그물로 되돌아가고 있다. 룸미족인 래리 킨리Larry Kinley는 과거 수백 년 동안 연어를 잡아온 집안에서 자랐다. 킨리의 아버지는 예인망 어부였고, 할아버지는 자망 어부였다. 킨리가 알고 있기로 집안에서 마지막 암초그물 어부는 6대조 할아버지였다. 예인망 어부인 킨리는 일흔 살에 암초그물로 물고기를 잡기 시작했다.

킨리는 "자망과 예인망이 훨씬 효율적입니다"라고 공공연하게 인정한다. 그렇다면 어째서 암초그물을 사용하고 싶어 할까?

"치유가 목적이죠"라고 그는 대답했다. 여기서 치유는 워싱턴주 정부와 연방 정부가 룸미족에게 행사한 잘못을 바로잡는다는 뜻이다. "그리고 젊은 사람들에게 지식을 전달하고 사회적 이익에 기여하기 위해서입니다." 암초그물 어업은 공동체가 함께 작업하는 매우 사회적인 형태의 어업이다.

또 환경운동가들도 동의하듯 킨리는 암초그물 어업이 **선택적 어획**을 할 수 있기 때문에 좀 더 지속 가능한 방식이라고 설명한다. 암초그물을 사용하면 상처를 입히지 않고 물고기를 잡고, 원하지 않는 물고기는 다시 놓아줄 수 있다. 홍연어가 회유할 때 잡히는 왕연어를 상처 없이 놓아주고, 곱사연어가 회유할 때 잡히는 홍연어도 다시 놓아줄 수 있다. 따라서 암초그물로 조업할 때는 의도하지 않게 부수적으로 잡히는 물고기가 없다.

또 암초그물은 회유하는 물고기가 소규모인 경우에 더 적합하다. 이때는 예인망이나 자망이 이상적이지 않다. 그물을 치느라 시간이 걸리고, 어획량이 적은 경우에도 거둬들였다가 다시 쳐야 하므로 여전히 시간이 필요하다. 하지만 암초그물은 몇 분이면 비우고 다시 칠 수 있으므로 가령 물고기를 다섯 마리만 잡았더라도 신속하게 다시 잡을 수 있다.

많은 룸미족 어부들의 말을 들어보면 암초그물 어업은 시대에 보조를 맞춘 기술이다. 킨리는 이렇게 설명했다. "기후 변화와 기타 문제를 감안할 때 저는 암초그물 어업이 미래라고 생각합니다." 단일 낚싯바늘이나 이중 낚싯바늘이 달린 낚싯줄처럼 과거에 사용했던 저효율 기술로 돌아가면 어업을 살릴 수 있다는 이러한 믿음이 세계 곳곳에 존재한다.

룸미족에 따르면 현재 연어의 회유 규모는 작아서 그들이 첫 조약에 서명했던 1855년 수준의 5퍼센트에 불과하다. 대부분의 북서부 원주민에게 들어보면 1855년을 기점으로 모든 것이 쇠퇴하기 시작했다.

원조 암초그물은 카누 두 척과 그 사이에 움직이는 그물을 쳐서 만들었다. 거머리말eel grass 를 닮은 녹색 무늬 줄을 그물에 연결한다. 홍연어는 풀이 많은 물에서 헤엄치기를 좋아하므로 어부들은 홍연어가 그물 위를 지나갈 때 재빨리 끌어올린다.

2015년 룸미족은 전통적인 카누를 움직여 암초그물 어업을 시작했다. 그들은 구전되어 오는 역사에 따라 부족의 전통적인 어업 방식을 재현하려고 노력했지만 세부 사항을 살리지는 못했다. 카누를 틀린 방향으로 놓았고, 결과적으로 물고기를 잡지 못했다. 그러다가 2016년 현대적인 바지선으로 어업 방식을 바꾸면서 효과를 보기 시작해 더욱 먼 바다에서 조업할 수 있게 되었다.

바지선에는 높은 탑이 있어서 감시인이 아래를 내려다보며 가장 많은 물고기가 그물 위를 헤엄쳐 지나가는 정확한 순간을 포착할 수 있다. 룸미족은 더 큰 그물을 기계로 제작해 사용하기 시작했고, 초기에 암초그물을 만들기 위해 풀을 엮은 줄을 18인치(약 46센티미터)짜리 길쭉한 푸른색이나 녹색 플라스틱 조각으로 대체했다. 이것은 산란장으로 가는 동안 통과하는 거머리말처럼 생겼으므로 물고기는 암초그물을 지나 헤엄치다가 걸려든다. 그러면 태양열로 가동하는 크랭크가 그물을 끌어당긴다. 성과가 좋은 날에는 선원 네 명이 홍연어 300~400마리를 잡을 수 있다.

룸미족은 오랫동안 버려졌던 어업 기술을 여전히 완성하지 못했다. 커다란 물고기 한 마리가 그물 위를 헤엄치는 광경을 보

북반부 해변에 널리 분포하는 해초 중의 하나.

고 어부들이 흥분해서 그물을 끌어당기자 물고기가 공중으로 높이 뛰어오르며 퍼덕였다. 룸미족 청년 하나가 바지선에서 물고기를 따라 뛰면서 마치 미식축구의 와이드 리시버처럼 어깨 너머로 물고기를 잡았다. 룸미족들은 여전히 물고기 잡는 방법을 배우고 있었다.

룸미족은 고품질 물고기를 잡는다는 평판을 들으려 노력하고 있다. 몇몇 사람이 갓 잡은 연어에서 피를 뽑기 시작했는데, 이것은 지금 일반적인 관행이다. 암초그물을 사용하는 어부는 과거보다 훨씬 줄었지만, 얼음과 사혈 등 현대적인 아이디어를 적용하면서 잡은 물고기의 질은 훨씬 좋아졌다.

태평양에서 돌아온 이 연어들은 캐나다에 있는 프레이저강에서 산란하려고 이동하는 중이다. 따라서 이 연어들은 법적으로 캐나다 소유다.

룸미족은 캐나다가 생기기 수천 년 전부터 이 연어 개체군을 잡아왔지만 지금은 국유라는 점이 문제다. 연어는 산란하는 강에 귀속한다는 것이 원칙으로 정해졌기 때문이다. 그래서 아일랜드 그물 어부들이 프랑스 연어를 잡고, 그린란드에서 덴마크 그물 어부들이 영국 연어를 잡으면서 갈등을 빚는 것이다. 캐나다는 브리티시컬럼비아에서 가장 유명하고 가치 있는 프레이저강 홍연어를 미국이 낚아가기를 원하지 않는다.

1970년대 이후 캐나다는 미국인에게 허용하는 프레이저강 물고기 비율을 축소하고 있다. 연어위원회는 프레이저강에서 바다로 나가는 스몰트의 수를 수중 음파 탐지기로 세고, 회유하는 연어의 수도 센 후에 허용 어획량을 20퍼센트로 추산한다. 미국과 캐나다의 어획량을 포함해 매년 프레이저강으로 회유하는 홍연어의 수는 모두 250만 마리다.

1970년대 에너지 위기를 겪기 전에 태평양 북서부 지역의 1인당 전력 소비량은 전국 평균의 세 배였다.[8] 이 에너지는 대개 수력발전에서 나온다. 오늘날 전 세계 기술이 컬럼비아강을 먹고 사는 셈이다. 아마존, 구글, 마이크로소프트가 연어에게서 강물을 빼앗아 게걸스럽게 집어삼킨다. 에너지에 굶주린 서버를 갖춘 거대한 에어컨 가동 공간이 이메일을 옮기고, 휴대전화에 전원을 공급하고, 인터넷을 제공한다.[9] 나는 컴퓨터로 이 책의 원고를 쓰면서도 멀찌감치 떨어진 컬럼비아강의 물을 사용하고 있는 것일지도 모른다.

자망 어업을 하는 스위노미시족과 어퍼스카짓족은 베이커강에 있는 댐을 철거할 수 없으므로 물고기를 구할 대안을 찾았다.[10] 검붉은 고기와 흰색 줄무늬 지방이 있는 뱃살로 유명한 베이커강 홍연어는 세계 최고급으로 꼽힌다. 이 물고기는 베이커산 빙하가 원천인 600피트(약 183미터) 수심의 호수에 알을 낳는다. 하지만 퓨젓사운드 지역으로 회유하는 마지막 야생 워싱턴 홍연어의 수는 강에 서 있는 수력발전 댐을 통과하지 못하면서 서서히 줄었다.

2000년까지 물고기가 98마리만 남자 부족들이 대책을 강구하기로 결정했다. 그래서 댐 아래에서 버둥거리고 있는 물고기를 잡아서 베이커호수까지 트럭으로 운반해 자연 산란을 유도했다. 프라이가 바다에 나갈 수 있는 스몰트까지 자라면 다시 트럭에 실어 댐 아래로 옮겼다. 이러한 방법을 썼는데도 연어를 충분히 살려내지 못하자 양어장을 시작했다. 2016년 베이커호수에 있는 홍연어는 5만 6000마리였다. 부족은 물고기가 12만 마리에 이르면 중요한 수입원이 되리라 추정한다.

트럭 운반은 연어를 댐을 통과시키기 위해 시도한 몇 가지 아이디어 중 하나다. 또 **물고기 대포**fish cannon라는 대형 고압 호스 장치로 물고기를 댐 위로 쏘아 올렸다. 물고기 통로와 물고기 사다리 같은 새로운 해결 방법도 애당초 장애물을 설치하지 않는 것보다 효과적이지 않은 것은 분명하다.

태평양 북서부와 대부분의 연어 세계에서는 댐에 반드시 물고기 통로를 설치해야 한다는 법을 시행하고 있다. 물고기 사다리는 회유하는 어른 연어도 돕지만 바다로 나가는 어린 연어에게 더 많이 필요하다. 30년 동안 과학자들은 어떻게 하면 댐을 좀 더 잘 통과하도록 어린 연어를 도울 수 있을지 연구해왔다. 물고기 통로의 설계는 최근 향상되고 있으며, 바위로 경사로를 만들거나, 페놉스코트강에서 했듯 통로를 파는 방식 등 자연 친화적인 방향으로 이루어지고 있다. 과학자들은 어린 연어가 수면 근처를 헤엄치고 싶어 하므로 댐 꼭대기의 방수로에서 탈출할 수 있다는 사실을 발견했다. 물론 물고기 사다리와 마찬가지로 물고기 통로를 지나는 어린 연어는 포식자들에게 노출된다. 방수로에서 기다리면 어린 연어가 나타난다는 것을 새, 물고기, 포유동물 등이 학습하기 때문이다.

1960년대 미 육군 공병대는 트럭과 바지선, 심지어 비행기까지 사용해 댐 주변에 있는 물고기를 수송하기 시작했다. 원래 이러한 접근법은 실험적인 방법으로만 생각되었으나 대중에게 인기를 끌면서 영구히 공병대 운영 예산으로 편성되었다. 오늘날 공병대는 댐 주위의 스몰트를 수송할 소형 함대를 보유하고 매년 3000만 마리에 이르는 어린 연어를 하류로 수송한다. 하지만 결과는 긍정적이지 않았다. 수송된 스몰트들은 바다에 도착하는 데 성공했지만 많은 수가 돌아오지 않는다. 바지선이나 트럭에 실려 바다에 갔던 스몰트들이 회유하는 비율은 자연적인 회유 비율보다 훨씬 낮다. 생존만이 아니라 회유도 문제다. 바지선으로 수송된 연어는 자신이 산란할 장소를 모르고 자주 길을 잃는 것 같다. 스네이크강에서 바지선으로 연어를 수송하는 방법은 물고기 개체군을 복구하는 데 실패했고, 트럭 운송과 양어장의 예측 불가능한 변화를 고려할 때 베이커호수 연어의 장기적인 전망은 불분명하다. 인간의 창의성은 자연 질서를 대체하기에 부적절한 것으로 계속 입증되고 있다.

재생에너지 산업이 발달하면서 화석연료를 연소시키거나

원자력에 의존하는 방법에 대한 유일한 대안이 수력발전이라는 주장은 설득력을 잃어가고 있다. 하지만 댐을 철거하는 방안은 설사 소유주가 동의하더라도 지역 주민에게 인기를 끌지 못한다.[12] 전기 요금이 인상되거나 지역 산업이 종식될까 봐 두려워하기 때문이다. 1994년 오리건수자원위원회는 댐을 대체하기 위해 관개용 펌프를 설치하는 비용이 물고기 사다리를 건설하는 비용보다 싸다는 사실을 깨달았다. 그래서 로그강의 새비지래피즈댐을 철거하는 안건을 표결에 부쳤다. 해당 위원회는 댐을 철거하는 안건에 두 차례 찬성했지만, 지역 시민의 압력을 받은 입법부가 매번 거부했다.

하지만 댐은 철거되고 있다. 강 보존 단체인 아메리칸리버스에 따르면 1999년 이후 450개 이상의 댐이 철거됐다. 2017년 한 해에만 댐 86개가 철거됐다. 이러한 댐은 대부분 연어가 회유하지 않는 강에 있지만, 소수는 연어가 회유하는 강에 세워졌다.

오리건주는 로그강 지류인 와그너크릭에 건설된 취수 댐인 비손로빈슨댐을 철거하면 어린 스틸헤드가 바다로 나가고, 산란하려고 돌아올 통로가 생기리라 예상한다. 또 코호강으로 향하는 연어 회유가 늘어나리라 희망한다.

또 로그강에 건설된 골드레이댐은 1904년에 세운 목조 구조물, 1914년에 지은 38피트(약 12미터) 높이의 콘크리트 구조물과 함께 2010년에 철거되었다. 골드레이댐은 수력발전용이지만

강이 흐르는 경로를 전부 또는 일부 바꿔서 물을 쉽게 끌어올 용도로 설치한 댐.

1972년에 송전망에서 분리되면서 효용성을 잃었다. 이 댐이 철거되자 333마일(약 536킬로미터) 길이의 산란장이 열렸다.

오리건주 컬럼비아강으로 흘러드는 후드강에 있는 파워데일댐이 2010년 철거됐다. 이 수력발전 댐은 1923년에 건설되었지만 효용성을 잃었고, 철거되면서 수 킬로미터 길이의 연어 통로가 열렸다.

2017년 7월에 역시 오리건주에서 15피트(약 4.6미터) 높이의 딜런댐이 철거됐다. 철거의 목표는 태평양칠성장어, 스틸헤드, 왕연어, 은연어에게 서식지를 개방하는 동시에 관개를 향상하는 것이다. 역시 소하성 어종인 태평양칠성장어는 멕시코에서 일본까지 분포하는 태평양 연안의 토착종이다. 특히 태평양 북서부에서 아메리카 원주민의 음식과 문화에 중요한 역할을 담당하는데, 부분적으로 댐 때문에 최근 개체수가 극적으로 감소하고 있다.

캘리포니아주 멘도치노카운티의 앨비언강은 1850년대 목재 산업이 가동한 이후 어려움을 겪고 있으며, 스틸헤드와 은연어가 통과할 수 있게 하려고 10피트(약 3미터) 높이의 글렌브룩협곡댐을 철거하고 나서 새로 희망이 생겼다.

2016년 4월 캘리포니아주와 오리건주의 주지사들, 내무부 장관, 국립해양대기청, 태평양전력은 클래머스강에 서 있는 수력발전 댐 네 개를 철거하기로 합의했다. 요즈음 체결되는 대부분의 댐 철거 협정이 그렇듯 조건은 복잡하다. 유틸리티 기업 처지에서는 현대식 물고기 통로 건설로 드는 비용과 의무를 피할 수 있다. 반면에 농부들과 목장주들에게 혜택을 제공해야 하고, 서식지 복구 사업도 구체적으로 명시해야 한다. 이 계획이 성공하면 한때 태평양 북서부에서 가장 위대했던 연어 강 하나를 복구할 수 있을 것이다.

가장 유명한 댐 철거 계획의 대상으로 워싱턴주 소재 엘화강을 들 수 있다. 올림픽산맥에서 시작해 워싱턴주와 캐나다 사이에 있는 후안데푸카해협으로 흘러드는 엘화강은 길이가 45마일(약 72킬로미터)에 지나지 않는다. 하지만 대부분 오염되지 않는 황야 지대를 흐르면서 지류가 여덟 개이고, 321마일(약 523킬로미터)짜리 분수령을 끼고 있으며, 한때 매년 왕연어 8000마리가 회유했다.[13] 또 홍연어와 백연어, 곱사연어, 은연어도 상당량 회유했다. 곱사연어는 연간 27만 5000마리 회유한 것으로 추정됐다. 강 하구 근처의 좁은 협곡을 가로질러 수력발전 댐이 세워진 1911년 이후 엘화강에는 종을 가리지 않고 연어가 모두 사라졌다. 엘화댐은 물고기 종류를 막론하고 회유를 가로막을 경우에는 적절한 통로를 만들어야 한다고 규정한 1890년 주 법규를 위반했다. 하지만 20세기로 넘어가면서 워싱턴주는 물고기를 보호하는 법을 자주 무시했고, 돈을 벌려는 기업가에게 방해가 되는 경우에는 특히 그랬다. 그러면서 이러한 행위를 경제 발전이라고 호도했다.

엘화댐은 물고기 통로를 건설하지 않은 상태로 1912년 완공됐다. 이 댐은 진정한 보존 조치를 회피한 특이 사례였고, 사라져가는 연어를 벌충한다는 명목으로 부화장을 건설하기 시작했다.

심지어 입법부는 물고기 통로를 대체하는 수단으로 부화장을 허용하도록 법을 개정했다. 하지만 부화장은 모두 실패했다.

다음에 건설된 글라인스캐니언댐도 물고기 통로를 만들지 않은 상태로 1925년 8마일(약 13킬로미터) 상류 지역에 완공됐다. 세련된 곡선을 뽐내는 이 댐은 잘 설계된 매력적인 공학 작품이라는 평가를 받았다. 엘화댐과 글라인스캐니언댐은 1만 5000가구에 전력을 공급할 수 있을 만큼 전기를 생산했다.[14] 하지만 올림픽반도에는 정부의 보호를 받는 국립공원 하나와 작은 관광도시인 포트앤젤레스만 있었으므로, 1992년 의회는 강을 복구하는 데 필요하다는 결론을 내린다면 두 댐을 인수해 철거해도 좋다는 의견을 내무부 장관에게 보냈다.

분명히 댐을 철거해야 했다. 하지만 의회 승인을 기점으로 시작한 논쟁은 거의 20년 동안 끊이지 않았다. 108피트(약 33미터) 높이의 콘크리트 댐인 엘화댐과 210피트(약 64미터) 높이의 글라인스캐니언댐처럼 전기를 생산하는 거대한 콘크리트 구조물을 철거하는 것은 법적, 정치적, 경제적으로 결코 작은 문제가 아니었다. 이처럼 커다란 댐을 철거한 선례가 없었다. 주요 반대자는 유일하게 댐을 사용하고 있던 제지 공장 한 곳이었다(또 클라룸족이 대대로 거주해온 땅에 세워서 해당 지역에 피해를 초래했던 목재 공장도 댐에서 만든 에너지를 사용했지만 가동을 중단했다). 이 지역은 이제 보너빌댐에서 대부분의 전력을 공급받는다.[15]

두 댐을 철거하는 데 필요한 3억 2500만 달러는 거의 20년이 지나 버락 오바마Barack Obama 대통령 임기 중에야 비로소 승인을 받았다. 하지만 이는 첫 단계에 불과했다. 댐이 만들어낸 저수지가 자갈밭을 파괴하고 강바닥을 침전물로 메웠기 때문이다. 사실 댐 철거 자체가 프로젝트 추진비용의 대부분을 차지하는 것은 아니었다. 댐 아래 강바닥을 연어가 산란하기에 적합하도록 재건해야 했다. 종국에는 클래머스댐 철거가 훨씬 큰 공사일 가능성이 있지만, 현재까지는 엘화댐 철거 공사가 미국 역사상 최대 규모다.

2011년 댐들을 철거하자 예전에 맑았던 물이 갈색 진흙탕으로 바뀌었다. 강에서 대량의 모래가 쏟아져 나오면서 확장된 해안선을 따라 휴양용 해변이 있는 삼각주를 형성했다.[16] 콘크리트 댐의 마지막 부분을 철거하고 몇 달이 지나자 한 세기 만에 처음으로 스틸헤드가 산란하기 위해 강으로 들어왔다. 그 후 왕연어, 은연어, 백연어가 들어왔다.[17]

문제는 복구 비용으로 책정된 3억 2500만 달러에 부화장 건축 비용이 포함되었다는 것이다.[18] 따라서 부화장이 강을 개선할지, 손상시킬지, 전혀 효과가 없을지를 둘러싸고 공방이 벌어졌다. 역사적으로 부화장은 대부분 효과가 없었다. 서식지가 복구되었지만 더 이상 산란하는 개체군이 없었던 몇 가지 사례에서 부화장은 연어를 회유시키는 데 성공했다. 머시강 같은 곳에서는 서식지가 일단 복원되자 길 잃고 헤매던 연어들이 다시 모여들었다. 서식지 복원이 성과를 거둔다면 부화장 건설은 자연 친화적이면서 장기적인 성공 전략이 될 것이다. 하지만 일부 사람들은 부화장이 너무 승산이 희박한 방법이라고 여기며 물고기를 사람 손으로 생산해낼 수 있다는 생각을 떨치지 못한다.

그리고 물론 다른 문제들도 있다. 주 정부는 통상적으로 대치하고 있는 상업적 어업과 레저 낚시 중 어느 하나도 놓치고 싶지 않고, 클라룸족은 자신들의 어업권을 되찾고 싶어 한다.

엘화강은 태평양 북서부를 복원하는 과정에서 댐 철거는 시작에 불과하다는 사실을 입증하는 예다. 연어 서식지를 복구해야 하는데, 그러려면 먼저 숲과 강둑을 재건해야 하기 때문이다.

수력발전 댐은 자연을 희생하여 인간 활동을 발전시키는 전략의 일부였다. 그리고 여전히 이러한 개념을 지지하는 사람들이 있다. 많은 사람이 위험한 곰과 성가신 곤충이 서식하는 세계에서 살고 싶어 하지 않는다. 캘리포니아와 오리건, 워싱턴에 서식하는 곤충들은 개체수가 감소하면서 멸종 위기에 처한 곤충 목록에서 상위를 차지한다. 강도래를 비롯해 야생의 강둑과 함께 사라지고 있는 곤충은 연어와 송어의 주식인 경우가 많다. 따라서 살충제를 살포하지 않고 강둑을 덮는 수풀과 키 큰 풀뿐 아니라 강을 둘러싸고 있던 숲도 복구해야 한다.

러시아 캄차카반도에서 활동하는 대표적인 어류 생물학자인 세르게이 코로스텔레프Sergey Korostelev는 최근 워싱턴주를 방문하고, 워싱턴주가 왕연어 개체군을 복구하고 싶어 하는 컬럼비아강 등을 둘러보았다. 그러고 이렇게 언급했다. “나는 아름다운 녹색 지역을 안내받아 둘러봤지만 모기도 곤충도 볼 수 없었습니다. 왕연어는 몇 년을 강에서 보내는데 곤충이 없으면 먹이를 구할 수 없을 겁니다. 왕연어가 먹이 없는 강으로 돌아오겠어요?”

서식지 복구의 역사가 서식지 파괴만큼 오래되지는 않았지만 일부 복구 프로젝트는 추진된 지 한 세기가 넘었다. 얄궂게도 가장 오랜 프로젝트의 하나는 댐 건설이다. 강을 막는 콘크리트 벽이 아니라 예측할 수 없는 홍수와 가뭄에서 연어를 보호할 수 있는 수문 달린 소형 댐을 건설하는 것이다. 스코틀랜드 고지대에서는 1900년 헴스데일강에 댐을 건설하고, 1950년대에도 댐 하나를 더 세워서 지금도 가동하고 있다. 서소강에서 가동하고 있는 댐은 1907년에 건설되었다.

브리티시컬럼비아는 진흙으로 침적된 강을 복구하는 프로젝트를 실시하기로 하고 우선 자갈을 파내고 청소하는 작업부터 시작했다.[19] 워싱턴주에 있는 눅색강은 폭이 넓고 물살이 세다. 연어는 로그잼Log Jams*이 형성하는 잔잔한 물 웅덩이가 필요하지만, 눅색강에는 당연히 이러한 통나무 더미가 더 이상 존재하지 않는다. 눅색강처럼 폭이 넓고 물살이 센 강은 꾸준히 변하므로 산란기 연어가 자신의 출생지를 찾지 못하거나, 원래 산란지가 더 이상 수정하기에 적합하지 않다는 사실을 깨닫는다. 이 경우에 연어는 적합한 장소를 새로 찾을 것이다. 눅색강에는 홍연어, 백연어, 은연어, 곱사연어가 있지만 현재 프로젝트는 왕연어를 회유시키는 것에 초점을 맞추고 있다.

지난 10년 동안 소규모 프로젝트들이 실시되었지만, 지금은 눅색족들이 워싱턴주에서 자금을 지원받아서 거대한 복구 프로젝트를 추진 중이다. 눅색족은 측면 수로와 인공 로그잼을 건설

* 강으로 떠내려가서 한곳에 몰린 통나무 더미.

함으로써 과거에 나무가 쓰러져서 형성했던 웅덩이와 소용돌이를 인위적으로 만들어내고 있다. 우선 강에 구멍을 깊게 파고, 굵은 통나무들을 강바닥에 수직으로 가라앉힌 후에 다른 통나무들을 사슬로 묶는다. 로그잼 엔지니어들은 위치에 따라 다른 로그잼을 설계한다. 물살이 빠르고 그늘이 지고 물이 차가운 눅색강의 한 넓은 만곡부에 통나무 3000개를 쌓고 있었다. 워싱턴주는 수백만 달러를 투입해 튼튼하고 안정적인 인공 로그잼을 만들고 있다.

장기적인 프로젝트를 여러 건 진행하고, 컬럼비아강만 하더라도 수십억 달러를 투입하는 등 막대한 자금을 쏟아붓고 있지만 태평양 북서부에서 연어가 감소하는 추세는 역전되지 않고 있다.[20] 워싱턴, 오리건, 아이다호, 캘리포니아에서 연어는 전체 서식지의 40퍼센트에서 멸종 위기에 놓여 있다.[21] 1991년 미국 수산학회 산하 멸종위기종위원회는 연어 개체군 214개가 멸종 위기에 놓여 있고, 개체군 100개는 최근 멸종했다고 확인했다.[22] 현재 연어 개체수는 19세기 초반의 10퍼센트에 불과하다.

아이다호주에서는 연어가 대부분 사라졌다. 네즈퍼스족, 니미푸족, 기타 원주민 부족이 거주할 당시에 강에는 연어가 가득했다. 만약 루이스와 클라크가 오늘날 탐험을 한다면 연어를 보지 못했기 때문에 자신들이 대륙 분수령을 넘었다는 사실을 몰랐을 것이다. 아이다호에 있는 모든 강은 컬럼비아강으로 흘러갔다가 다시 태평양으로 흐른다. 따라서 아이다호 강들은 컬럼비아강 연어들이 산란하는 장소였다. 그러나 강물이 거품을 일으키며 세차게 흐르고, 날카로운 굴곡으로 물이 굽이치는 아이다호 강들은 연어에게 매우 좋기는 하지만 인간이 항해하기에는 좋지 않았다.

아이다호 개발 계획의 목표는 곡물을 재배한 후에 강 바지선에 실어서 태평양까지 운송하는 것이었다. 과거에 유명한 연어강이었던 스네이크강과 클리어워터강이 합류하는 지점에 건설된 루이스턴은 바다에서 465마일(약 748킬로미터) 떨어져 있는데도 항구 도시로 발전했다.

1958년 주민들은 루이스턴을 항구로 개발하자는 안건을 투표에 부쳐 가결했다. 하지만 1975년 스네이크강에 로워그래니트댐을 완공할 때까지 루이스턴은 항구로서 기능하지 못했다. 강물의 유속을 늦춰야 했고 급류는 흘러내려야 했으므로 결국 스네이크강과 컬럼비아강에 댐 여덟 개와 갑문이 지어졌다.

아이다호 입장에서는 경제적으로 이익이었다. 이전에 부피가 큰 제품들을 트럭이나 화물열차로 수송하느라 썼던 비용을 상당히 줄였기 때문이다. 바지선으로 수송하면 아이다호주 루이스턴에서 미국 주요 밀 항구인 오리건주 포틀랜드까지 단 50시간 걸린다.

지난 100년 동안 아이다호에 있는 연어 서식지의 40퍼센트가 댐 건설로 유실되었다. 은연어는 1986년 이후 멸종되었다.

1988년 새로 새로 부화해서 자라고 있는 홍연어 약 15마리를 레드피시호수에서 발견했는데, 이곳에서는 과거에 산란기 한 번에 10만 마리씩 부화했다. 부화한 연어들은 2년 후에 스네이크강에서 컬럼비아강으로 다시 바다까지 900마일(약 1448킬로미터)를 헤엄쳤다. 1991년에 이르자 레드피시호수의 홍연어는 멸종 위기 종으로 공식 수록됐다. 1992년 수컷 홍연어 한 마리가 산란하기 위해 여덟 개의 댐을 넘는 시련을 극복하고 레드피시호수에 도착했다. 하지만 짝짓기를 할 암컷이 없었다. 일부 사람들은 **외로운 래리**lonesome Larry라는 이름을 붙인 이 물고기가 마지막 남은 야생 홍연어일지 모른다고 믿었다. 그 후로는 양식 물고기만 돌아왔다.

스네이크강에는 여전히 일부 거대하고 강한 왕연어들이 댐 몇 개를 넘어 도착한다. 아이다호 물고기는 댐 여덟 개를 넘어야 한다. 개중에는 물고기 사다리와 저장 댐을 갖추고 있으면서 높이가 낮은 댐들이 있는가 하면, 물고기가 넘을 수 없는 거대한 댐들이 있다. 하지만 헬스캐니언댐 단지는 아이다호 남부에서 오는 모든 연어의 경로를 막는다.

워싱턴주는 더 이상 연어 생산지가 아니다. 하지만 시애틀은 뉴욕과 마찬가지로 연어를 대부분 알래스카에서 공수해오지만 연어에 관해서는 미식의 도시로 부상했다. 톰 더글러스Tom Douglas는 주인 또는 요리사로서 롤라, 팰리스키친, 달리아라운지 외에도 레스토랑 아홉 개를 운영한다. 다음은 더글러스가 코퍼강 홍연어로 즐겨 만드는 인기 있는 연어 요리법이다.

홍연어 사케 찜

나는 이 요리를 할 때 홍연어를 즐겨 사용한다. 단단한 살과 풍부한 풍미가 찌는 요리에 적격이기 때문이다. 어떤 찜기를 쓰든 상관없지만 중국 대나무 찜기가 성능이 좋고 가격도 적당하다.

세로로 자른 레몬그라스 1줄기
물 2컵
사케 2컵
1/8인치(약 3밀리미터) 두께로 얇게 썬 생강 10조각
아니스 2개
오렌지 1개의 껍질
4인분으로 저민 연어 살코기 1.5파운드(약 680그램)
사케 버터(이어지는 요리법 참조)
장식용 라임 조각

향을 내기 위해 레몬그라스를 칼등으로 두드린다. 찜기를 준비한다. 커다란 소스팬이나 웍에 중국 대나무 찜기를 얹어 사용한다. 레몬그라스, 물, 사케, 생강, 아니스, 오렌지 껍질을 찜기(소스팬이나 웍) 바닥에 넣고 끓인다. 저민 연어 살코기를 찜기 바구니에 넣고 뚜껑을 덮는다. 연어가 살짝 익을 때까지 약 5분간 찐다.

저민 연어 살코기를 접시에 담는다. 사케 버터를 수저로 떠서 연어 살코기에 붓는다. 라임 조각으로 장식한다.

사케 버터

뵈르 블랑beurre blanc은 정통 프랑스 버터 소스다. 섬세하게 요리해야 하고, 불 위에 직접 지나치게 오래 두면 형태가 **깨지거나** 덩어리진다. 뵈르 블랑을 따뜻하게 유지하는 최선의 방법은 뜨거운 물이 담긴 팬에 소스 용기를 30분 동안 두거나, 작은 보온병에 붓고 뚜껑을 닫는 것이다. 보온병에 넣으면 뵈르 블랑을 1시간 이상 따뜻하게 유지할 수 있다.

껍질을 벗기고 매우 얇게 채 썬 신선한 생강 2큰술
다진 샬롯 1큰술
무염 버터 1큰술
고급 사케 즉, 모모카와Momokawa 1/2컵과 1작은술
헤비크림 1큰술
커다란 주사위 모양으로 자른 차가운 무염 버터 8큰술
신선한 라임 주스 1/2작은술
코셔 소금Kosher salt

작은 소스팬을 준비하고 버터 1큰술에 생강과 샬롯을 넣고 중간 불로 2~3분 볶는다. 여기에 사케를 넣고 3분 정도 끓여서 2/3분량으로 졸인다. 헤비크림을 첨가하고 2분 동안 끓여서 양을 반까지 졸인다.

중간 불에서 계속 저으면서 차가운 버터 조각을 소스에 조금씩 넣는다. 버터가 유화하면서 진한 크림처럼 부드럽게 매끈한 소스가 될 것이다. 버터가 완전히 녹으면 팬을 불에서 꺼낸다. 남은 사케와 라임 주스를 넣고 젓는다. 소금으로 간한다.

1933년 이후 전 세계 시장에서 판매된 태평양연어의 약 40퍼센트를 생산해온 알래스카는 춥고, 땅이 방대하고, 인구가 많지 않아 연어가 서식하기에 이상적인 조건을 갖췄다.[24] 인구는 70만 명을 약간 넘겼고, 그중 절반 이상은 앵커리지 지역에 거주한다. 크고 작은 강들이 흩어져 있는 알래스카의 면적은 아래쪽 48개 주를 합친 면적의 3분의 1이다. 작물 성장기가 매우 짧고 평평한 땅이 거의 없으므로 농업을 거의 할 수 없는데, 이 또한 연어가 서식하기에 좋은 조건이다.

통제가 느슨했던 시기에 알래스카에서는 물고기 낭비가 심한 대부분의 통조림 공장에서 벌이는 심각한 수준의 남획이 극성을 피웠다. 주 지위를 획득하면서 배와 자망 크기에 대한 규제가 엄격해졌다. 오늘날 어장은 일반적으로 엄격한 관리 대상이다. 1977년 이후 어획량은 개체수의 감소 없이 꾸준히 증가하는 추세다.[25]

알래스카 원주민 12만 명 중 대부분은 연어와 문화적으로 관계가 있다.[26] 그들은 연어 이야기를 전하고, 연어 형상을 조각하고 그림으로 그리고, 연어를 낚고 먹는다. 하지만 1년 내내 연어가 식단의 중심이어서 여름에 연어를 잡아서 보관하는 전통적인 생활을 하는 원주민은 소수에 불과하다. 데나이나족은 이러한 부족의 하나다.

논달턴은 브리스톨만 홍연어가 자라는 클라크호수에 있으며, 약 160명이 거주한다. 마을은 근처 폭포에 설치된 발전기를 가동해 전력을 공급받는다. 가게가 하나뿐이고, 빈집이 많은 것으로 미루어 마을이 죽어가고 있다고 느낄 수 있다. 하지만 근처에는 데나이나족의 여름 **물고기 캠프**가 있다. 데나이나족 가정은 일정 거리를 두고 나무 오두막집을 만든다. 여기에는 통나무집, 합판집, 텐트 등을 세운다. 지붕이 높고 합판으로 지은 훈연실에는 바닥에서 불이 타오르며 서서히 연기를 내고, 10피트(약 3미터) 떨어진 높이에 붉은 홍연어 살이 천장에 매달려 있다. 가정마다 자체적으로 훈연실과 연어 훈연 방식을 갖췄다.

발루타 가족은 적어도 지난 300년 동안 물고기 캠프에서 같은 장소에 오두막을 소유하고 있다. 형제자매가 열두 명이고, 여름마다 가족과 물고기 캠프에 참석하면서 연어를 훈연하는 준 발루타 트레이시June Balluta Tracey는 이렇게 말했다. "물고기 캠프에 오면 할 일이 많아요. 낚싯대를 만들고, 그물을 수리하고, 풀을 베야 하죠. 이것은 하나의 과정이에요. 하지만 여름을 지내기에 여기만큼 아름다운 곳이 있을까요?"

트레이시는 자기 가족의 훈제 연어 요리법을 이렇게 설명했다. "옛날 방식은 매우 평범했어요. 그러다가 암염, 설탕, 기타 재료들을 얻게 됐죠. 옛날에는 연어를 그저 훈연하고 말렸습니다. 나무를 태워 서서히 연기를 내서 너무 뜨겁지 않게 훈연을 했어요." 트레이시는 미루나무를 사용하지만 자작나무나 오리나무를 쓰는 사람들도 있다. 그녀는 이렇게 설명했다. "가정마다 연어 살을 저미는 방식이 달라요. 그래서 저민 모양만 봐도 어느 가정에서 손질했는지 알 수 있답니다. 연어를 그냥 훈연실에 넣어놓고 신경을 끄면 안 돼요. 훈연실이 엄청 더워도, 추워도 안 되거든요. 연어 살이 너무 두꺼워도 안 되죠."

트레이시는 말을 이었다. "물고기 캠프에서 보내는 생활은 우리가 꿈꾸는 삶이에요. 완벽한 삶이죠. 우리는 작은 호수에서 헤엄을 쳐요. 건착망purse seine*을 쓰는 사람들도 있지만 비싸서 대부분 자망을 씁니다. 그러면 물고기가 약간 멍이 들기는 하지만 달리 방법이 없어요. 우리가 물고기를 잡는 것은 모두 가족을 먹이기 위해서죠. 어제는 30분 동안 그물을 쳐서 27마리를 잡았어요." 물고기는 잡은 지 이틀이 지나지 않아 아직 신선할 때 매달아 훈연해야 한다고 했다.

남자아이들은 강에 서서 맨손으로 송어와 회색숭어, 곤들매기를 잡고 누가 가장 큰 물고기를 잡는지 겨룬다. 모두 플라이 낚시를 비웃는다. 물고기를 잡는 좋은 방법이 아니라고 생각하기 때문이다. 실제로 겨울에 얼음낚시를 하기 위해 낚싯대를 사용하기는 하지만 일반적으로 낚싯대와 낚싯바늘을 사용하는 낚시

* 기다란 사각형 그물로 물고기 주위에 긴 그물 벽을 만들어 복주머니 형태로 둘러싼다.

에 큰 비중을 두지 않는다.

이웃인 잭 홉슨Jack Hobson은 밤새 그물을 쳐놓고 물고기 66마리를 잡았다. 그렇게 잡은 물고기의 살을 저미고 소금에 절여서 수직 다리에 수평 장대를 놓은 건조대에 널었다. 선홍색 살과 은색 껍질의 물고기다. 여전히 은색인 것은 최근 강에 들어와서 여전히 최상의 몸 상태라는 뜻이다. 하지만 파리들이 떼를 지어 물고기에게 몰려든다. 홉슨은 파리들이 알을 낳아 구더기가 들끓어 망가지기 전에 물고기를 훈연실에 넣었다.

홉슨은 캠프에 혼자 지냈다. 앵커리지에서 치위생사로 일하는 아내가 직장으로 돌아가야 했기 때문이다. “저는 앵커리지의 라이프 스타일에 그다지 잘 맞지 않아요.” 홉슨이 말했다. “차도 많고 사람도 너무 많고 밤에는 살인까지 벌어지죠. 저는 앵커리지에 있을 때는 항상 총을 지니고 다녀요.”

홉슨은 이미 200마리를 훈연하고 있다. 600마리를 훈연시키면 여름에 할 일은 끝난다고 했다. 하지만 회색곰에게 빼앗기지 않도록 연어를 보호해야 한다. 아직까지는 회색곰에게 공격을 받지 않았지만 이미 다른 캠프는 공격을 받았다.

트레이시가 몇 가지 요리법을 알려주었다.

생선 심장과 위

물에 담가 핏물을 빼낸 다음에 차우더에 넣고 요리한다. 다른 부위를 사용해도 좋다. 또 장화처럼 생긴 위도 깨끗이 씻어서 함께 차우더에 넣는다.

생선 간

기름에 튀긴다.

정액 주머니

밀가루에 굴린 후 튀긴다.

염장 건조 알집

우리는 이 음식을 에너지바처럼 먹는다. 체력이 달릴 때 하나씩 꺼내 씹는다. 고단백질이다.

발루타 가족이 겨울에 먹는 음식은 연어만이 아니다. 겨울에 먹을 고기를 비축해두려고 무스를 잡고 이따금씩 순록을 잡기도 한다. 트레이시는 "하지만 고기를 계속 먹으면 싫증이 나니까 연어를 일주일에 두 번 먹어요"라고 말했다. 이따금씩 흑곰 고기를 먹지만 회색곰 고기는 피한다. 회색곰은 연어를 많이 먹어서 고기에서 비린 맛이 나기 때문이다. 트레이시는 이렇게 덧붙였다. "곰 발이 맛있어요. 지방이 많죠."

전통적으로 연어를 먹는 사람들이 대부분 그렇듯 발루타 가족은 특히 생선 머리를 소중하게 여겨서 쪼개어 수프에 넣는다. 여름 캠프에서 머리를 손질해서 보존한다.

트레이시는 이렇게 회상했다. "땅에 구멍을 파고 자작나무껍질을 깔고 생선 내장과 머리를 넣고 약 2주 동안 놔둡니다. 별미이기는 한데 냄새가 코를 찔러요."

트레이시는 현대식 요리법을 알려주었다.

생선 머리 요리법

머리를 쪼개고, 아가미(생선 머리에서 먹을 수 없는 유일한 부위)를 제거한 후에 소금으로 절인다. 먹을 준비가 되었을 때 머리를 물에 담근다. "물을 3회 갈아주어야 해요. 밤새 담가두면 됩니다."

아니면 끈에 매달아놓고 물에 떠서 솜털이 올라올 때까지 담가둔다. 그러고 나서 코를 먹는다. 가을에 물고기가 산란하고 난 후에는 코를 날것으로 먹을 수 있다. 하지만 생선 머리 차우더를 만드는 전통적인 방식은 머리를 물속에 있는 바구니에 넣거나 줄에 매달아 놓는 것이다. 트레이시는 "머리에 솜털이 올라올 때까지 물속에 담가두는 겁니다"라고 말했다. 몇몇 여성도 트레이시처럼 **솜털**fuzzy이라는 단어를 사용했다. 보아하니 머리에 난 가는 회색 털을 가리키는 것 같다. 그들은 이것이 해조류를 먹는 균이라고 설명한다.

"물고기의 모든 부위를 먹을 수 있어요." 트레이시가 말했다. "이것이 우리가 먹는 별식이에요. 우리에게 사탕인 셈이죠. 부자가 먹는 캐비아 같은 거랍니다."

트레이시가 말하는 솜털이란 무슨 뜻일까?

그녀는 장난스레 웃으며 속삭이듯 말했다. "약간 썩은 거죠."

14장

황금 물고기가 떠나다

물고기는 한마디도 대답하지 않았다.

그저 물 표면을 꼬리로 탁 치며

푸른 바다 깊숙이 뛰어들었다.

노인은 기다리고 기다렸다.

하지만 노인이 들은 대답은 그뿐이었다.

_ 푸시킨, 《어부와 물고기》

19세기 말 한 세기에 걸쳐 태평양 북서부의 연어에게 닥쳤던 위기가 수십 년 동안 홋카이도를 강타했다. 아이누족을 땅에서 쫓아내고, 일본인이 이주해오면서 홋카이도 인구를 크게 늘리고, 도시와 교회를 건설하고, 오염을 유발하는 산업 시설을 세우고, 벼농사를 시작하면서 농업을 확장하고, 새로 조성한 논에 물을 대기 위해 댐을 건설했다.

태평양 북서부와 비슷하게 1960년대 일본인은 아이누족의 권리를 무시하는 데 익숙해져서 아이누족이 홋카이도에서 신성하게 여기는 사루강에 니부타니댐을 건설했다.[1] 이 댐은 연어의 회유를 파괴했을 뿐 아니라 아이누족의 땅을 수몰시켰다. 이곳은 홋카이도의 셀릴로폭포였다. 하지만 지주 두 명이 권리를 침해당하고 있다고 주장하면서 정부를 상대로 소송을 벌였다. 법원은 지주의 손을 들어주면서 아이누족 문화를 토착 일본 문화의 일부로 인정하고, 연어 낚시를 포함해 아이누족의 문화 전통을 보호하라고 판결했다. 하지만 지금까지도 이러한 권리는 이따금씩 주어졌을 뿐 영구히 주어지지는 않았다.

산업국가인 일본의 인구는 내륙 산지에는 희박하고 해안을 따라 밀집해 있다. 이것은 연어에 좋은 환경이 아니어서 연어 개체수는 20세기 들어 꾸준히 감소하고 있다. 1948년 산란기에 도달한 연어 630만 마리가 역사상 최다를 기록하며 홋카이도강으로 돌아왔다. 하지만 그 후 산업 오염으로 강이 손상되었고, 20세기 후반부터 정화에 상당한 노력을 기울였지만 개체수를 회복하지 못하고 있다.

다른 문제들도 있다. 대부분의 나라가 그렇듯 일본 정부는 물고기 보호보다는 농업 육성에 더욱 관심을 쏟고 있으며, 농업을 선도하는 작물인 쌀을 재배하기 위해 막대한 양의 물이 필요했다. 따라서 논에 물을 대기 위해 댐을 건설했다. 게다가 도시와 교외 지역에서 늘어나는 인구는 항상 연어 서식지를 위협하는 요인이다. 1868년 삿포로시는 아이누족의 연어 어장에 건설되었다. 오늘날 삿포로에는 거의 200만 명이 거주한다. 기적적으로 매년 가을 백연어와 마수연어를 포함해 일부 연어가 조상들의 산란지였던 삿포로에서 산란하기 위해 강을 거슬러 올라와 현지인들에게 기쁨을 안겼다.

전통적으로 일본인들은 해안에서 백연어와 곱사연어, 마수연어, 은연어, 왕연어, 그리고 소수의 홍연어를 잡았다. 1868년 메이지유신으로 전제주의 막부 정치가 무너지고 메이지 천왕의 지배 아래 친기업 정권이 들어섰다. 이 시기에 과거보다 훨씬 공격적으로 어업을 육성했다. 상업적 연어 어업을 발달시키려면 북쪽으로 러시아 해역까지 조업 영역을 확장해야 했다.

그러자 이웃한 나라들 사이에 긴장이 고조되면서 급기야 1904~1905년 러일전쟁이 벌어졌다. 러일전쟁은 굴욕적인 패배를 당한 러시아가 러시아혁명에 한 발 다가서는 계기를 마련했다. 비록 일본은 재정적인 재앙을 맞고 사할린의 북쪽 절반을 잃었지만(제2차 세계대전 후에 남쪽 절반을 잃는다), 13세기 몽골 침략과 러시아 패배 이후 최초로 아시아 강대국이 유럽 열강에게 패배를 안기는 전적을 남기면서 태평양에서 제2차 세계대전을 이끄는 군국주의로 향하는 첫발을 내디뎠다.

러일전쟁 이후 일본은 원양 연어 어업에 더욱 열의를 보였다. 1929년에는 캄차카반도에서 어획할 수 있는 권리를 획득했다. 일본은 오호츠크해와 태평양 양쪽에서 덫, 자망, 유자망을 사용해 은연어, 홍연어, 왕연어를 잡았다. 제2차 세계대전 후 러시아에 어장을 빼겼지만, 미국과 러시아의 영해와 공해로 이뤄진 베링해에서도 유자망으로 물고기를 잡았다. 하지만 미국과 캐나다는 일본이 자기들 나라의 물고기를 잡고 있다고 믿었다. 결과적으로 1993년 베링해가 국제 협약에 따라 폐쇄되었다. 오늘날 일본은 자국 수역 200마일(약 320킬로미터) 한계 안에서만 연어를 잡으며, 연어는 대부분 양어장에서 생산한다.

오사카에는 홍연어를 먹는 전통이 강하다. 하지만 홍연어 양어장은 성공을 거두지 못했고, 러시아 어장에서 차단당하면서 대부분의 홍연어를 수입하고 있다.

오늘날 일본이 상업적 어업으로 잡는 종은 마수연어와 백연어, 곱사연어다. 마수연어가 가장 귀하고 비싸다. 백연어가 소비에서 주류를 이루며, 연어알인 이쿠라를 좋아하므로 백연어도 귀하게 여긴다. 미국인에게 백연어알을 먹도록 알려준 것도 일본인이었다.

일본이 양식 연어에 의존하는 정도는 점점 커지고 있다. 양식 연어는 대부분 다른 곳에서 사육되어 수입되므로 논란을 일으키지 않았다. 많은 사람이 자신들이 먹는 연어가 수입산이라는 사실조차 모른다. 인기가 높은 도쿄 동부 가구라자카에서 연어 요리로 유명한 쓰미키 레스토랑에서 셰프로 일하는 스즈키 사토시에게 어떤 일본 연어를 즐겨 사용하느냐고 물었다. 그는 조금도 망설이지 않고 **긴자케**銀鮭라고 대답하면서 긴자케는 세 가지 기본적인 일본 연어의 하나라고 설명했다. 일본 전역에서 인기를 끄는 긴자케는 실제로 주로 칠레에서 수입해오는 양식 은연어다. 수입을 하더라도 양식 연어를 사용하는 것이 연어를 구하는 가장 저렴한 방법 중 하나다.

쓰미키는 도쿄에서 마른 염장 연어를 대접하는 몇 안 되는 레스토랑이다. 마른 염장 연어는 한때 일본에서 주요 연어 요리였지만 요즈음은 어린 시절에 먹었던 음식에 향수를 느끼는 나이 든 세대만 즐기는 요리가 되었다. 과거에 연어는 비싸지 않고 흔한 물고기였다. 일본 작가인 오카모토 가노코는 전쟁 전에 단편 〈음식 악마〉에서 저렴한 석쇠 구이용 재료로 염장 연어를 사는 한 요리사에 대해 썼다. 그는 내장을 빼낸 후에 물고기 안에 소금을 뿌리고, 연어 전체를 소금으로 문지른다. 그리고 연어를 꼬리가 아니라 머리로 매달아 5개월 동안 천천히 절인다. 요리하기 전에 몇 시간 동안 물에 담갔다가 굽는다. 이것은 혼슈에서 동해 쪽에 있는 니가타 근처 무라카미 마을에서 유명한 요리다. 무라카미는 한때 유명한 연어 항구였지만 지금은 물고기를 트럭으로 운송해 들여온다. 또 염장 연어와 완벽하게 어울리는 청주로 주조하고 과일 풍미를 내는 사케 텐료하이의 생산지로도 유명하다.

무라카미 마을에서는 연어 살 약간과 연어알을 넣어 요리한 밥도 유명하다. 이곳에서 유명한 요리는 마수연어를 얇게 썰어 소금을 뿌린 다음에 사케를 섞은 밥에 얹어 만든다. 요리는 지름 6인치(약 15센티미터) 정도의 원반 모양으로 대나무 잎에 싸서 완성한다. 많은 일본인은 세균 공포증이 있는데, 대나무 잎이 연어의 독소를 제거한다고 믿는다.

일본인은 연어에 기생충과 세균이 있을까 봐 상당히 걱정해서 현대에 들어설 때까지도 날것으로 먹을 생각을 감히 하지 못했다. 가장 우려하는 주요 기생충은 아니사키스Anisakis인데, 연어에 매우 흔하게 있지는 않지만 한번 감염되면 위협적이지는 않더라도 하루 이틀 앓아야 한다. 냉동하면 기생충이 죽기 때문에 서구에 있는 일본 레스토랑은 물론이고 일본에서 흔하지 않은 유형의 요리인 초밥이나 회를 요리할 때도 연어를 사용하기 전에 항상 냉동해야 한다. 이것은 미국에서도 일반적으로 마찬가지다. 과거에 아이누족도 같은 관행을 지켜서 겨울에는 연어를 잡아 날것으로 먹고 나머지는 얼려두었다. 하지만 마수연어는 아니사키스에 면역이 되어 있으므로 날로 먹어도 된다고 믿는 일본인이 많다. 그들은 벚꽃송어인 마수연어가 **일본 연어**이며 늘 특별한 지위에 있다고 생각한다. 하지만 실제로는 마수연어도 다른 연어와 마찬가지로 아니사키스를 옮긴다.[2]

세계 태평양연어의 25퍼센트가 캄차카반도에 있는 강에서 산란한다. 캄차카반도와 알래스카에서 잡히는 연어는 전 세계 연어 어획량의 3분의 2 이상을 차지한다.[3] 이 두 장소가 갖춘 가장 중요한 공통점은 방해를 받지 않는 땅이 많다는 것이다. 날씨가 추워서 농사를 짓기에 불편하므로 인구가 희박하고, 사람들이 침범하는 야생동물 서식지가 적다. 따라서 살충제 피해를 거의 받지 않고 연어과에 필수적인 먹이인 곤충이 풍부하다. 사람들이 일할 기회를 잡기 위해 유럽 러시아로 이동하면서 인구가 실제로 감소하고 있는 것도 연어에게는 반가운 현상이다. 유럽 러시아에는 캄차카반도에서 온 이민자들이 매우 많아서 러시아인들은 그들을 '캄차달인Kamchadals'이라는 별명으로 부른다.

캄차카반도에는 강과 지류가 모두 1852개 있고, 가장 중요한 연어 강인 캄차카강과 오제르나야강은 사람보다 불곰을 만날 가능성이 훨씬 큰 황야 지역에 있다. 캄차카반도의 불곰 7650여 마리는 상대적으로 면적이 작은 지역에 서식하면서 지구에서 최대 불곰 개체군을 이룬다.

캄차카는 알래스카에 서식하는 여섯 종에 마수연어를 덧붙여 세계에서 가장 다양한 연어 종을 보유하고 있다. 또 무지개송어와 회색숭어, 곤들매기 등 상업용 가치보다 스포츠 낚시용으로 가치가 더 큰 기타 연어 종도 다양하게 보유하고 있다.

또 원유, 가스, 광물 자원은 미개발 원유와 가스가 매장된 근처 사할린에서 주로 개발되기는 하지만, 알래스카에서 그렇듯이 자원들은 오염되지 않은 대지를 위협하는 요인이다.

멀리 북쪽에는 코랴크족이 살고 있는데, 이곳은 도로가 없을뿐더러 다른 거주민도 거의 없다. 강에는 곰의 주식인 물고기가 풍부하다. 이븐족은 눈 덮인 두 개 산맥 사이를 빠르게 흘러가며 폭이 넓은 비스트라야강 하류에서 연어를 잡는다. 강 상류는 산을 따라 가느다랗게 흐른다. 하류에서 수풀이 무성한 둑은 야생 붉은 장미와 검은 백합으로 덮여 있다. 관광객은 물론 페트로파블로프스크에서 온 러시아인들도 이 강을 좋아한다. 어업이 성행하면서 자동차로 접근할 수 있는 몇 안 되는 좋은 강의 하나이기 때문이다.

이텔멘족은 연어를 가공할 공간을 확보하려고 기둥을 세우고 그 위에 집을 지었다. 그들이 먹는 음식은 논달턴에 거주하는 데나이나족에게도 친숙할 것이다. 이텔멘족은 연어를 말려 먹지만 귀한 간식을 만들 때는 훈연한다. 코랴크족은 알래스카인과 마찬가지로 마른 연어를 쪼갠다. 연어알 껍질은 버드나무껍질에 싸서 쫄깃해질 때까지 말리는데, 사람들이 여행할 때 먹을 수 있는 좋은 간식거리다. 말린 물고기도 여행할 때 쓴다. 겨우내 가정에서 사용할 연어는 발효시킨다. 땅에 구멍을 파고, 풀과 연어를 한 층씩 번갈아 깐다. 그런 후에 몇 달간 땅에 묻어 발효시키므로 이텔멘족이 먹는 그라블랙스gravlax인 셈이다. 하지만 19세기 유럽 여행자들은 연어 머리와 버드나무 가지를 켜켜로 넣는 것을 포함해 캄차카 원주민들이 훨씬 정교하게 연어를 발효시키는 과정을 묘사했다.[5] 캄차카 원주민들은 발효한 연어 머리를 상당히 높이 평가했고, 지금도 여름에는 생연어 머리를 익히지 않고 먹는다.

이텔멘족과 다른 원주민들은 연어를 말려서 땅에 묻지 않고 잘게 써는 것만 다를 뿐, 아메리카 원주민이 루이스와 클라크에게 제공한 페미컨과 비슷한 요리도 만들었다. 페미컨이 그렇듯이 요리는 산딸기와 섞어 만들고 바다표범 기름에 보존한다.

또 원주민들은 연어 머리가 주재료인 생선 수프를 만든다. 실제로 거의 모든 러시아 사람이 오하ookhah로 불리는 이 요리를 만들어 먹는다. 오하는 러시아에서 어부들이 먹는 수프이고, 생선이 들어 있는 생선 육수이기는 하지만 수프라고 부르는 것은 문화적 측면에서 실례라고 여긴다. 부야베스bouillabaisse 가 마르세유에서 수프가 아닌 것과 같은 이치다. 오하는 그 자체로 하나의 요리 장르다. 오하를 요리할 때는 늘 그 지역의 물고기를 사용하므로 캄차카에서는 변함없이 연어로 만든다. 귀한 손님을 대접할 때는 연어 머리를 통째로 넣어 요리한다.

요리법 기술에 재능이 있어 보이는 캄차카어업해양연구소 소속 어류 생물학자 집단은 자신들이 좋아하는 연어 요리법을 적어 책으로 엮었다. 다음은 그들이 소개하는 오하 요리법이다.

<u>오하</u>

홍연어나 은연어 1~2마리의 머리와 배, 감자 2~3개, 양파 1개를 준비한다. 오하를 만드는 재료로 왕연어는 좋지 않다. 어류학 관점에서 오하를 만들 때는 어류학자들을 물리게 만드는 어취를 줄여야 하기 때문이다.

솥에 공간을 아끼기 위해 머리에서 아래턱을 잘라내서 버린 후에 머리를 세로로 자른다. 배를 5~6센티미터 폭으로 자른다.

감자는 껍질을 벗긴 후에 잘게 썰고 양파는 반원 모양으로 자른

프랑스의 마르세유에서 유래한 프로방스 지방의 전통적인 어패류 스튜. 물고기, 조개류와 채소에 허브와 향신료를 넣어 만든다.

후에 월계수 잎, 후추, 소금을 물에 넣고 끓인다. 생선을 끓는 물에 넣고 가능한 한 짧은 시간 동안 다시 끓인다. 물이 빨리 끓기 시작할수록 오하의 맛은 더 나아진다. 물이 끓기 시작한 후에는 불을 약하게 줄이고 오하를 4~5분 동안 요리한 후에 소금을 더 넣어 맛을 낸다. 냄비를 불에서 꺼내고 파와 딜을 넣는다. 파가 없으면 양파를 잘게 잘라 넣는다. 이제 오하는 완성되었지만 불에서 꺼내고 나서 15분 동안 놔두어야 한다. 음식은 뜨거울 때 먹고, 남은 음식은 개에게 주어서 먹는 즐거움을 누리게 한다.

해당 어류 생물학자 집단은 다음 요리법도 소개했다.

가정식 연어 머리 요리

1센티미터 단위로 자른 염장 연어 머리 1킬로그램을 물에 담근다. 이 요리에는 **유니버셜 마리네이드**Marinade Universal[**]를 사용한다. 머리를 물에 담가 소금기를 제거한 후에 12시간 동안 양념장에 재운다. 양파를 반원 모양으로 자르고 양념장에 절이고 있는 머리에 추가한다. 녹색 채소로 장식해서 애피타이저로 대접한다.

유니버셜 마리네이드

월계수 잎 10개

계피가루 1큰술

** 크리스 모로코Chris Morocco가 만든 베트남풍의 소스.

검은 후추알 20개

올스파이스allspice 열매 20개

고수 2큰술

정향 5개

70퍼센트 식초 2큰술

소금 200그램

설탕 250그램

물 2리터

모든 향신료를 면포에 넣고 입구를 묶는다. 끓는 물에 소금과 설탕을 넣어서 5분 동안 끓인 후에 냄비를 불에서 내리고 면포를 담가 물이 완전히 식을 때까지 놔둔다. 그런 다음 향신료를 꺼내고 식초를 첨가한다. 병에 양념장을 붓고 냉장고에 넣는다. 이렇게 하면 한 달까지 보관할 수 있다.

필요할 때는 양념장을 냉장고에서 꺼내 필요한 양만큼 접시에 붓고, 끓여 식힌 물로 희석한다. 소금, 설탕, 식초를 넣고 생선을 재워 맛이 배게끔 한다. 이 양념장은 고기, 양파, 미역을 포함해 모든 재료에 사용할 수 있다.

해당 어류 생물학자들은 밀트 파테milt pâté 요리법도 수록했다. 연어의 정낭인 밀트는 캄차카반도에 거주하는 원주민도 러시아인도 먹는다.

파테 #1

밀트 300그램

연어 간 500그램

연어 살 200그램

양파 2개

당근 2개

버터 150그램

식물성 기름 150그램

월계수 잎 2개

소금, 설탕, 후추

연어 살과 간, 밀트에 소량의 물을 넣고 뚜껑을 닫는다. 이때는 재료들 2센티미터 위까지 물을 채워야 한다. 물이 끓기 시작하면 소금, 후추, 월계수 잎을 넣고 설탕을 한 꼬집 넣는다. 약한 불로 15~20분 요리한다. 월계수 잎을 꺼내고, 냄비를 식힌 후에 물을 따른다. 양파와 당근을 잘게 썬다. 식물성 기름을 넣고 달군 후에 양파와 당근을 갈색이 될 때까지 소테한다. 소테한 채소를 연어 살, 간, 밀트와 섞는다. 버터를 넣고 고기 분쇄기에 2회 통과시킨다. 애피타이저로 대접한다.

18세기 초 슈텔러가 캄차카반도를 발견한 이후로 이 머나먼 땅에서 연어 회유는 전설이 되었다. 1824년 영국과 채널제도에서 연어에 관련한 법과 현황을 다룬 한 논문은 〈다니엘의 시골 스포츠Daniel's Rural Sports〉라는 팸플릿에서 일부 내용을 다음과 같이 인용했다. "캄차카에 있는 강에는 바다에서 강으로 회유하는 시기에 연어가 매우 풍부해서 강물이 강둑 너머로 넘칠 정도였다." 1824년 작가 코니시는 해로운 관행을 모두 중단해서 트위드강을 비롯한 영국 강들을 캄차카반도에 있는 강들처럼 원래 상태로 복원하면 캄차카처럼 연어들이 다시 찾아올지 모른다고 제안했다. 이러한 주장은 사실이었을 수 있지만 다시는 가능할 것 같지 않다. 오히려 이 원시 상태의 캄차카반도가 알래스카와 마찬가지로 원유, 가스, 광물을 개발하지 않고 유럽이 걸었던 길을 피할 수 있을지가 의문이다.

근처 사할린은 1989년 10만 마리 이상이라는 엄청난 어획량을 기록했다. 하지만 연어 강은 벌목과 석유산업 때문에 심하게 파괴되었다. 연어가 산란하는 많은 강이 심각하게 손상을 입었고 130개가 유실되었다. 언제나 그랬듯 해결책은 캄차카가 대부분 피해온 양어장 건설이었다. 러시아는 1909년 황제 니콜라이 2세Nicolas II가 통치하던 시기에 양어장을 사용하기 시작했고, 혁명 이후 소비에트는 캄차카에 백연어·홍연어·은연어의 양어장을 포함해 30곳을 건설했다.[8] 제2차 세계대전 동안 일본은 사할린을 점령하고 거대한 양어장을 세웠으며, 소비에트는 섬을 탈환한 후에 양어장을 계속 운영했다. 지금 러시아는 태평양 지역에서 양어장을 대규모로 운영하지는 않는다. 러시아가 거두는 어획량의 14퍼센트만 양어장 태생이며 대부분 홍연어와 백연어다. 캄차카에는 양어장이 다섯 곳뿐이고, 모두 모스크바 정부가 인구 밀집으로 손상된 강에 고갈된 개체수를 복구하기 위해 세운 것이다. 그중 세 곳만 성공을 거둔 것으로 평가받는다.[9]

기록이 엇갈리지만 2012년 이후 모스크바 정부는 캄차카반도에서 양어장 30곳을 더 건설할 것을 주장하고 있다. 정부는 민간 중심으로 양어장 건설을 추진하고 싶어 하지만, 지금까지 어떤 민간 기업도 이를 수익성 있는 사업으로 생각하지 않는다.

소비에트연방 시기에 캄차카반도에는 대부분 군사시설이 들어섰고, 비관계자들은 반도에 거의 발을 디딜 수 없었다. 지금도 중요한 잠수함 기지가 주둔해 있다. 하지만 1950년대 소비에트는 바다에 장기간 머물 수 있도록 냉동 장치를 갖춘 치명적인 중형 저인망 어업 선단을 구축했다.[10] 선단은 캄차카 수역을 엄청난 규모로 파괴하면서 이내 미국산 농어와 도다리를 어획하기 위해 이동해야 했고, 다음으로는 하와이로, 종국에는 많은 물고기와 포유류의 기본 먹이인 크릴을 잡기 위해 남극으로 옮겨야 했다.

뉴잉글랜드에서 캘리포니아까지 미국은 주로 러시아와 일본의 저인망을 겨냥해 남획에 항의했다. 1970년대 미국과 대부분의 국가는 자국 해안 주변 200마일(약 322킬로미터)까지를 배타적 어업 수역으로 지정하면서 이러한 문제를 해결했다. 하지만 불행하게도 이런 결정은 대체로 외국인이 아닌 현지인은 남획을 할 수 있다는 뜻이었다. 소비에트 선단은 러시아 극동으로 돌아와서 예전에는 러시아인이 먹지 않았던 대구, 일본인이 좋아하는 캄차카 게와 연어를 집중적으로 잡았다. 남획은 캄차카에 있는 많은 어촌이 사라지는 결과를 낳았다.

종종 상업적 어업에 관해 듣다 보면 19세기 초 푸시킨이 어부에 대해 노래한 유명한 이야기가 떠오른다. 어부는 황금 물고기를 잡고 나서 그 덕택에 생계를 유지하고 부자가 되었다. 하지만 어부가 더 많은 부를 얻어내려고 끊임없이 애쓰자 결국 물고기는 꼬리를 철썩 튀기며 사라졌다. 어부는 다시 가난해졌다.

소비에트가 무너진 후에 어업 선단은 주로 연어를 어획하는 어선을 포함해 규모는 작지만 자주 파괴적인 영향을 미치는 어업 회사로 민영화했다. 최근 들어서야 어류를 보호하기 위한 규제가 시행되었지만 역사적으로 러시아의 이 '거친 동부'에서는 무시되고 있다.

백연어와 곱사연어가 가장 많이 잡히지만 가치를 제일 크게 인정받는 종은 아시아 시장에서 희귀한 특산품으로 팔리는 홍연어다. 홍연어는 강과 이어진 차가운 호수에서만 산란하는데, 여기에는 더 큰 강들 일부, 특히 길이가 435마일(약 700킬로미터)로 가장 큰 강인 캄차카강도 포함된다. 캄차카강에서는 정치망을 2킬로미터 간격으로 열 개만 칠 수 있다.[11] 어부들은 산란하기 위해 회유하는 연어가 필요한 수만큼 강으로 들어온 후라야 바다에서 홍연어를 잡을 수 있다. 원래 규제 대상은 강뿐이었다. 강으로 들어온 연어의 수가 부족한 경우에는 강에서 연어 어획은 금지된다. 하지만 사람들은 바다와 인접한 지역도 폐쇄해야 한다는 사실을 시간이 지나며 깨달았다. 이제 캄차카반도에서 어획을 할 수 있으려면 회유하는 산란어가 50만 마리 이상, 더 북쪽으로 올라가 넓고 오염되지 않은 원시 상태의 오제르나야강에는 150만 마리 이상이어야 한다. 이만한 양의 물고기가 강을 거슬러 올라간 후라야 어획을 할 수 있도록 개방된다.

이러한 규제 방법은 효과가 있어 보인다. 21세기 양식 물고기가 거의 없는 캄차카에서 회유하는 연어 개체수는 한 세기 만에 최다를 기록했기 때문이다. 다만 환경수용력carrying capacity 때문에 성장이 제한되는 것이 문제이다. 캄차카 정부에서 대표적인 홍연어 전문가로 인정받는 빅토르 부가예프에 따르면, 은연어와 왕연어와 경쟁하는 홍연어의 개체수가 많아질수록 다른 두 종의 개체수는 줄어든다.

캄차카 연어를 구하기 위해 벌이는 오랜 투쟁은 2016년 정부가 결국 자망 어업 폐지에 동의하면서 승리를 거뒀다. 알래스카는 주로 승격한 후에 자망 어선을 중심으로 지속 가능한 연어 어업을 구축할 수 있었다. 당시 자망 어선들은 나머지 48개 주에서 파견한 수산 기업이 소유한 거대한 배였다. 알래스카는 자기 주가 소유한 배, 즉 짧은 그물을 사용하는 소형 선박으로만 어획할 수 있다고 선언했다.

하지만 캄차카에는 이러한 규제가 전혀 없었다. 민영 선단은 뿌리가 없고 탐욕스러운 소비에트 선단의 전통을 따랐다. 이 민영 어선들은 배에서 물고기를 처리하고 냉동할 수 있을 만큼 컸다. 또 자망 어선은 20마일(약 32킬로미터) 길이의 거대한 그물을 사용할 정도로 컸다. 어선들은 이 거대한 그물을 24시간 동안 바다에 쳐두었다. 그러다 보니 막대한 양의 연어와 기타 물고기는 물론 새와 해양 포유동물까지 잡아들였다. 그야말로 생태학적 악몽이었다. 결국 해결책은 바다에서 자망 어업을 폐쇄하는 것이었다.

캄차카 어업의 가장 큰 문제는 규제를 무시하는 밀어꾼들이다. 캄차카에서 어업 규제는 상대적으로 새로운 개념이다. 1905년 러일전쟁이 끝나고 조약을 체결하면서 러시아와 일본 사이에 어업권을 나누기 전까지는 아무런 규제도 없었다. 원주민들은 자신들의 거주 지역에서 어떤 규제도 받지 않고 물고기를 잡을 수 있었다. 하지만 소비에트 정부는 원주민들이 상당히 동화되었으므로 별개의 종족으로 인정할 수 없다고 주장하면서 그들의 어업권을 부정했다. 이것은 많은 나라가 원주민에게서 어업권을 빼앗기 위해 사용하는 방법이다. 다시 말해 원주민에게 동화되라고 강요하고, 나중에는 너무 동화되어 원주민의 권리를 행사할 수 없다고 주장하는 것이다.

역사를 돌아볼 때 어업 규제가 있는 곳에서는 이를 무시하는 전통이 강하게 나타난다. 어떤 밀어꾼들은 시즌마다 수십 번 걸리고 벌금을 물기도 하겠지만, 밀어로 거둔 이익이 벌금보다 훨씬 크다.

유럽 러시아에서 밀어 문제가 널리 논의되고, 이에 대처하기 위해 전문가를 파견해왔는데도 밀어가 매우 공공연하게 이루어지고 있는 까닭을 이해하기 어렵다. 규제 당국은 비스트라야강에서 페트로파블로프스크로 가는 길목에서 자동차를 세워 검문한다. 그렇다면 밀어꾼은 어째서 굳이 이 도로를 사용할까? 부분적으로는 다른 길이 없기 때문이다. 사실 비스트라야강은 시장까지 이어지는 이 길에 놓여 있으므로 밀어꾼들에게 인기가 좋다. 길옆에 서서 검문하는 현지 조사관들은 **전문가**에게 도움을 받는다. 얼굴 윤곽이 각지고 억세며 유쾌한 흑해 지역 출신 어류 전문가는 조사관들이 자동차를 무작위로 세워 검문하는 방식으로, 연어알을 불법으로 운송하는 사람들을 하루에 약 세 차례 잡는다고 설명했다. 밀어꾼들은 종종 알을 빼내고 나서 부피가 크면서 수익성이 떨어지는 물고기의 나머지 부위는 버린다. 이 전문가는 많은 밀어꾼이 여전히 검문을 무사통과하고 있다고 시인했다.

정부는 자주 밀어꾼의 손에 놀아난다. 상업적 어업이 없는 파라툰카강에서는 부화장에서 새로 태어난 물고기가 즉시 밀어꾼들의 수중에 들어가는 것이다. 홍연어를 자망으로 어획하는 것을 금지하자 어부들은 격년으로만 회유하는 곱사연어로 목표물을 바꿨다. 곱사연어가 회유하지 않는 해에는 적법한 절차를 거친 그물을 위법하게 사용해서 다른 물고기들을 잡아들인다.[12]

반도에서 사람이 살지 않는 야생 지역에 가야만 밀어꾼들을 발견할 수 있는 것은 아니다. 사실 도시에 있는 시장에 가까울수록 밀어꾼을 찾을 확률이 높다. 페트로파블로프스크 근처 강둑에서도 밀어꾼을 볼 수 있다. 세 명이 고기를 잡고, '뻐꾸기'(이 새는 시계 덕택에 유명해졌고 캄차카반도의 숲 전체에 울음소리가 울려 퍼진다)로 불리는 한 명이 망을 본다. 그들은 수컷은 잡더라도 놓아주고, 암컷은 배를 갈라 알을 꺼내고 죽은 고기는 강둑에 버린다.

밀어꾼들이 항상 소규모로 움직이는 것은 아니다. 그중에는 지역 주민도 있고 조직적인 범죄 집단도 있다.[13] 러시아인은 캄차카반도 수역에서 불법으로 물고기를 잡으려고 본토에서 온다. 심지어 어린아이가 연어 시즌 동안 불법으로 잡은 물고기를 시장에 갖다주는 심부름만 해도 4만 5000달러를 벌 수 있다.

이때 수익이 좋은 상품은 연어알이다. 러시아인은 연어알을 캐비아라고 부르며 매우 좋아한다. 시장에서는 연어알을 커다란 양동이에 담아 판다. 이때 백연어알뿐 아니라 작고 검붉은색 홍연어알과 다른 종의 알들도 거래한다. 대개는 서로 다른 네다섯 종류의 연어알을 판매한다.

캄차카에서 이루어지는 밀어 어업은 규모가 크며, 물고기를 낭비하는 터라 비경제적이기도 하다. 밀어에 반대하는 조직인 레츠세이브새먼투게더를 설립한 세르게이 바크린Sergei Vakhrin에 따르면, 캄차카에서는 합법보다 불법으로 어획한 물고기가 더 많다. 좀 더 보수적으로 추정하더라도 둘의 수는 엇비슷하다.

하지만 전 세계적으로 밀어 같은 나쁜 관행을 반성하는 사람들이 계속 늘어나고 있다. 페트로파블로프스크에서 플라이 낚시 가이드로 일하는 40대 나자르 가르첸코Nazar Garchenko는 젊었을 때 밀어꾼으로 일한 적이 있다면서 당시에 물고기의 배를 가르고, 알을 뜯어낸 후에 사체는 버렸다고 털어놓았다. 요즈음에는 플라이 낚시를 하면서 미늘 없는 낚싯바늘만 사용하고 물고기를 잡은 후에 놓아주고 있다. 그는 이렇게 말했다. "물론 물고기를 많이 잡지는 못하지만 물고기에게도 살아갈 기회를 주어야죠. 그래서 플라이 낚시가 스포츠인 겁니다."

나가며

우리의 걱정

바닷가에 살든
호숫가나 강가에 살든 대초원에 살든
우리는 물고기의 본성에 관심을 갖는다.
물고기는 특정 지역에만 국한하지 않고
자연에 보편적으로 분산해 존재하는
삶의 형태이자 단계이기 때문이다.

_소로, 《소로의 강》

처음부터 인간이 생각한 경제 발전은 대개 자연을 지배하고 길들이는 것이었다. 자연은 편안하고 질서 정연하고 풍요로운 삶을 누리기 위해 인간이 변형할 수 있는, 겉보기에 쓸모없는 원자재였다.

물리학에서 말하는 열역학 제2법칙은 우주가 질서를 잡기 위해 얼마나 노력하든 무관하게 무질서의 총량은 증가한다는 것이다.[1] 인간의 발달사를 추적해보면 지구에 있는 소우주에서 해당 법칙을 목격할 수 있다. 경제 발전은 야생의 무질서에서 질서를 창출해야 하지만, 경제 발전이 이루어질수록 더 큰 무질서를 만들어낸다. 탄소 배출량이 경제 침체기에 감소하고 **번영기**에 증가한다는 사실만 보더라도 경제 모델이 문제의 일부라는 사실을 분명히 알 수 있다. 우리는 경제를 번영시킬 때 자연에 더 많은 손해를 가한다.[2]

1987년 유엔은 〈우리의 공동 미래Our Common Future〉라는 제목으로 보고서를 발표하고 **지속 가능한 발전**이라는 용어를 정의했다. 해당 보고서는 우리가 현재 누리는 경제 발전은 이것이 초래하는 피해 때문에 유지될 수 없다고 선언했다. 그러면서 이렇게 주장했다. "지구상에서 과거에 전혀 목격하지 못한 속도로 종들이 사라지고 있다는 주장에 대한 공감대가 커지고 있다."

우리가 종을 식별해내는 속도보다 소멸하는 속도가 더 빠르므로 멸종률을 정량화하는 것은 가능하지 않다. 우리는 매년 약 1만 8000종을 새로 발견하기 때문에 윌슨이 표현한 대로 **마법의 샘에 대한 믿음**을 품게 되었다. 만약 지금껏 알려진 종들만 멸종 위기에 직면한다면 매년 새로 발견하는 수천 종, 즉 마법의 샘 덕택에 지구는 구원을 받을 수 있을지 모른다. 문제는 우리가 살아가는 방식이 파괴적인 영향을 미치기 때문에 알려지지 않은 종들이 알려진 종들과 같은 속도로 사라지지 않으리라 가정할 만한 근거가 전무하다는 것이다.

최근에 윌슨은 이렇게 주장했다. "실제로 10년 이상 앞을 내다보며 생각할 수 있는 사람들 사이에 역사상 처음으로 한 가지 확신이 형성되고 있다. 오늘날 인류가 세계적인 종반전을 치르고 있다는 것이다. 인류가 지구를 장악하는 힘은 강하지 않으며 점점 약해지고 있다. 안전하고 편안하게 살아가기에는 인구가 지나치게 많다. 신선한 물은 점점 더 부족해지고, 육지에서 오염 물질을 배출하면서 대기와 바다는 점점 더 오염되고 있다. 기후도 삶에 불리한 방식으로 바뀌고 있다."

우리에게 운이 다했다는 공감대가 과학자들 사이에 커지고 있다. 이러한 비관론이 우세한 주요 이유는 필요한 조치를 취할 정치적 의지가 우리에게 부족해 보인다는 것이다. 세상을 떠나기 얼마 전인 2018년 물리학자 스티븐 호킹Stephen Hawking은 지구가 파괴되기 전에 우주를 식민지로 만들 방법을 인간이 터득하기를 희망한다고 말했다. 만약 현대를 살아가는 인간들이 호킹의 말대로 그러한 방법을 찾아낸다면 다시 오랜 경제 발전 개념을 휘두르면서 과거에 영국, 그다음에 뉴잉글랜드, 그 후에는 태평양 북서부에 있는 강을 차례로 파괴한 것처럼 다른 행성들을 하나씩 파괴할 것이다.

지금 우리는 종의 멸종이 더 많은 종의 멸종으로 이어질 위기에 처해 있다. 이러한 생존 투쟁에 발을 담그고 있다면 연어 종 하나, 아니면 여럿을 잃는 것은 무슨 뜻일까? 특정 종에 속한 특정 개체군, 일종의 아종이 특정 지역에서 이미 멸종했으므로 이 질문에 대한 대답은 분명하다. 강도래 같은 작은 곤충, 불곰이나 바다사자 같은 커다란 포유동물, 독수리·왜가리·가마우지·비오리 같은 다양한 조류의 생애 주기와 밀접한 관계가 있는 종을 잃는 것은 무슨 뜻일까? 우리는 연어 한 종을 잃을 때 얼마나 많은 생물 종을 잃을까? 그리고 그들을 잃음으로써 얼마나 더 많은 다른 생물 종들을 잃을까?

지구상 인구는 앞으로 50년이나 100년 안에 엄청나게 성장하리라 예상되며, 이는 연어 입장에서는 대단히 불길한 징조다. 지난 빙하기 말기에 인간 인구는 약 1000만 명이었고, 이러한 환경은 연어에게 유리했다. 하지만 2016년 3월 인간 인구는 74억 명으로 추정되었다. 유엔은 2100년 지구상 인구가 112억 명까지 늘어나리라 추정하고 있으며, 그러면 인간이 거주할 공간과 식량이 그만큼 필요하다는 뜻이 된다.

사람들은 자신이 처한 절박한 상황을 서서히 이해하기 시작했고, 정치인들과 정책 입안자들을 움직일 수 있을 정도로 많은 사람이 이 상황을 알게 되기를 바라고 있다. 1992년 워싱턴주가 실시한 여론조사에서 유권자의 77퍼센트가 연어를 환경 건강의 중요한 지표로 생각한다고 대답했다.[5] 1997년 포틀랜드에 본부를 두고 있는 일간지 《오리거니언The Oregonian》이 실시한 여론조사 결과를 보더라도 오리건주 인구의 85퍼센트는 컬럼비아강과 스네이크강에서 연어를 보존하는 것이 중요하다고 대답했고, 60퍼센트는 컬럼비아강 시스템을 관리하는 문제에서 연어를 보존하는 것이 상업보다 중요하다고 말했다.

복구 프로그램이 안고 있는 문제점의 하나는 **기준점 이동**이다. 만약 강을 1950년의 재앙적인 수준이나 심지어 1850년 수준으로 되돌리는 것을 목표로 삼는다면 결코 연어 개체수를 복구하지 못할 것이다. 문제는 산업혁명 이전에 연어가 풍부했다는 사실을 아무도 기억하지 못하는 탓에 당시 수준을 열망하지 못하는 것이다. 비록 민간전승, 책, 문서에만 존재하더라도 과거의 역사적인 수준에 도달하는 것을 목표로 삼아야 한다.

소로가 썼듯이 "물고기가 울 때 누가 그 소리를 듣는가?"

우리가 강둑으로 내려가 물고기들의 울음소리에 귀를 기울여야 할 것이다.

감사의 말

파타고니아의 탁월한 출판부, 특히 칼라 올슨Karla Olson과 존 더턴John Dutton과 함께 일할 수 있어서 정말 즐거웠다. 연어에 대한 훌륭한 내용의 책을 쓴 마이클 위건이 스코틀랜드와 아일랜드에서 내게 베푼 도움과 환대에 감사하다. 팻 퀸Pat Quinn에게 감사합니다. '연어를 잡지 못하는 100가지 방법'이라는 제목으로 책을 쓰는 것이 어떻겠냐고 내게 제안하기는 했지만, 서소강 낚시에 나를 데려가 스페이 낚싯대 다루는 법을 내게 가르쳤다. 고지대에서 나를 환대해준 빌 메인Bill Main에게도 감사하다.

골웨이에서 시간을 내주며 나를 도와준 패디 가르간, 나를 도와주고 환대해준 놈 밴 백터Norm Van Vactor, 아름다운 네르카호수를 보여준 대니얼 쉰들러Daniel Schindler, 알래스카에서 나를 도와주고 조언을 해준 캐롤 앤 우디Carol Ann Woody, 자신들에게 있는 귀중한 통찰을 공유해준 두 저자 레이 힐본Ray Hilborn과 리처드 윌리엄스에게도 감사하다.

캄차카에서 통역과 안내를 맡아주고 나를 많이 도와준 빅토리아 칠코테Viktoria Chilcote에게 심심한 감사를 표한다.

홋카이도국립수산연구소의 후쿠와카 마사아키, 벚꽃연어를 잡는 즐거움을 누리도록 도와주었던 세지 사토Seji Sato, 도쿄의

레스토랑을 안내해주고 지식을 공유해준 오나 밀리코Ona Miliko, 늘 그렇듯 친구인 클라크 요코Clark Yoko에게 깊이 감사하다. 당신이 없었다면 내가 어떻게 일본을 탐색할 수 있었을까?

나를 환대해주고 함께 물고기를 잡으러 가준 테아와 올에게 감사하다. 진정으로 숙련된 어부들과 함께 물고기를 잡는 것은 인생 최고의 학습 경험이었다.

노르웨이에서 친절하고 관대한 태도로 나를 도와준 팰 무가스Pål Mugaas, 베르겐에서 나를 도와준 에릭 스테루드Eric Sterud에게도 감사하다.

이 모든 일을 가능하게 해준 친구이자 에이전트인 샬롯 쉬디Charlotte Sheedy, 내게 사랑과 지지를 아끼지 않는 가장 소중한 메리언Marian과 탈리아Talia에게 특별한 감사의 마음을 전한다.

주석

들어가며: 두 어부 이야기

1 Alaska Department of Fish and Game.

2 2016년 4월 20일, 뉴욕에서 티파니사의 CEO 마이클 코왈스키를 인터뷰했다.

3 Xanthippe Augerot, *Atlas of Pacific Salmon* (Oakland: University of California Press, 2005), 28.

4 "Exxon Valdez Oil Spill," History.com. https://www.history.com/topics/1980s/exxonvaldez-oil-spill.

5 National Ocean Service of the National Oceanic and Atmospheric Administration.

6 Silvio Calabi and Andrew Stout, eds., *A Hard Look at Some Tough Issues: New England Atlantic Salmon Management Conference* (Danvers, MA, April 22~23, 1994), 209~210.

7 North Atlantic Salmon Conservation Organization (NASCO). "Report of the ICES Advisory Committee" 17~18 (2017). http://www.nasco.int/pdf/2017%20papers/CNL_17_8_ACOM_Advice.pdf.

8 Mary Callahan, "Worst Salmon Season in Eight Years Projected in California," The Press Democrat (Santa Rosa, CA), March 6, 2017.

9 Xanthippe Augerot, *Atlas of Pacific Salmon*, xi.

10 J. Cornish, *A View of the Present State of the Salmon and Channel-fisheries; and of the Statute Laws by which they are Regulated*, 19, (1824).

1장 연어 가문

1 Jim Lichatowich, *Salmon Without Rivers: A History of the Pacific Salmon Crisis* (Washington, DC: Island Press, 1999), 11~15.

2 Richard N. Williams, *Return to the River: Restoring Salmon Back to the Columbia River* (London: Elsevier Academic Press, 2006), 101.

3 David Quammen, *The Tangled Tree: A Radical New History of Life* (New York: Simon & Schuster, 2018), 37.

4 Sally Gregory Kohlstedt, ed, *The Origins of Natural Science in America: The Essays of George Brown Goode* (Washington, DC: Smithsonian, 1991), 121.

5 J. Cornish, *A View of the Present State of the Salmon and Channel-fisheries*, 149.

6 Cicely Lyons, *Salmon: Our Heritage* (Vancouver: British Columbia Packers Limited, 1969), 21~22.

7 Richard J. King, *The Devil Cormorant: A Natural History* (Durham: University of New Hampshire Press, 2013), 149.

8 Bruce C. Brown, *Mountains in the Clouds: A Search for the Wild Salmon* (New York: Simon & Schuster, 1982), 33~34.

9 Robert J. Browning, *Fisheries of the North Pacific* (Alaska Northwest Books, 1980), 37.

10 Richard N. Williams, *Return to the River*, 101.

11 C. Groot and L. Margolis, eds., *Pacific Salmon: Life Histories* (Vancouver: UBC Press, 1991), 329.

12 Langdon Cook, *Upstream* (New York: Ballantine Books, 2017), 2~38.

13 Robert J. Browning, *Fisheries of the North Pacific*, 37.

14 Trey Combs, *The Steelhead Trout* (Portland: Northwest Salmon Trout Steelheader Company, 1971), 66.

15 National Research Council, *Upstream: Salmon and Society in the Pacific Northwest* (Washington, DC: National Academy Press, 1996), 33.

16 Roderick L. Haig-Brown, *The Seasons of a Fisherman: A Fly Fisher's Classic Evocations of Spring, Summer, Fall, and Winter Fishing* (New York: The Lyons Press, 2002), 255~256; Haig-Brown's source was Neave, Ferris, "The Origin and Speculation of Oncorhynchus," *Transactions of the Royal Society of Canada*, vol. LII, Series III, June 1958.

17 Michael Wigan, *Salmon: The Extraordinary Story of the King of Fish* (London: William Collins, 2013), 46, 45.

18 Cicely Lyons, *Salmon: Our Heritage, the Story of a Province and an Industry*

(British Columbia: Mitchell Press, 1969), 23.

19 Thomas P. Quinn, *The Behavior and Ecology of Pacific Salmon & Trout* (Seattle: University of Washington Press, 2004), 209~210.

20 Vine Deloria Jr., *Indians of the Pacific Northwest* (New York: Doubleday Books, 1977), 5.

21 John F. Roos, *Restoring Fraser River Salmon* (Vancouver, BC: Pacific Salmon Commission, 1991), 2, 9.

22 Vine Deloria Jr., *Indians of the Pacific Northwest*, 8.

23 Thomas P. Quinn, *The Behavior and Ecology of Pacific Salmon & Trout*, 92.

2장 영웅의 생애

1 Blaine Harden, *A River Lost: The Life and Death of the Columbia* (New York: W.W. Norton, 2012), 228.

2 Thomas P. Quinn, *The Behavior and Ecology of Pacific Salmon & Trout*, 7.

3 Thomas P. Quinn, *The Behavior and Ecology of Pacific Salmon & Trout*, 8.

4 Thomas P. Quinn, *The Behavior and Ecology of Pacific Salmon & Trout*, 159~166.

5 Thomas P. Quinn, *The Behavior and Ecology of Pacific Salmon & Trout*, 267.

6 Silvio Calabi and Andrew Stout, eds., *A Hard Look at Some Tough Issues*, 240~258.

7 Richard J. King, *The Devil Cormorant*, 9~54.

8 Michael Wigan, *Salmon: The Extraordinary Story of the King of Fish*, 134.

9 Dale Stokes, *The Fish in the Forest: Salmon and the Web of Life* (Oakland: University of California Press, 2014), 133.

10 Bruce C. Brown, *Mountains in the Clouds*, 29.

11 Thomas P. Quinn, *The Behavior and Ecology of Pacific Salmon & Trout*, 134~135.

12 Dale Stokes, *The Fish in the Forest*, 116.

13 Thomas P. Quinn, *The Behavior and Ecology of Pacific Salmon & Trout*, 85.

14 Anthony Netboy, *The Atlantic Salmon: A Vanishing Species?* (Boston: Houghton Mifflin, 1968), 32.

15 Louis Roule, *Les Poissons Migrateurs* (Paris, 1922), 24.
16 Joseph Cone, *A Common Fate: Endangered Salmon and the People of the Pacific Northwest* (New York: Henry Holt and Company, 1995), 8~9.
17 Charles Darwin letter to Asa Gray, April 3, 1860.
18 Edward O. Wilson, ed., *From So Simple a Beginning: Darwin's Four Great Books* (New York: Norton, 2005), 1025.
19 Richard O. Prum, *The Evolution of Beauty* (New York: Doubleday, 2017), 8, 253.
20 2016년 7월 12일, 네르카호수에서 워싱턴주립대학교 생물학과 교수인 대니얼 쉰들러를 인터뷰했다.
21 Bruce C. Brown, *Mountains in the Clouds*, 216.
22 Roderick L. Haig-Brown, *The Seasons of a Fisherman*, 301.

3장 최초의 연어

1 Michael Wigan, *Salmon: The Extraordinary Story of the King of Fish*, 81.
2 Torstein Skara, et al., "Fermenting and Ripened Fish Products in the Northern European Countries," *Journal of Ethnic Food 2*, no. 1, March 2015, 18~24.
3 Anthony Netboy, *The Atlantic Salmon*, 163.
4 Ann Hagen, *A Second Handbook of Anglo-Saxon Food & Drink* (Norfolk, England: Anglo-Saxon Books, 1995), 165, 298.
5 Peter Brears, *Cooking and Dining in Medieval England* (Devon, UK: Prospect Books, 2012), 143~144, 320, 332.
6 Alex Russel, *The Salmon* (reprint) (London: Forgotten Books, 2018), 135.
7 Anthony Netboy, *The Atlantic Salmon*, 163.
8 Colin Spencer, *British Food: An Extraordinary Thousand-Year History* (New York: Columbia University Press, 2003), 205.
9 Maritime Life & Traditions, 25, 24~37.
10 David R. Montgomery, *The King of Fish: The Thousand-Year Run of Salmon* (New York: Basic Books, 2004), 63.
11 Daniel Defoe, *A Tour Thro' the Whole Island of Great Britain* (London: J. M. Dent and Co., 1927), 93, 201, 271, 296, 361, 367~368.

12 Anthony Netboy, *The Atlantic Salmon*, 231.

13 Robert May, *The Accomplisht Cook* (facsimile of 1685 edition) (Devon, UK: Prospect Books, 1994), 333.

14 W. M., *The Compleat Cook*, 47.

15 Cora Millet-Robinet, *The French Country Housewife: Maison rustique des dames, translated by Tom Jaine* (London: Prospect Books, 2017), 536.

16 Alex Russel, *The Salmon*, 160.

17 Anthony Netboy, *The Atlantic Salmon*, 189.

18 Anthony Netboy, *The Atlantic Salmon*, 26; And Archibald Young, *Salmon Fisheries* (original 1877, reprinted by Ulan Press, 2012).

19 Anthony Netboy, *The Atlantic Salmon*, 186.

20 Martin Daunton, "London's 'Great Stink' and Victorian Urban Planning," BBC History, 8.

21 Anthony Netboy, *The Atlantic Salmon*, 26.

22 Anthony Netboy, *The Atlantic Salmon*, 52~53; Enrique G.Camino, *La Riqueza Piscicola de los Rios del Norte de Espana*.

23 Jose Carlos Capel, *Manual Del Pescado* (Madrid: R & B Ediciones, 1995), 326.

24 Anthony Netboy, *The Atlantic Salmon*, 30.

25 Terence Scully, ed., and trans. Chiquart's *"On Cookery": A Fifteenth-Century Savoyard Culinary Treatise* (New York: Peter Lang, 1986), 76.

26 Alexandre Dumas …: Alexandre Dumas, *Le Grand Dictionnaire de Cuisine, vol. 3, Poissons* (Paris: Edit France, 1995, original 1873), 160.

27 Louis Roule, *Les Poissons Migrateurs*, 155~156.

28 Alexandre-Laurent Grimod de La Reyniere, *Almanach des Gourmands 1803*, 80.

29 Alexandre Dumas, *Le Grand Dictionnaire de Cuisine*, vol. 3, Poissons, 162.

4장 새 땅에 옛 방식

1 Robert Juet, *Juet's Journal: The Voyage of the Half Moon from 4 April to 7 November 1609*, September 15. The New Jersey Historical Society; Limited Edition (1959).

2 Theodore Steinberg, *Nature Incorporated: Industrialization and the Waters of New England* (Cambridge: Cambridge University Press, 1991), 24.

3 Catherine Schmitt, *The President's Salmon* (Maine: Down East Books, 2015), 30.

4 Ornólfur Thorsson, ed., *The Sagas of Icelanders: A Selection* (New York: Viking Adult, 2000), 639.

5 Karen Ordahl Kupperman, ed., *Captain John Smith: A Select Edition of His Writings* (Omohundro Institute and University of North Carolina Press, 1988), 21, 220, 265.

6 David R. Montgomery, *The King of Fish*, 95.

7 William Cronon, *Changes in the Land: Indians, Colonists, and the Ecology of New England* (New York: Hill and Wang, 1983), 151~152.

8 Calvin Martin, *Keepers of the Game: Animal-Indian Relationships and the Fur Trade* (Oakland: University of California Press, 1982), 34~37, 79.

9 Reverend Francis Higginson, *New Englands Plantation* (Salem, MA: The Essex Book and Print Club, 1908, originally 1630).

10 William Cronon, *Changes in the Land: Indians, Colonists, and the Ecology of New England*, 42.

11 Alexander Mackenzie, *The Journals of Alexander Mackenzie: Exploring Across Canada in 1789 & 1793* (Torrington, WY: The Narrative Press, 2001), 51.

12 R. W. Dunfield, *The Atlantic Salmon in the History of North America* (Ottawa: Canadian Department of Fisheries and Oceans, 1985), 56.

13 David R. Montgomery, *The King of Fish*, 97~98.

14 David R. Montgomery, *The King of Fish*, 98.

15 Theodore Steinberg, *Nature Incorporated: Industrialization and the Waters of New England*, 39.

16 David R. Montgomery, *The King of Fish*, 101.

17 Silvio Calabi and Andrew Stout, eds., *A Hard Look at Some Tough Issues*, 36.

18 James E. Butler and Arthur Taylor, *Penobscot River Renaissance: Restoring America's Premier Atlantic Salmon Fishery* (Camden, ME: Down East Books, 1992), 1.

19 Fannie Hardy Eckstorm, *The Penobscot Man* (New York: Houghton Mifflin, 1904), 34.
20 Humphry Davy, *Salmonia: Or, Days of Fly Fishing* (London: John Murray, 1828), 120.
21 David R. Montgomery, *The King of Fish*, 102.
22 Silvio Calabi and Andrew Stout, eds., *A Hard Look at Some Tough Issues*, 37.
23 Silvio Calabi and Andrew Stout, eds., *A Hard Look at Some Tough Issues*, 36~37.
24 Catherine Schmitt, *The President's Salmon*, 20.
25 Herbert Hoover, *Fishing for Fun and to Wash Your Soul* (New York: Random House, 1963), 79~81.
26 Hoagy B. Carmichael, *The Grand Cascapedia River* (New York: Abbeville Press, 2015), 341.
27 Hoagy B. Carmichael, *The Grand Cascapedia River*, 342.
28 Hoagy B. Carmichael, *The Grand Cascapedia River*, 346.
29 Anthony Netboy, *The Atlantic Salmon*, 366.
30 Roderick L. Haig-Brown, *The Seasons of a Fisherman*, 201.
31 John Thorpe, ed., *Salmon Ranching* (New York: Academic Press, 1980), 215.

5장 황금 물고기가 동부에 도착하다

1 Brian M. Fagan, *Fishing: How the Sea Fed Civilization* (New Haven, CT: Yale University Press, 2017), 65~72, 68.
2 Xanthippe Augerot, *Atlas of Pacific Salmon*, 17.
3 Victor F. Bugaev, *Asian Sockeye Salmon* (Petropavlovsk-Kamchatsky: Kamchatpress, 2011), 6.

6장 인간과 연어가 공생하던 시절

1 Jim Lichatowich, *Salmon Without Rivers*, 27~33.
2 Katrine Barber, *Death of Celilo Falls* (Seattle: University of Washington Press, 2005), 22~23.

3 Heidi Bohan, *The People of Cascadia: Pacific Northwest Native American History* (Seattle: 4 culture, 2009), 88.

4 Heidi Bohan, *The People of Cascadia*, 122.

5 Arthur F. McEvoy, *The Fisherman's Problem: Ecology and Law in the California Fisheries*, 1850~1980 (Cambridge: Cambridge University Press, 1990), 19.

6 National Research Council, *Upstream: Salmon and Society in the Pacific Northwest*, 46.

7 Jim Lichatowich, *Salmon, People, and Place: A Biologist's Search for Salmon Recovery* (Corvallis: Oregon State University Press, 2013), 15; And American Friends Service Committee; *Uncommon Controversy: Fishing Rights of the Muckleshoot, Puyallup, and Nisqually Indians* (Seattle: University of Washington, 1970), 3.

8 John Thorpe, ed., *Salmon Ranching*, 30.

9 Arthur F. McEvoy, *The Fisherman's Problem*, 24.

10 Dale Stokes, *The Fish in the Forest*, 7.

11 Xanthippe Augerot, *Atlas of Pacific Salmon*, 17.

12 Vine Deloria Jr., *Indians of the Pacific Northwest*, 5.

13 Joseph E. Taylor, *Making Salmon: An Environmental History of the Northwest Fisheries Crisis* (Seattle: University of Washington Press, 2001), 30~31.

14 Roderick L. Haig-Brown, *The Seasons of a Fisherman*, 133~134.

15 Joseph E. Taylor, *Making Salmon*, 31.

16 Alexander Mackenzie, *The Journals of Alexander Mackenzie*, 350, 355.

17 Hilary Stewart, *Indian Fishing: Early Methods on the Northwest Coast* (British Columbia: Douglas & McIntyre Ltd., 1994), 171.

18 Vine Deloria Jr., *Indians of the Pacific Northwest*, 18.

19 Heidi Bohan, *The People of Cascadia*, 112.

20 Roderick L. Haig-Brown, *The Seasons of a Fisherman*, 134.

21 Vine Deloria Jr., *Indians of the Pacific Northwest*, 13.

22 Anthony Netboy, *The Columbia River Salmon and Steelhead Trout, Their Fight for Survival* (Seattle: University of Washington Press, 1980), 11.

23 Hilary Stewart, *Indian Fishing: Early Methods on the Northwest Coast*,

32~35.

24 Vine Deloria Jr., *Indians of the Pacific Northwest*, 4.

25 Rik Scarce, *Fishy Business: Salmon, Biology, and the Social Construction of Nature* (Philadelphia: Temple University Press, 2000), 5.

7장 백인이 오다

1 Heidi Bohan, *The People of Cascadia*, 134.

2 Richard N. Williams, *Return to the River*, 200, 201.

3 Roberta Ulrich, *Empty Nets: Indians, Dams, and the Columbia River* (Corvallis: Oregon State University Press, 2007), 8.

4 Bernard DeVoto, ed., *The Journals of Lewis and Clark* (Wilmington, MA: Mariner Books, 1997), 309.

5 Alvin M. Josephy Jr., *The Nez Perce Indians and the Opening of the Northwest* (Wilmington, MA: Mariner Books 1997), 8.

6 Cicely Lyons, *Salmon: Our Heritage, the Story of a Province and an Industry*, 27.

7 Cicely Lyons, *Salmon: Our Heritage, the Story of a Province and an Industry*, 650.

8 David R. Montgomery, *The King of Fish*, 125~126.

9 Alvin M. Josephy Jr., *The Nez Perce Indians and the Opening of the Northwest*, 244.

10 Arthur F. McEvoy, *The Fisherman's Problem*, 69.

11 Arthur F. McEvoy, *The Fisherman's Problem*, 47.

12 Arthur F. McEvoy, *The Fisherman's Problem*, 83~84.

13 Jim Lichatowich, *Salmon Without Rivers*, 57.

14 Anthony Netboy, *Salmon of the Pacific Northwest: Fish vs. Dams* (Portland: Binfords & Mort, 1958), 20.

15 This is the recipe: *This recipe is adopted from Rachel Laudan, The Food of Paradise: Exploring Hawaii's Culinary Heritage* (Honolulu: University of Hawaii Press, 1996), 137.

16 Anthony Netboy, *The Columbia River Salmon and Steelhead Trout, Their Fight for Survival*, 20.

17. Anthony Netboy, *Salmon of the Pacific Northwest: Fish vs. Dams*, 22~24.
18. Anthony Netboy, *Salmon of the Pacific Northwest: Fish vs. Dams*, 21.
19. Jim Lichatowich, *Salmon, People, and Place: A Biologist's Search for Salmon Recovery*, 38.
20. Anthony Netboy, *The Columbia River Salmon and Steelhead Trout, Their Fight for Survival*, 22.
21. Gunther Barth, *Bitter Strength: A History of the Chinese in the United States, 1850~1870* (Cambridge: Harvard University Press, 1964), 50~51.
22. Gunther Barth, *Bitter Strength: A History of the Chinese in the United States, 1850~1870*, vii.
23. Joseph E. Taylor, *Making Salmon*, 137.
24. Alvin M. Josephy Jr., *The Nez Perce Indians and the Opening of the Northwest*, 640.
25. Stephen Hawley, *Recovering a Lost River: Removing Dams, Rewilding Salmon, Revitalizing Communities* (Boston: Beacon Press, 2011), 188; And American Friends Service Committee, *Uncommon Controversy: Fishing Rights of the Muckleshoot, Puyallup, and Nisqually Indians*, 19.
26. Ron Chernow, *Grant*, 658~659.
27. Ron Chernow, *Grant*, 512.
28. Alvin M. Josephy Jr., *The Nez Perce Indians and the Opening of the Northwest*, 633.

8장 돌아갈 곳을 잃다

1. Joseph E. Taylor, *Making Salmon*, 3.
2. Richard N. Williams, *Return to the River*, 201.
3. Jim Lichatowich, *Salmon Without Rivers*, 61~62.
4. Bruce C. Brown, *Mountains in the Clouds*, 33~34.
5. National Research Council, *Upstream: Salmon and Society in the Pacific Northwest*, 58.
6. National Research Council, *Upstream: Salmon and Society in the Pacific Northwest*, 69.
7. Roderick L. Haig-Brown, *The Seasons of a Fisherman*, 202.

8. National Research Council, *Upstream: Salmon and Society in the Pacific Northwest*, 63~64.
9. National Research Council, *Upstream: Salmon and Society in the Pacific Northwest*, 10.
10. Richard N. Williams, *Return to the River*, 12.
11. Joseph Cone, *A Common Fate: Endangered Salmon and the People of the Pacific Northwest*, 32.
12. Anthony Netboy, *The Columbia River Salmon and Steelhead Trout, Their Fight for Survival*, 14~15.
13. Katrine Barber, *Death of Celilo Falls*, 4.
14. Stephen Hawley, *Recovering a Lost River: Removing Dams, Rewilding Salmon, Revitalizing Communities*, 75.
15. Roderick L. Haig-Brown, *The Seasons of a Fisherman*, 203.
16. Michael Wigan, *Salmon: The Extraordinary Story of the King of Fish*, 214.

9장 더 많이 만들어내면 되지 않을까?

1. Noel P. Wilkins, *Ponds, Passes, and Parcs: Aquaculture in Victorian Ireland* (Dublin: The Glendale Press, 1989), 20~35; Samuel Wilson, *Salmon at The Antipodes: Being an Account of the Successful Introduction of Salmon and Trout Into Australian Waters* (London: Edward Stanford, 1879), 2.
2. Anthony Netboy, *The Atlantic Salmon*, 33; Samuel Wilson, *Salmon at The Antipodes*, 2. 슈테펜 루트비히 야코비를 장교로 언급한 출처가 많다. 넷보이는 야코비를 육군 중위로 언급했지만, 윌슨은 동식물 연구가로 언급했다. 아마도 둘에 모두 해당할 것이다.
3. Noel P. Wilkins, *Ponds, Passes, and Parcs*, 24.
4. Transactions of the Royal Dublin Society for 1791, part 2, 119~132, 1800.
5. David R. Montgomery, *The King of Fish*, 152.
6. Samuel Wilson, *Salmon at The Antipodes*, 3.
7. Samuel Wilson, *Salmon at The Antipodes*, 6.
8. Genio C. Scott, *Fishing in American Waters* (Secaucus, NJ: Castle Books, 1869 — reprint of 1888 edition, originally published in 1875), 364.
9. David R. Montgomery, *The King of Fish*, 152~153.

10 Samuel Wilson, *Salmon at The Antipodes*, 7.

11 Noel P. Wilkins, *Ponds, Passes, and Parcs*, 86~94, 106.

12 Theodatus Garlick, *A Treatise on the Artificial Propogation of Fish* (New York: A. O. Moore, Agricultural Book Publisher, 1858), 1, 53

13 Genio C. Scott, *Fishing in American Waters*, 203.

14 Samuel Wilson, *Salmon at The Antipodes*, 31.

15 Samuel Wilson, *Salmon at The Antipodes*, 33.

16 Cicely Lyons, *Salmon: Our Heritage, the Story of a Province and an Industry*, 409.

17 Xanthippe Augerot, *Atlas of Pacific Salmon*, 29.

18 Samuel Wilson, *Salmon at The Antipodes*, 35.

19 Joseph E. Taylor, *Making Salmon*, 95.

20 Elizabeth Cleland, *A New and Easy Method of Cookery* (facsimile of 1755 edition), 111.

21 Peter Gray and Michael Charleston, *Swimming Against the Tide: Restoring Salmon to the Tyne* (Ellesmere, Shropshire: The Medlar Press, 2011), 9.

22 Kanoko Okamoto, *A Riot of Goldfish, translated by J. Keith Vincent* (London: Hesperus Worldwide 2010), 16.

23 Arthur F. McEvoy, *The Fisherman's Problem: Ecology and Law in the California Fisheries, 1850~1980*, 197.

24 Samuel Wilson, *Salmon at The Antipodes*, iv, 15.

25 Silvio Calabi and Andrew Stout, eds., *A Hard Look at Some Tough Issues*, 92.

26 David Starr Jordan and Barton W. Everman, *American Food and Game Fishes: A Popular Account of All the Species Found in America, North of the Equator, with Keys for Ready Identification, Life Histories, and Methods of Capture* (New York: Doubleday, 1902), 148.

27 David R. Montgomery, *The King of Fish*, 161.

28 David R. Montgomery, *The King of Fish: The Thousand-Year Run of Salmon, quoting C. L. Smith, Salmon Fishers of the Columbia* (Corvallis: Oregon State University Press, 1979), 76; Wild Fish Conservancy http://wildfishconservancy.org/wild-steelhead/scientific-evidence-on-adverse-effects-of-steelhead-hatcheries.

29 Rik Scarce, *Fishy Business: Salmon, Biology, and the Social Construction of Nature*, 6.

30 Jack Stanford, John Duffield, Courtney Flint, and Gordon Luikart. "The Efficacy of Hatcheries in Securing the Future of Pacific Rim Wild Salmon," 2014, 2.

31 Benedict J. Colombi and James F. Brooks, eds., *Keystone Nations: Indigenous Peoples and Salmon across the North Pacific* (Santa Fe: SAR Press, 2012), 201.

32 2017년 7월 11일, 밸디즈 소재 밸디즈어업개발협회 전무이사인 마이크 웰스Mike H. Wells를 인터뷰했다. 이 지역 대부분이 멀리 떨어져 있고, 수상용 경비행기를 이용해야 갈 수 있지만 밸디즈는 오명을 듣고 있는 유류 취급항에 서비스를 제공하기 위해 앵커리지까지 뻗어 있는 대단히 편리한 도로를 보유하고 있다.

33 2017년 7월 12일, 알래스카주 코도바 소재 프린스윌리엄해협과학센터에 재직 중인 피터 랜드Peter Rand를 인터뷰했다.

34 Hitoshi Araki, Barry A. Berejikian, Michael J. Ford, and Michael S. Blouin; "A Fitness of Hatchery-reared Salmonids in the Wild," 28 April 2008. https://www.ncbi.nlm.nih.gov/pmc/articles/PMC3352433/

35 Phillip S. Levin, Richard W. Zabel, and John G. Williams, "The Road to Extinction is Paved with Good Intentions: Negative Association of Fish Hatcheries with Threatened Salmon," The Royal Society, 2001.

36 2017년 7월 12일, 프린스윌리엄해협과학센터의 랜드를 인터뷰했다. Also, Jack Stanford, et al., "The Efficacy of Hatcheries in Securing the Future of Pacific Rim Wild Salmon," 2.

37 G. T. Ruggerone, M. Zimmermann, K. W. Myers, J. L. Nielsen, and D. E. Rogers, "Competition between Asian Pink Salmon (Oncorhynchus gorbuscha) and Alaskan Sockeye Salmon (O. nerka) in the North Pacific Ocean," *Fish. Oceanogr*. 12:3, 209~219, 2003.

38 Genio C. Scott, *Fishing in American Waters*, 365.

10장 바다 가축

1 Brian M. Fagan, *Fishing: How the Sea Fed Civilization*, 11.

2. Anthony Netboy, *The Columbia River Salmon and Steelhead Trout, Their Fight for Survival*, 107.
3. Mark Kurlansky, *The Big Oyster: History on the Half Shell* (New York: Ballantine, 2006), 116~117.
4. Genio C. Scott, *Fishing in American Waters*, 347~349.
5. Xanthippe Augerot, *Atlas of Pacific Salmon*, 29.
6. Xanthippe Augerot, *Atlas of Pacific Salmon*, 38.
7. Noel P. Wilkins, *Ponds, Passes, and Parcs*, 115.
8. 2018년 6월 4일, 노르웨이 베르겐 소재 그리그시푸드에서 사료와 영양 담당 이사로 재직 중인 토르 에이릭 홈메를 인터뷰했다.
9. Silvio Calabi and Andrew Stout, eds., *A Hard Look at Some Tough Issues*, 73.
10. 2018년 6월 4일 그리그시푸드에서 홈메를 인터뷰했다.
11. Lynda V. Mapes, "State Kills Atlantic Salmon Farming in Washington," *Seattle Times*, March 23, 2018.
12. Lynda V. Mapes, "Escaped Atlantic Salmon Have Disappeared from Puget Sound, but Legal Fight Begins." *Seattle Times*, November 14, 2017.
13. 2018년 6월 4일 그리그시푸드의 홈메와 노르웨이 베르겐 소재 노르웨이수의학연구소에서 어류 건강 담당 부책임자로 재직 중인 브릿 헬트네스를 인터뷰했다.
14. Lynda V. Mapes, "Virus in Escaped Fish Common, Not Harmful to Salmon in Washington Waters, State Says," Seattle Times, February 19, 2018.
15. Jim Lichatowich, *Salmon, People, and Place: A Biologist's Search for Salmon Recovery*, 106.
16. Margaret Munro, "Ottawa Silences Scientist Over West Coast Salmon Study," *Postmedia News*, July 27, 2011.
17. Jim Lichatowich, *Salmon, People, and Place: A Biologist's Search for Salmon Recovery*, 108.
18. 2018년 6월 4일, 그리그시푸드에서 홈메를 인터뷰했다.
19. 2018년 6월 6일, 노르웨이 베르겐 소재 카길아쿠아뉴트리션노르웨이에서 사업 개발 책임자로 재직 중인 시구르트 톤하임Sigurd K. Tonheim을 인터뷰했다.
20. 2017년 8월 28일, 스코틀랜드 포트 아우구스투스에서 마린하베스트 스코틀랜드 지사에 재직 중인 벤 하트필드를 인터뷰했다.

21 2018년 6월 6일, 노르웨이 베르겐 소재 해양 연구소에 재직 중인 독물학자toxicologist 로빈 외른스루드Robin Ørnsrud를 인터뷰했다.

22 카길아쿠아뉴트리션노르웨이 톤하임의 말을 인용했다. 해양 연구소의 외른스루드와 미국의 다른 과학자들이 이 말의 정확성을 확인했다.

23 Silvio Calabi and Andrew Stout, eds., *A Hard Look at Some Tough Issues*, 181.

24 Andrew Pollack, "Genetically Engineered Salmon Approved for Consumption," *New York Times*, November 19, 2015.

11장 방류

1 Brian M. Fagan, *Fishing: How the Sea Fed Civilization*, 151.

2 William Radcliffe, *Fishing from the Earliest Times* (Chicago: Ares Publishers, 1974 reprint of 1921 edition), 152, 156.

3 William Radcliffe, *Fishing from the Earliest Times*, 188.

4 Paul Schullery, *American Fly Fishing* (Manchester, VT: The American Museum of Fly Fishing, 1987), 8.

5 Dean Sage, *The Ristigouche and its Salmon Fishing* (Edinburgh: David Douglas, 1887), 237.

6 Richard C. Hoffman, *Fishers' Craft and Lettered Art: Tracts on Fishing from the End of the Middle Ages* (Toronto: University of Toronto Press, 1997), 5~6.

7 John McDonald, *The Origins of Angling* (New York: Lyons & Burford, 1957), 73.

8 John McDonald, *The Origins of Angling*, 4~5.

9 John McDonald, *The Origins of Angling*, 21.

10 John McDonald, *The Origins of Angling*, 7.

11 Dean Sage, *The Ristigouche and its Salmon Fishing*, 233.

12 John McDonald, *The Origins of Angling*, 68.

13 Humphry Davy, *Salmonia, or Days of Fly Fishing*, 3.

14 Michael Wigan, *Salmon: The Extraordinary Story of the King of Fish*, 93.

15 Anthony Netboy, *The Atlantic Salmon*, 132.

16 Anthony Netboy, *The Atlantic Salmon*, 137.

17 Anthony Netboy, *The Atlantic Salmon*, 338.
18 Charles E. Goodspeed, *Angling in America: Its Early History and Literature* (Boston: Houghton Mifflin, 1939), 11~12.
19 Charles E. Goodspeed, *Angling in America: Its Early History and Literature*, 59.
20 Catherine Schmitt, *The President's Salmon*, 21.
21 Dean Sage, *The Ristigouche and its Salmon Fishing*, 17.
22 Anthony Netboy, *The Atlantic Salmon*, 358.
23 Genio C. Scott, *Fishing in American Waters*, 206.
24 Paul Schullery, *American Fly Fishing* (Manchester, VT: The American Museum of Fly Fishing, 1987), 49.
25 Trey Combs, *The Steelhead Trout*, 107.
26 Paul Schullery, *American Fly Fishing*, 62~63.
27 Roderick L. Haig-Brown, *The Seasons of a Fisherman*, 131.
28 Joseph E. Taylor, *Making Salmon*, 183.
29 Trey Combs, *The Steelhead Trout*, 82.
30 Arthur F. McEvoy, *The Fisherman's Problem*, 135.
31 Catherine Schmitt, *The President's Salmon*, 4, 58.
32 Herbert Hoover, *Fishing for Fun and to Wash Your Soul*, 57.
33 Jimmy Carter, *An Outdoor Journal: Adventures and Reflections* (New York: Bantam Books, 1988).

12장 대서양을 위한 애가

1 2015년 3월, 아이슬란드 레이캬비크에서 오리 뷔프손을 인터뷰했다.
2 2018년 6월, 어업서비스애틀랜틱에 재직 중인 티모시 시한을 인터뷰했다.
3 Report of a Themebased Special Session of the Council of NASCO, "Maintaining and Improving River Connectivity with Particular Focus on Impacts of Hydropower," June 3, 2015.
4 2018년 6월, 노르웨이 스티에르달강에 있는 노르웨이자연연구소에 재직 중인 에바 소스태드Eva Thorstad를 인터뷰했다.
5 Anthony Netboy, *The Atlantic Salmon*, 126.
6 Anthony Netboy, *The Atlantic Salmon*, 128.

7 2018년 6월, 노르웨이자연연구소의 소스태드를 인터뷰했다.

8 2018년 6월 5일, 노르웨이 베르겐의 수산업 부처에서 특별 이사로 재직 중인 옌스 홀름Jens Holm을 인터뷰했다.

9 2018년 6월 15일 러시아 페트로파블롭스크 소재 캄차카트니로에서 이사로 활동했고, 세계자연기금의 지속 가능한 어업 프로그램 책임자로 활동 중인 세르게이 코로스텔레프를 인터뷰했다.

10 2017년 8월 18일, 스코틀랜드 인버네스 소재 네스언어어업위원회 이사인 크리스 콘로이Chris Conroy를 인터뷰했다.

11 2017년 8월, 스코틀랜드 포트 윌리엄에 있는 로치강의 지역 관리자인 존 깁을 인터뷰했다.

12 2017년 8월, 스코틀랜드 서소에서 윌리 그랜트를 인터뷰했다.

13 2018년 3월 12일, 아일랜드 골웨이 소재 아일랜드내륙어업의 선임 연구원인 패디 가간을 인터뷰했다.

14 Michael Wigan, *Salmon: The Extraordinary Story of the King of Fish*, 168~169.

15 Report of a Theme-based Special Session of the Council of NASCO, "Maintaining and Improving River Connectivity with Particular Focus on Impacts of Hydropower," June 3, 2015, 8.

16 Report of a Theme-based Special Session of the Council of NASCO, "Maintaining and Improving River Connectivity with Particular Focus on Impacts of Hydropower," June 3, 2015, 6~8.

17 Charles E. Goodspeed, *Angling in America: Its Early History and Literature*, 14.

18 Report of a Theme-based Special Session of the Council of NASCO, "Maintaining and Improving River Connectivity with Particular Focus on Impacts of Hydropower," June 3, 2015, 5.

19 Nate Schweber, "Presumed Dead, Wild Atlantic Salmon Return to the Connecticut River." *Al Jazeera America*, February 23, 2016.

20 Silvio Calabi and Andrew Stout, eds, *A Hard Look at Some Tough Issues*, 19.

21 Nate Schweber, "Presumed Dead, Wild Atlantic Salmon Return to the Connecticut River." *Al Jazeera America*, February 23, 2016.

22 Silvio Calabi and Andrew Stout, eds., *A Hard Look at Some Tough Issues*, 23~24.

23. Alex Lippa, "Merrimack Salmon Restoration Program to End," *The Eagle Tribune* (North Andover, MA), September 5, 2013.
24. James E. Butler and Arthur Taylor, *Penobscot River Renaissance*, iii.
25. James E. Butler and Arthur Taylor, *Penobscot River Renaissance*, 5.
26. Paul Greenberg, *Safina Center*, September 18, 2017.
27. Stephen Hawley, *Recovering a Lost River: Removing Dams, Rewilding Salmon, Revitalizing Communities*, 172~175.
28. Catherine Schmitt, *The President's Salmon*, 172.
29. NASCO, "Managing of Single and Mixed Stock Fisheries, with Particular Focus on Fisheries on Stocks Below Their Conservation Limit," 4 June 2014, 10.
30. Michael Wigan, *Salmon: The Extraordinary Story of the King of Fish*, 127.

13장 태평양을 위한 발라드

1. Stephen Hawley, *Recovering a Lost River: Removing Dams, Rewilding Salmon, Revitalizing Communities*, 196~204.
2. National Research Council, *Upstream: Salmon and Society in the Pacific Northwest*, 255.
3. Bruce C. Brown, *Mountains in the Clouds*, 155~159.
4. Rita Bruun, "The Boldt Decision," *Law and Policy*, vol. 4, no. 3, July 1982, University of Washington.
5. Roberta Ulrich, *Empty Nets: Indians, Dams, and the Columbia River*, 147.
6. Daniel L. Boxberger, *To Fish in Common: The Ethnohistory of Lummi Indian Salmon Fishing* (Lincoln: University of Nebraska Press, 1989), 13, 21.
7. Vine Deloria Jr., *Indians of the Pacific Northwest*, 75~76.
8. Stephen Hawley, *Recovering a Lost River: Removing Dams, Rewilding Salmon, Revitalizing Communities*, 82.
9. Blaine Harden, *A River Lost: The Life and Death of the Columbia*, 15.
10. 2016년 8월 4일, 워싱턴주 스위노미시 소재 스위노미시 프로젝트를 인터뷰했다.
11. Joseph E. Taylor, *Making Salmon*, 245.

12 Joseph E. Taylor, *Making Salmon*, 244.
13 Bruce C. Brown, *Mountains in the Clouds*, 63.
14 Lynda V. Mapes, *Elwha: A River Reborn* (Seattle: The Mountaineers Books, 2013), 9.
15 Lynda V. Mapes, *Elwha: A River Reborn*, 63~64.
16 Cornelia Dean, "When Dams Come Down, Salmon and Sand Can Prosper," *New York Times*, August 10 2015.
17 William Yardley, "Washington's Olympic Peninsula Loses 2 Dams and Gains a Wild River — Plus a New Beach," *Los Angeles Times*, March 27 2016.
18 Kirk Johnson, "A River Newly Wild and Seriously Muddy," *New York Times*, August 2 2012.
19 Roderick L. Haig-Brown, *The Seasons of a Fisherman*, 266~267.
20 Jim Lichatowich, *Salmon Without Rivers*, xiii.
21 National Research Council, *Upstream: Salmon and Society in the Pacific Northwest*, 1, 18, 75~77.
22 American Fisheries Society Symposium 10, Fisheries Bioengineering Symposium(Bethesda, MD: American Fisheries Society, 1991), 3.
23 2016년 3월 28일 아이다호주 보이시에서 아이다호대학교 산하 위기에 처한 연어류와 민물 종 센터의 리처드 윌리엄스를 인터뷰했다.
24 Xanthippe Augerot, *Atlas of Pacific Salmon*, 27.
25 2016년 7월 12일 워싱턴주립대학교 생물학과 교수 쉰들러를 인터뷰했다.
26 US Census, 2000.

14장 황금 물고기가 떠나다

1 Xanthippe Augerot, *Atlas of Pacific Salmon*, 22.
2 2017년 6월 16일, 일본 홋카이도국립수산연구소 소장인 후쿠와카 마사아키를 인터뷰했다.
3 Josh Newell, *The Russian Far East: A Reference Guide for Conservation and Development* (McKinleyville, CA: Daniel & Daniel, 2004), 342.
4 Josh Newell, *The Russian Far East: A Reference Guide for Conservation and Development*, 342.
5 Benedict J. Colombi and James F. Brooks, eds., *Keystone Nations: Indigenous

Peoples and Salmon across the North Pacific* (Santa Fe: SAR Press, 2012), 73.
6 V. F. Bugayev, G. A. Breyzak, and S. A. Petrov, *Salmon Cuisine* (Petropavlovsk-Kamchatsky: New Book, 2016); (in Russian) В.Ф. Бугаев, Г.А. Брейзак, С.А. Петров «Лососевая кулинария», Петропавловск-Камчатский, Новая книга (2016).
7 J. Cornish, *A View of the Present State of the Salmon and Channel Fisheries*, 17.
8 John Thorpe, ed., *Salmon Ranching*, 70~76.
9 2018년 6월 15일, 캄차카트니로에서 이사로 활동했고, 세계자연기금의 지속 가능한 어업 프로그램 책임자 코로스텔레프를 인터뷰했다.
10 Josh Newell, *The Russian Far East: A Reference Guide for Conservation and Development*, 359.
11 2018년 7월 13일, 러시아 페트로파블롭스크 소재 캄차카어업해양연구소의 수석 과학자이자 일류 홍연어 전문가인 빅터 부가예프를 인터뷰했다.
12 2018년 6월 15일, 러시아 페트로파블롭스크 소재 캄차카트니로에서 이사로 활동했고, 세계자연기금의 지속 가능한 어업 프로그램 책임자로 활동 중인 세르게이 코로스텔레프를 인터뷰했다.
13 2018년 7월 16일, 러시아 페트로파블롭스크 소재 '함께 연어를 구하자'를 설립한 세르게이 바크린을 인터뷰했다.

나가며: 우리의 걱정

1 Stephen Hawking, *Brief Answers to the Big Questions*, 67~68.
2 Rhodium Group, "Preliminary U.S. Emissions Estimates for 2018," 2019년 1월 8일 미국에서 탄소 배출을 감시하는 독립 연구 기업이 제출한 보고서다.
3 Edward O. Wilson, *Half-Earth: Our Planet's Fight for Life* (New York: Liveright, 2016), 1.
4 Stephen Hawking, *Brief Answers to the Big Questions*, 150.
5 Jim Lichatowich, *Salmon Without Rivers*, 224.

참고 문헌

Abyssinian Baptist Church of the City of New York, *Food For The Soul*, New York: One World, 2005.

Amunategui, Francis, *Masterpieces of French Cuisine: The authentic recipes for the superlative dishes served in France's most honored restaurants*, New York: The MacMillan Company, 1971.

Augerot, Xanthippe, *Atlas of Pacific Salmon*, Berkeley: University of California Press, 2005.

Barber, Katrine, *The Death of Celilo Falls*, Seattle: University of Washington Press, 2005.

Barnes, Donna R., and Peter G. Rose, *Matters of Taste: Food and Drink in Seventeenth-Century Dutch Art and Life*, Syracuse: Syracuse University Press, 2002.

Bazán, Emilia Pardo, *La Cocina Española Antigua* Coruña: Academia Gallega de Gastonomia, 1913.

Berners, Juliana, *The Treatyse of Fysshynge wyth an Angle Attributed to Dame Juliana Berners*, London: William Pickering, 1827.

Boxberger, Daniel L, *To Fish in Common: The Ethnohistory of Lummi Indian Salmon Fishing*, Lincoln: University of Nebraska Press, 1989.

Brears, Peter, *Cooking & Dining in Medieval England. Totnes*, Devon: Prospect Books, 2012.

Brereton, Georgina, and Janet M. Ferrier, eds, *Le Mesnagier de Paris*, Paris: Le Livre de Poche, 1994.

Brown, Bruce C, *Mountains in the Clouds: A Search for the Wild Salmon*, New York: Simon & Schuster, 1982.

Butler, James E., and Arthur Taylor, *Penobscot River Renaissance: Restoring America's Premier Atlantic Salmon Fishery*, Camden, ME: Down East

Books, 1992.

Calabi, Silvio, and Andrew Stout, eds, *A Hard Look at Some Tough Issues: New England Atlantic Salmon Management Conference*, Camden, ME: Silver Quill/New England Salmon Ass'n, 1994.

Capel, José Carlos, *Manual del Pescado*, Madrid: R & B Ediciones, 1995.

Chernow, Ron, *Grant*, New York: Penguin, 2017.

Cleland, Elizabeth, *A New and Easy Method of Cookery* (Facsimile of 1755 edition.) Totnes, Devon: Prospect Books, 2005.

Colombi, Benedict J., and James F. Brooks, eds, *Keystone Nations: Indigenous Peoples and Salmon Across the North Pacific*, Santa Fe: SAR Press, 2012.

Combs, Trey, *The Steelhead Trout. Portland: Northwest Salmon Trout Steelheader Company*, 1971.

Cone, Joseph, *A Common Fate: Endangered Salmon and the People of the Pacific Northwest*, New York: Henry Holt and Company, 1995.

Davy, Humphry, *Salmonia*, London: John Murray, 1828.

Deloria Jr., Vine, *Indians of the Pacific Northwest*, Golden, CO: Fulcrum — originally Doubleday, 1977.

Dumas, Alexandre, *Le Grand Dictionnaire de Cuisine-Vol 3 Poissons*, Paris: Édit France, 1995 — original 1873.

Eckstorm, Fannie Hardy, *The Penobscot Man*, New York: Houghton Mifflin, 1904.

Escoffier, Auguste, *Le Guide Culinaire: Aide Mémoire de Cuisine Pratique*, Paris: Flammarion, 1921.

Estes, Rufus, *Good Things To Eat*, Jenks, OK: Howling At The Moon Press, 1999 — originally 1911.

Freeman, Bobby, *A Book of Welsh Fish Cookery*, Dyfed, Wales: Y Lolfa, 1988.

Garlick, Theodatus, *A Treatise on the Artificial Propagation of Fish*, New York: A. O. Moore, Agricultural Book Publisher, 1858.

Goodspeed, Charles E, *Angling in America*, Boston: Houghton Mifflin, 1939.

Gray, Peter, and Michael Charleston, *Swimming Against the Tide: Restoring Salmon to the Tyne*, Ellesmere, Shropshire: The Medlar Press, 2011.

Grimod de la Reynière, Alexandre Balthazar Laurent, *Almanach des Gourmands*, Paris: Maradan, 1804.

Hagen, Ann, *A Second Handbook of Anglo-Saxon Food & Drink: Production and Distribution*, Norfolk, England: Anglo-Saxon Books, 1995.

Haig-Brown, Roderick L., *The Seasons of a Fisherman: A Flyfisher's Classic Evocations of Spring, Summer, Fall, and Winter Fishing*, New York: The Lyons Press, 2002.

Harden, Blaine, *A River Lost*, New York: W. W. Norton. 2012.

Hawking, Stephen, *Brief Answers to the Big Questions*, New York: Bantam Books, 2018.

Hawley, Stephen, *Recovering a Lost River*, Boston: Beacon Press, 2011.

Hayward, Tessa, *The Salmon Cookbook*, London: Ebury Press, 1992.

Hieatt, Constance B., ed., *An Ordinance of Pottage: An Edition of the Fifteenth Century Culinary Recipes in Yale University's MS Beinecke 163*, London: Prospect Books, 1988.

Hoffman, Richard C, *Fishers' Craft and Lettered Art*, Toronto: University of Toronto Press, 1997.

Hoover, Herbert, *Fishing for Fun and to Wash Your Soul*, New York: Random House, 1963.

Jordan, David Starr, and B. W. Everman, *American Food and Game Fishes: A Popular account of all the Species Found in America North of the Equator With Keys for Ready Identification, Life Histories and Methods of Capture*, New York: Doubleday, 1902.

Jorgensen, Poul, *Salmon Flies: Their Character, Style, and Dressing*, Harrisburg, PA: Stackpole Books, 1978.

King, Richard J., *The Devil Cormorant: A Natural History*, Durham, NH: University of New Hampshire Press, 2013.

Latimer, Adrian, *Fire & Ice: Fly Fishing Through Iceland*, Ellsmere, Shropshire: The Medlar Press, 2012.

Laudan, Rachel, *The Food of Paradise: Exploring Hawaii's Culinary Heritage*, Honolulu: University of Hawai'i Press, 1996.

Leslie, Eliza, *Miss Leslie's Directions for Cookery: An Unabridged reprint of the 1851 Classic*, Minneola, NY: Dover Publications, 1999.

Lichatowich, Jim, *Salmon, People and Place*, Corvallis: Oregon State University Press, 2013.

Lichatowich, Jim, *Salmon Without Rivers: A History of the Pacific Salmon Crisis*, Washington, DC: Island Press, 1999.

Lloyd, Captain L., *The Field Sports of the North of Europe: A Narrative of Angling, Hunting, and Shooting*, London: Hamilton Adams & Co, 1885.

Maclean, Norman, *A River Runs Through It*, Chicago: University of Chicago Press, 1976.

May, Robert, *The Accomplisht Cook* (Facsimile of 1685 edition.), Totnes, Devon: Prospect Books, 1994.

McDonald, John, *The Origins of Angling*, New York: Lyons & Burford, 1957.

McEvoy, Arthur F., *The Fisherman's Problem: Sociology and Law in the California Fisheries*, Cambridge: Cambridge University Press, 1990.

Millet-Robinet, Cora, *The French Country Housewife — vol. I of Maison Rustique des Dames-1859*, Translated by Tom Jaine. London: Prospect Books, 2017.

Meggs, Geoff, *Salmon: The Decline in the British Columbia Fishery*, Vancouver: Douglas & McIntyre, 1991.

Montgomery, David R., *The King of Fish: the Thousand-Year Run of Salmon*, Cambridge, MA: Westview Press, 2004.

National Research Council, *Upstream: Salmon and Society in the Pacific Northwest*, Washington, DC: National Academy Press, 1996.

Netboy, Anthony, *The Atlantic Salmon: A Vanishing Species?*, Boston: Houghton Mifflin, 1968.

Netboy, Anthony, *The Columbia River Salmon and Steelhead Trout*, Seattle: University of Washington Press, 1980.

Norberg, Inga, *Good Food from Sweden*, New York: Barrows & Company, 1939 Okamoto, Kanoko, *A Riot of Goldfish*, Translated by K. Keith Vincent. London: Hesperus Worldwide, 2010.

Quammen, David, *The Tangled Tree: A Radical New History of Life*, New York: Simon & Schuster, 2018.

Radcliffe, William, *Fishing from the Earliest Times*, Chicago: Ares Publishers, 1974 — reprint of 1921 edition.

Rose, Peter G., *The Sensible Cook: Dutch Foodways in the Old and New World*, Syracuse: Syracuse University Press, 1989.

Sage, Dean, *The Ristigouche and its Salmon Fishing*, Edinburgh: David Douglas, 1887.

Scarce, Rik, *Fishy Business: Salmon, Biology and the Social Construction of Nature*, Philadelphia: Temple University Press, 2000.

Schullery, Paul, *American Fly Fishing*, Manchester, VT: The American Museum of Fly Fishing, 1987.

Scott, Genio C., *Fishing in American Waters/1888*, Secaucus, NJ: Castle Books,1989 — reprint of 1888 edition, originally published in 1875.

Scott, Genio, *Fishing in American Waters*, New York: Harper and Brothers, 1869.

Scully, Terence, ed. and trans., *Chiquart's 'On Cookery': A Fifteenth-century Savoyard Culinary Treatise*, New York: Peter Lang, 1986.

Smith, C. L., *Salmon Fisheries of the Columbia*, Corvallis: Oregon State University Press, 1979.

Spencer, Colin, *British Food: An Extraordinary Thousand Years of History*, New York: Columbia University Press, 2003.

Swedish Agricultural Organization, *The Best of Swedish Cooking*, Stockholm: Lts-Forlag, 1983 in Swedish, 1989 in English.

Taylor III, Joseph E., *Making Salmon: An Environmental History of the Northwest Fisheries Crisis*, Seattle: University of Washington Press, 1999.

Thorpe, John, ed., *Salmon Ranching*, New York: Academic Press, 1980.

Thorsson, Örnólfur, *The Sagas of Icelanders: A Selection*, New York: Penguin Books, 2001.

Verdon, René, *The White House Chef Cookbook*, New York: Doubleday, 1967.

Wan, Rosana Y., *The Culinary Lives of John and Abigail Adams*, Atglen, PA: Schiffler Publishing, 2014.

Wigan, Michael, *Salmon: The Extraordinary Story of the King of Fish*, London: William Collins, 2013.

Wilkins, Noel P., *Ponds, Passes, and Parcs: Aquaculture in Victorian Ireland*, Dublin: The Glendale Press, 1989.

Williams, Richard N., *Return to the River*, London: Elsevier Academic Press, 2006.

Wilson, Samuel, *Salmon at the Antipodes: Being an Account of the Successful*

Introduction of Salmon and Trout into Australian Waters, London: Edward Stanford, 1879.

논문과 기사

Araki, Hitoshi, Barry A. Bereijkian, Michael J. Ford, Michael S. Blouin. "A Fitness of hatchery-reared salmonids in the wild," 28 April 2008.

Bruun, Rita. "The Boldt Decision." University of Washington Law and Policy, 1982, University of Washington.

David Suzuki Foundation. "Salmon Farms and Sea Lice" (2002).

Hilborn, Ray(University of Washington School of Fisheries) and Doug Eggers(Alaska Department of Fish and Game). "A Review of the Hatchery Programs for Pink Salmon in Prince William Sound and Kodiak Island, Alaska."

Levin, Phillip S., Richard W. Zabel, and John G. Williams. "The Road to Extinction is Paved with Good Intentions: Negative Association of Fish Hatcheries with Threatened Salmon." *The Royal Society* (2001).

Lippa, Alex. "Merrimack Salmon Restoration Program to End." *The Eagle Tribune*, September 5, 2013.

Mapes, Lynda V. "State Kills Atlantic Salmon Farming." *Seattle Times*, March 23, 2018; "Atlantic salmon spilled into Puget Sound last summer appear to be gone, but legal fight begins." *Seattle Times*, November 14, 2017; "Virus in escaped fish common, not harmful to salmon in Washington waters, state says." *Seattle Times*, February 19, 2018.

Munro, Margaret. "Ottawa Silences Scientist Over West Coast Salmon Study." *Postmedia News*, July 27, 2011.

NASCO. "Management of Single and Mixed Stock Fisheries, With Particular Focus on Fisheries on Stocks Below Their Conservation Limit." 4 June 2014.

NASCO. "Maintaining and Improving River Connectivity with Particular Focus on Impacts of Hydropower." 3 June 2015.

Pollack, Andrew. "Genetically Engineered Salmon Declared Ready for U.S. Plates." *New York Times*, November 20, 2015.

Skåra, Torstein, Lars Alexsson, Gudmundur Stefansson, Bo Ekstrand, and Helge Hagen. "Fermenting and Ripened Fish Products in the Northern European Countries." *Journal of Ethnic Food 2* no. 1, March 2015.

Schweber, Nate. "Presumed Dead, Wild Atlantic Salmon Return to the Connecticut River." *Al Jazeera America*, February 23, 2015.

Stanford, Jack, John Duffield, Courtney Flint, and Gordon Luikart. "The Efficacy of Hatcheries in Securing the Future of Pacific Rim Wild Salmon." 2014.

Wild Fish Conservancy Northwest. "Scientific Evidence on Adverse Effects of Steelhead Hatcheries." http://wildfishconservancy.org/wild-steelhead/scientific-evidence-on-adverse-effects-of-steelhead-hatcheries.

찾아보기

옮긴이 안기순

이화여자대학교 영어영문학과를 졸업하고, 같은 대학교 교육대학원에서 영어교육을 전공했다. 미국 워싱턴대학교에서 사회사업학 석사 학위를 취득하고, 시애틀 소재 아시안카운슬링앤드리퍼럴서비스The Asian Counseling & Referral Services에서 카운슬러로 근무했다. 현재 '바른번역'에서 전문 번역가로 활동하고 있다. 주요 번역서로 《그라운드 업》《우정의 과학》《돈으로 살 수 없는 것들》《일론 머스크, 미래의 설계자》《마크 트웨인 자서전》 등이 있다.

연어의 시간

1판 1쇄 펴냄 2023년 3월 6일
1판 3쇄 펴냄 2024년 1월 15일

지은이 마크 쿨란스키
옮긴이 안기순
펴낸이 김정호

주간 김진형
편집 이형준, 유승재, 이지은
디자인 형태와내용사이, 박애영

펴낸곳 디플롯
출판등록 2021년 2월 19일(제2021-000020호)
주소 10881 경기도 파주시 회동길 445-3 2층
전화 031-955-9504(편집) · 031-955-9514(주문)
팩스 031-955-9519
이메일 dplot@acanet.co.kr
페이스북 facebook.com/dplotpress
인스타그램 instagram.com/dplotpress

ISBN 979-11-979181-4-8 03400

디플롯은 아카넷의 교양·에세이 브랜드입니다.

↑ 연어 보호 운동가인 미카엘 프뢰딘Mikael Frödin이 노르웨이 알타강에 대서양연어를 방류하고 있다.

↑ 노르웨이 남부에서 대서양연어가 산란하기 위해 상류로 올라가고 있다.
↓ 홍연어가 산란할 준비를 하고 있다. 오른쪽 아래 주둥이가 길고 구부러지지 않은 연어가 암컷이다.

↑ 은연어 프라이가 자갈 둥지에서 막 나왔다.

↓ 은연어 알. 검은 점이 눈이다.

↑ 산란기에 가까워진 수컷 은연어는 몸통 옆 색깔이 변하고, 턱과 주둥이가 굽는다.

↓ 수컷 핑크연어는 교배시기가 다가오면 커다란 혹이 생기므로 '곱사'라는 별명을 얻었다. 수컷은 혹이 클수록 힘이 더 세다.

↑ 그레이트베어우림에서 곰 한 마리가 은연어를 잡는 중이다.
↓ 회색곰들이 산란지로 향하는 연어를 잡고 있다.

↑ 컬럼비아강의 그랜드쿨리댐은 단일 발전소로는 미국 최대일 것이다.
↓ 1900년 오리건주 소재 셀릴로폭포의 풍경이다.

↑ 곱사연어가 워싱턴주 엘화댐에 막혀 산란지로 가지 못하고 있다.
↓ 2011년 9월 워싱턴주 엘화강의 글라인스캐니언댐이 철거되고 있다.

↑ 양어장 연어를 캘리포니아주 샌프란시스코만으로 방류하고 있다.

↓ 스코틀랜드 서해안 소재 대서양연어 양식장 가두리 하나에는 물고기 3만 5000마리를 수용할 수 있다. 이 지역에 1300~3400개의 가두리가 있는 것으로 추정된다.

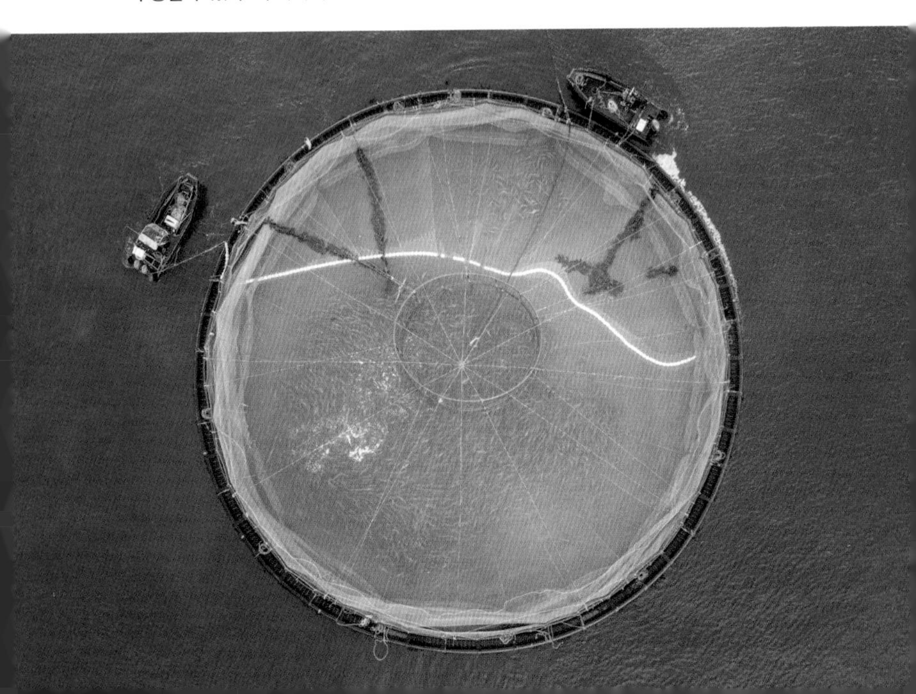

↑ 참놀래기가 양식 대서양연어에 기생하는 바다물이를 먹고 있다.
↓ 바다물이는 뚫어야 할 비늘이 없는 연어의 머리 부위를 선호한다.

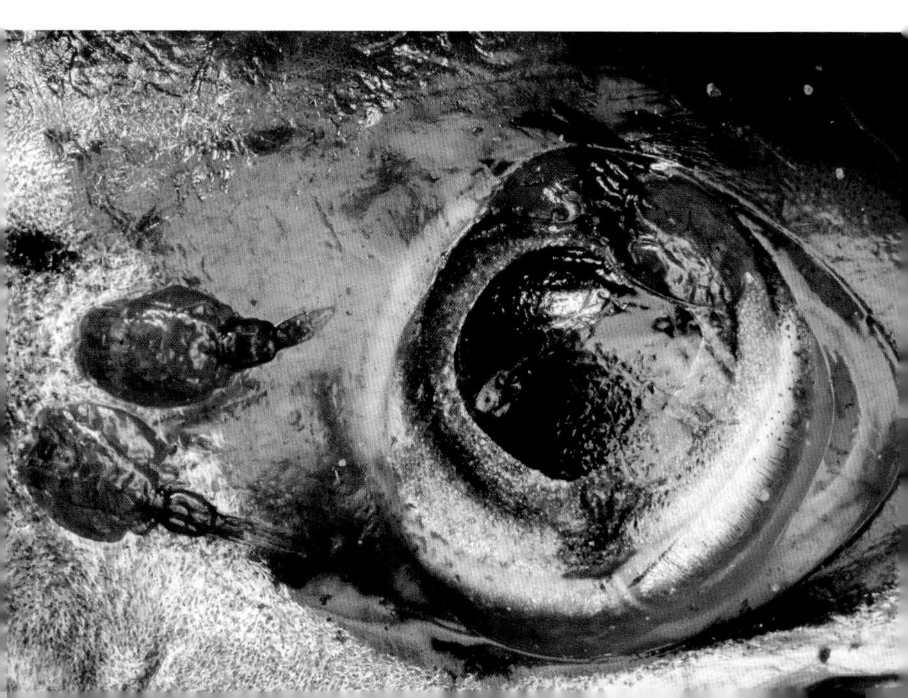

↑ 알래스카만에서 테아 토머스Thea Thomas가 미르미돈호 갑판 위에 서서 자신이 잡은 커다란 수컷 연어를 들고 있다.

↓ 알래스카주의 바다표범들이 번식지에 모여 있다.

↑ 홍연어가 브룩스폭포의 물줄기를 거슬러 뛰어오르고 있다.
↓ 늑대가 브룩스폭포에서 연어를 잡았다.

↑ 락사강. 아이슬란드에서 유명한 연어 강 중에 하나다.
↓ 캠벨강 상류로 모여드는 곱사연어. 경이로운 여정의 끝자락이다.

↑ 아이누족 여성이 일본 홋카이도 삿포로에서 연어 의식을 거행하고 있다.
↓ 유픽족 원주민 이나 부우커Ina Boouker가 알래스카주 브리스톨만에서 잡은 홍연어에게 입을 맞추며 감사한 마음을 표현하고 있다.

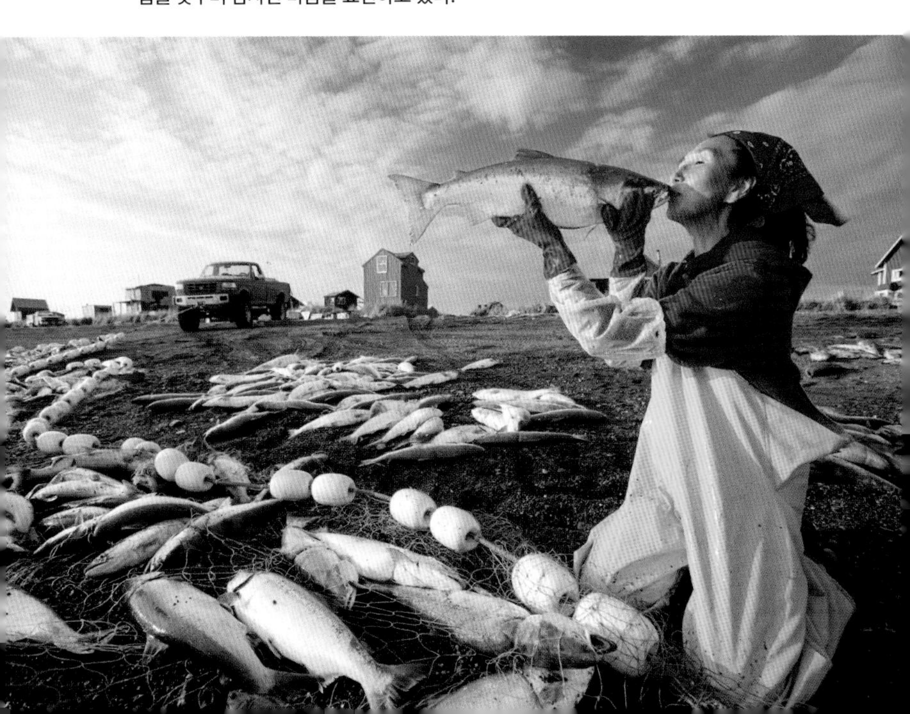

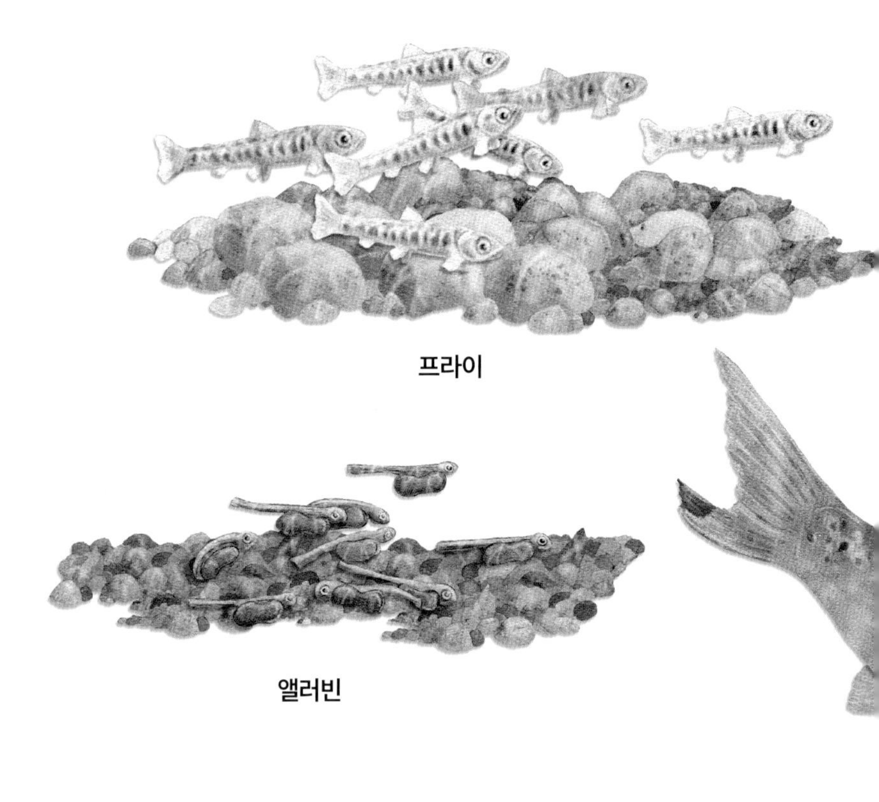

알